给排水科学与工程实验技术

主　编　赵金辉

副主编　王祝来　尤朝阳　俞　锋

东南大学出版社
SOUTHEAST UNIVERSITY PRESS
·南京·

内 容 提 要

本书围绕给排水科学与工程专业人才培养需求,按照实验基本知识与操作技术、实验设计、水样的采集与水质分析、水处理工程实验、建筑给水排水工程实验、水处理微生物实验、给水排水管道工程实训实验、实验数据分析与处理的内容,有针对性地详述实验的基本原理、步骤以及实验的基本要点和注意事项,以帮助学习者强化实践能力,提升学习者的实验水平,补充理论和实践的不足。

本书可作为给水处理、污水处理、工业给水处理、工业废水处理、建筑给水排水等课程的配套教材,也可供相关行业的科研人员使用。

图书在版编目(CIP)数据

给排水科学与工程实验技术 / 赵金辉主编. —南京:东南大学出版社,2017.2

ISBN 978-7-5641-6941-1

Ⅰ.①给… Ⅱ.①赵… Ⅲ.①给排水系统—实验—高等学校—教材 Ⅳ.TU991-33

中国版本图书馆CIP数据核字(2016)第317949号

给排水科学与工程实验技术

主　　编	赵金辉	**责任编辑**	刘　坚　梁嘉俊
电　　话	(025)83793329/83790577(传真)	**电子邮件**	liu-jian@seu.edu.cn
出版发行	东南大学出版社	**出 版 人**	江建中
地　　址	南京市四牌楼2号(210096)	**邮　　编**	210096
销售电话	(025)83794561/83794174/83794121/83795801/83792174/83795802/57711295(传真)		
网　　址	http://www.seupress.com	**电子邮件**	press@seupress.com
经　　销	全国各地新华书店	**印　　刷**	兴化市印刷有限责任公司
开　　本	787mm×1092mm 1/16	**印　　张**	17.75
字　　数	460千字		
版　　次	2017年2月第1版第1次印刷		
书　　号	ISBN 978-7-5641-6941-1		
定　　价	40.00元		

前言 preface

给排水科学与工程以完成水的社会循环为主要任务，以水的净化、输送以及污水的收集、处理和排放有关的理论技术为主要内容，是一门与城镇建设、人民生活、工业生产和环保事业密切相关的重要学科，对国民经济发展有着重要作用。当前，水资源短缺和水污染加剧给这一学科提出了新的问题和挑战，学科的内涵和面临的任务发生了一定变化，对专业人才的培养提出了更高要求，强化创新实践能力的培养成为专业人才培养的重要方向，而实践教学是创新实践能力培养的重要环节。

本书围绕给排水科学与工程专业人才培养需求，根据全国高等学校给排水科学与工程学科专业指导委员会制定的教学实验大纲基本要求编写。编写内容包括：实验基本知识与操作技术、实验设计、水样的采集与水质分析、水处理工程实验、建筑给水排水工程实验、水处理微生物实验、给水排水管道工程实训实验、实验数据分析与处理八个章节。当前，给排水科学与工程专业教学中水处理实验有相应教材，而建筑给水排水工程、水处理微生物等部分尚缺乏针对性实验教材，此外，一些高校探索开设了管道实训教学，增强学生实践动手能力培养，但缺乏相应实训教程。本书内容力求满足给排水科学与工程领域的学科发展和人才培养的需要，并弥补了当前教材方面的一些不足和空缺。

本书的实验内容主要面向给排水科学与工程和环境工程等专业学生的实验教学，可作为给水处理、污水处理、工业水处理、建筑给水排水等课程的配套实验教材，也可供研究生及科研工作人员参考。教材内容是在参考国内外有关资料并结合多年教学实践的基础上确定的，对开阔学生视野，提高水处理实验技术水平，具有较大帮助。

本书由南京工业大学赵金辉、俞锋、尤朝阳、吴慧芳、孙永军、刘翠云、刘瑞菊、姜成、吴梦柯、孙瑶以及南京林业大学王祝来、王郑编写。本书共分 8 章，各章分工如下：第一章、第三章、第四章由赵金辉，刘瑞菊编写；第二章由王祝来、姜成编写；第五章由俞峰、刘翠云编写；第六章由尤朝阳、孙瑶编写；第七章由孙永军，王郑编写；第八章由吴慧芳、吴梦柯编写。

因编写人员水平有限，书中疏漏、不妥之处在所难免，敬请批评指正。

感谢江苏省高等教育教学改革研究课题（项目编号：2015JSJG173）“互联网时代具有科学思维的工程教育培养模式改革与实践”项目支持。

编者

2017 年 1 月

目录 Contents

第一章　实验基本知识与操作技术

第一节　实验室规则及安全知识

实验操作不仅要求具有专业实验知识和技能，为了确保实验过程顺利进行和实验人员人身安全，掌握相关的基本规则和实验室安全知识是非常必要的。对于分析实验室的工作人员，除了需要了解、掌握有关电、化学危险品以及气瓶使用的安全知识外，在日常工作中还要遵守常规的、涉及安全问题的常识和规则。

一、实验室规则

(1) 实验室是进行教学和科研实验的场所，在进入实验室前应先预习实验内容，明确实验目的，了解实验的基本原理、方法、步骤，以及相关的基本操作和注意事项。

(2) 遵守实验室规章制度，不迟到不早退，不在实验室大声喧哗，保持室内安静。实验室内不准吸烟，不准吃食品，不准打闹，同时注意安全。

(3) 实验前，先清点需用仪器，若发现破损应立即向指导教师声明补领。对玻璃器皿必须轻拿轻放，小心清洗，以防打碎；如在实验过程中损坏了仪器，应及时报告，并填写仪器破损报告单。

(4) 精密贵重仪器设备指定专人负责，并建立技术档案和使用记录。学生使用贵重仪器设备前，必须先熟悉该仪器设备的性能和操作方法，得到指导教师许可后，方可使用。

(5) 实验室仪器设备严禁随意搬动、拆卸、改装，不动用与实验无关的仪器设备。

(6) 实验水样、配制的溶液等应编号，在试剂瓶、比色管等上面贴好标签，以防止弄错；取用的标准溶液(或化学试剂)使用后剩余部分不能倒回原来的容器内。

(7) 实验时听从教师的指导，严格按操作规程操作，仔细观察，认真思考，及时如实记录实验现象和数据。

(8) 实验时保持实验室和桌面整洁。废液倒入废液缸内，用过的试纸、滤纸和其他废弃物投入废物篓，严禁投入水槽中，以免腐蚀和堵塞水槽及下水道。

(9) 实验时应节约水、电和试剂；严格遵守水、电、煤气以及易燃、易爆、有毒药品等的安全使用规则。

(10) 实验完毕后将实验桌面、仪器和药品架等整理干净，并及时切断水源、电源、气源，将仪器设备恢复原状态。实验室一切物品不得带离实验室。

二、实验室安全知识

在进行水处理实验时，经常要使用到水、电、煤气、各种仪器和易燃、易爆、具有腐蚀性以及有毒的药品等，故实验室安全极为重要。若不遵守安全规则，不仅可能导致实验失败，而且还可能损害人身健康，并造成财产损失。因此，实验前必须先熟悉各种仪器、设备、药品的性能，掌握实验中的安全注意事项，集中精力进行实验，严格按规程操作。此外，还必须了解实验室一般事故的处理方法等安全知识。

1. 实验室安全守则

(1) 实验室应设立专职或兼职安全管理人员，对于不符合规定的操作，应及时制止。

(2) 实验开始前应检查仪器设备是否完整，装置是否正确，了解实验室安全用具(如灭火器、砂筒、急救箱等)放置的位置，熟悉各种安全用具的使用方法。

(3) 实验进行时，不得擅自离开岗位，密切关注实验的进展；水、电、煤气等一经使用完毕应立即关闭。

(4) 使用易挥发、易引燃的化学试剂(如乙醚、乙醇、丙酮、苯等)时，应远离明火，用后要立即塞紧瓶塞，放在阴凉处。

(5) 绝不允许任意混合各种化学试剂，以免发生事故。

(6) 实验室严禁乱拉乱接电线，电路应按规定布设，电气设备的功率不得超过电源负载能力，电气设备使用前应检查是否漏电，仪器外壳应接地。使用电器时，人体与电器导电部分不能直接接触，也不能用湿手按触电器插头。实验完毕后应将电器电源切断。

(7) 进行危险性实验时，根据实验情况采取必要的安全措施，如戴防护眼镜、面罩或橡胶手套等。

(8) 严禁在实验室内吸烟或饮食。实验结束后要仔细洗手后方可离开实验室。

(9) 实验室内任何试剂和药品都不得入口或者接触伤口，有毒药品更应特别注意。有毒废液不得倒入水槽，以免与水槽中的其他残液作用而产生有害气体，污染环境，应增强自身的环境保护意识。

(10) 实验时根据实际情况打开门窗和(或)换气设备，保持室内空气流通；加热易挥发有害试剂或药品以及易产生严重异味、易污染环境的实验应在通风橱内进行。

(11) 切勿将浓酸、浓碱等具有强腐蚀性的药品溅在皮肤或衣服上，尤其不可溅入眼睛中。

(12) 值日生或最后离开实验室的工作人员应检查水阀、电闸、煤气阀等，关闭门、窗、水、电、气后才能离开实验室。

2. 实验室意外事故的一般处理方法

(1) 割伤。先取出伤口内的异物，然后在伤口处涂抹酒精、红药水或消炎粉，再用纱布包扎。

(2) 烫伤。切勿用水冲洗，可先用稀高锰酸钾或苦味酸溶液清洗烫伤处，再涂抹黄色的苦味酸溶液、万花油或烫伤药膏。

(3) 碱蚀伤。先用大量水冲洗，再用约0.2%的醋酸溶液或者饱和硼酸溶液清洗，然后再用水冲洗。若碱溅入眼中，则先用硼酸溶液清洗，再用水冲洗。

(4) 酸蚀伤。先用大量水清洗，然后用饱和碳酸氢钠溶液或稀氨水洗，最后再用水清洗。

(5) 吸入刺激性、有毒气体。吸入氯气、氯化氢气体、溴蒸气时，可采用吸入少量酒精和乙醚的混合蒸气的方法解毒。吸入硫化氢气体而感到不适时，应立即到室外呼吸新鲜空气。

(6) 毒物入口。若毒物尚未咽下，应立即吐出，并用水冲洗口腔；如已吞下，应设法促使呕吐，并根据毒物的性质服用解毒剂。

(7) 起火。若因乙醚、乙醇、苯等引起着火，应立即用湿布、细砂、石棉布或泡沫灭火器等扑灭，严禁用水扑灭此类火灾。若遇电气设备着火，必须先切断电源，再用二氧化碳灭火器或四氯化碳灭火器灭火。在采取措施的同时应报警。

(8) 触电。立即切断电源，尽快利用绝缘物（干木棒、竹竿）将触电者与电源隔离，必要时进行人工呼吸等现场急救措施。

(9) 在实验中发生意外，若情况较严重，则应根据以上措施在现场进行相应处理后立即送医院救治。

第二节　常用仪器的使用和维护

一、天平

1. 天平的种类

分析天平是定量分析中最重要、最常用的精密称量仪器。每一项定量分析都直接或间接地需要使用天平，而分析天平称量的准确度对分析结果又有很大的影响，因此，应了解分析天平的构造并掌握正确的使用方法，避免因天平的使用或保管不当影响称量的准确度，从而获得准确的称量结果。天平是根据杠杆原理设计制造的，按结构特点可分为等臂和不等臂两类，细分又有等臂单盘天平、等臂双盘天平和不等臂单盘天平等。单盘天平一般具有光学读数、机械减码和阻尼等装置。双盘天平又有普通标牌和微分标牌、有阻尼器和无阻尼器之分。在具有普通标牌的天平中，把无阻尼器的天平称为摆幅天平（或摇摆天平、摆动式天平等），有阻尼器的称为阻尼天平。具有微分标牌的天平，一般均有阻尼器和光学读数装置。目前，机械加码电光天平、单盘电光天平和电子天平是最常见的三种类型，如图1-1所示。

(a) 半机械加码电光天平

(b) 全机械加码电光天平

(c) 电子天平

图1-1　各种类型天平

天平按精度分级和命名是常用的分类方法。其检定应根据《电子天平检定规程》(JJG 1036-2008)的规定。

2. 电子天平的使用方法

电子天平是最新一代的天平,是根据电磁力平衡原理,直接称量,全量程不需砝码。放上称量物后,在几秒内即达到平衡,显示读数,称量速度快,精度高。电子天平的支承点用弹性簧片取代机械天平的玛瑙刀口,用差动变压器取代升降枢装置,用数字显示代替指针刻度式。因而,电子天平具有使用寿命长、性能稳定、操作简便和灵敏度高的特点。此外,电子天平还具有自动校正、自动去皮、超载指示、故障报警以及质量电信号输出功能,且可与打印机、计算机联用,进一步扩展其功能,如统计称量的最大值、最小值、平均值及标准偏差等。由于电子天平具有机械天平无法比拟的优点,尽管其价格较贵,但也越来越广泛地应用于各个领域,并逐步取代机械天平。

1) 电子天平的类型

电子天平按结构可分为上皿式和下皿式两种。称盘在支架上面为上皿式,称盘吊挂在支架下面为下皿式。目前,广泛使用的是上皿式电子天平。尽管电子天平种类繁多,但其使用方法大同小异,具体操作可参看各仪器的使用说明书。

2) 电子天平的使用

下面以上海天平仪器厂生产的 FA1604 型电子天平为例,简要介绍电子天平的使用方法。

(1) 水平调节。观察水平仪,如水平仪水泡偏移,需调整水平调节脚,使水泡位于水平仪中心。

(2) 预热。接通电源,预热至规定时间后,开启显示器进行操作。

(3) 开启显示器。轻按 ON 键,显示器全亮,约 2 s 后,显示天平的型号和称量模式 0.000 0 g。读数时应关上天平门。

(4) 天平基本模式的选定。天平默认为“通常情况”模式,并具有断电记忆功能,使用时若改为其他模式,按 OFF 键,天平即恢复为“通常情况”模式。称量单位的设置等可按说明书进行操作。

(5) 校准。天平安装后,第一次使用前,应对天平进行校准。天平存放时间较长、位置移动、环境变化或未获得精确测量时,在使用前应进行校准操作。本天平采用外校准(有的电子天平具有内校准功能),由 TAR 键清零及 CAL 键、100 g 校准砝码实现。

(6) 称量。按 TAR 键,显示为零后,置称量物于秤盘上,待数字稳定即显示器左下角的“0”标志消失后,即可读出称量物的质量值。

(7) 去皮称量。按 TAR 键清零,置容器于秤盘上,天平显示容器质量,再按 TAR 键,显示零,即去除皮重。再置称量物于容器中,或将称量物(粉末状物或液体)逐步加入容器中直至达到所需质量,待显示器左下角“0”消失,这时显示的是称量物的净质量。将秤盘上的所有物品拿开后,天平显示负值,按 TAR 键,天平显示 0.000 0 g。若称量过程中秤盘上的总质量超过最大载荷(FA1604 型电子天平为 160 g)时,天平仅显示上部线段,此时应立即减小载荷。

(8) 称量结束后，若较短时间内还使用天平(或其他人还使用天平)一般不用按 OFF 键关闭显示器。实验全部结束后，关闭显示器，切断电源(若短时间内(例如 2 h 内)还使用天平，可不必切断电源，再用时可省去预热时间；若当天不再使用天平，应拔下电源插头)。

3. 称量方法

常用的称量方法有直接称量法、固定质量称量法和递减称量法，现分别介绍如下：

1) 直接称量法

此法是将称量物直接放在天平盘上称量物体的质量。例如，称量小烧杯的质量，容量器皿校正中称量某容量瓶的质量，重量分析实验中称量某坩埚的质量等，都使用这种称量法。

2) 固定质量称量法

此法又称增量法，此法用于称量某一固定质量的试剂(如基准物质)或试样。这种称量操作的速度很慢，适于称量不易吸潮、在空气中能稳定存在的粉末状或小颗粒(最小颗粒应小于 1 mg，以便容易调节其质量)样品。

固定质量称量法如图 1-2(a)所示。注意：若不慎加入试剂超过指定质量，应先关闭升降旋钮，然后用牛角匙取出多余试剂。重复上述操作，直至试剂质量符合指定要求为止。严格要求时，取出的多余试剂应弃去，不要放回原试剂瓶中。操作时不能将试剂散落于天平盘等容器以外的地方。称好的试剂必须定量地由表面皿等容器直接转入接收容器，此即所谓“定量转移”。

3) 递减称量法

递减称量法又称减量法，此法用于称量一定质量范围的样品或试剂。在称量过程中样品易吸水、易氧化或易与 CO_2 等反应时，可选择此法。由于称取试样的质量是由两次称量之差求得，故也称量差减法。递减称量法如图 1-2(b)所示。

(a) 固定质量称量法

(b) 递减称量法

图 1-2　称量方法

称量步骤如下：从干燥器中用纸带(或纸片)夹住称量瓶后取出(注意：不要让手指直接触及称量瓶和瓶盖)，用纸片夹住称量瓶盖柄，打开瓶盖，用牛角匙加入适量试样(一般为一份试样量的整数倍)，盖上瓶盖。称出称量瓶加试样后的准确质量。将称量瓶从天平中取出，在接收容器的上方倾斜瓶身，用称量瓶盖轻敲瓶口上部使试样慢慢落入容器中，瓶盖始终不要离开接收器上方。当倾出的试样接近所需量(可从体积上估计或试重得知)时，一边继续用瓶盖轻敲瓶口，一边逐渐将瓶身竖直，使黏附在瓶口上的试样落回称量瓶，然后盖好瓶盖，准确称其质量。两次质量之差，即为试样的质量。按上述方法连续递减，可称量多份试样。有时一次很难得到合乎质量范围要求的试样，可重复上述称量操作 1～2 次。

二、分光光度计

1. 分光光度计的工作原理

分光光度计的基本原理是溶液中的物质在光的照射激发下，产生对光吸收的效应(图 1-3)。物质对光的吸收是具有选择性的，各种不同的物质都具有各自的吸收光谱，因此某单色光通过溶液时，其能量就会被吸收而减弱，其能量减弱的程度和物质的浓度有一定的比例关系，即符合朗伯比尔吸收定律表达式：

$$A=\log\frac{I_0}{I}=kbC,\quad T=\frac{I}{I_0}$$

式中：A——吸光度；

I——透射光强度；

I_0——入射光强度；

k——吸收系数；

b——溶液厚度；

C——溶液浓度；

T——透过率。

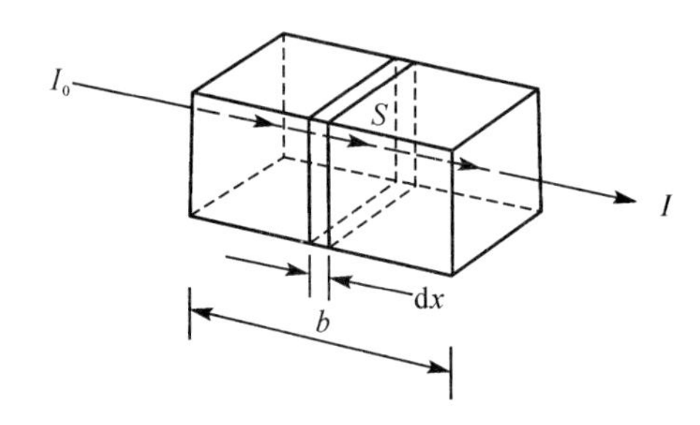

图 1-3 单色光通过溶液示意图

从以上公式可以看出，当入射光、吸收系数和溶液的光径长度不变时，透过光随溶液的浓度的变化而变化的，分光光度计就是根据上述基本原理而设计的。

2. 分光光度计的组成与构造

各种型号的分光光度计基本上都是由五部分组成：① 光源；② 单色器(包括产生平行光和把光引向检测器的光学系统)；③ 样品室；④ 接受检测放大系统；⑤ 显示器或记录器(图 1-4)。

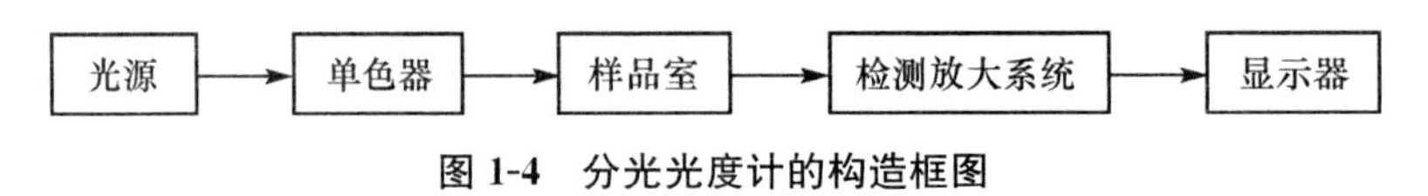

图 1-4 分光光度计的构造框图

3. 分光光度计的使用

1) 721 型分光光度计

(1) 使用仪器前，使用者应该首先了解仪器的结构和工作原理，以及每个操作旋钮的功能。在未接通电源之前，应该对于仪器的安全性进行检查，电源线接线应牢固，接地要良好，各个调节旋钮的起始位置应该正确，然后再接通电源开关。

(2) 在仪器尚未接通电源时，电表的指针必须位于“0”刻线上，若不是这种情况，则可以用电表上的校正螺丝进行调节。

(3) 将仪器的电源开关接通，打开比色皿暗箱盖，选择需用的单色波长，灵敏度选择请参照(4)，调节“0”电位器使电表指针指“0”，然后将比色皿暗箱盖合上，比色皿座处于蒸馏水校正位置，使光电管受光，旋转调节“100%”电位器使电表指针到满度附近。仪器预热约 20 min。

(4) 放大器灵敏度有 5 档,逐步增加,“1”档最低。其选择原则是在保证能使空白档良好调到“100%”的情况下,尽可能采用灵敏度较低档,这样仪器将有更高的稳定性。所以使用时一般置于“1”档,灵敏度不够时再逐渐升高,但改变灵敏度后须按(3)重新校正“0”和“100%”。

(5) 预热后,按(4)连续几次调整“0”和“100%”,仪器即可以进行测定工作。

(6) 如果大幅度改变测试波长,在调整“0”和“100%”后稍等片刻(钨灯在急剧改变亮度后需要一段热平衡时间),当指针稳定后重新调整“0”和“100%”即可工作。

2) VIS-723G 型可见光分光光度计(图 1-5)

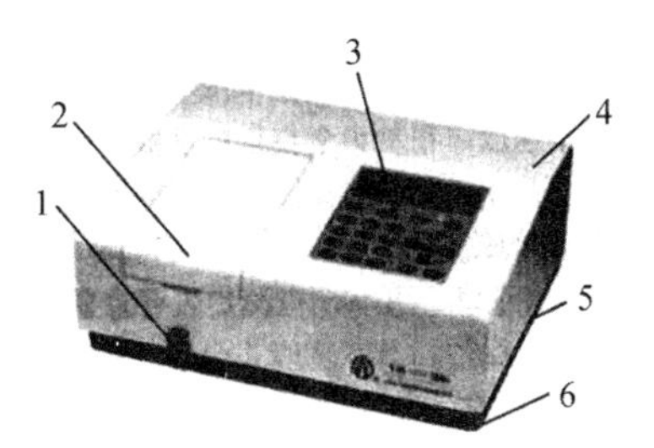

1—样池拉杆;2—样品室盖;3—键盘、显示
4—仪器外壳;5—电源开关;6—仪器底盘

(a) 仪器外观图

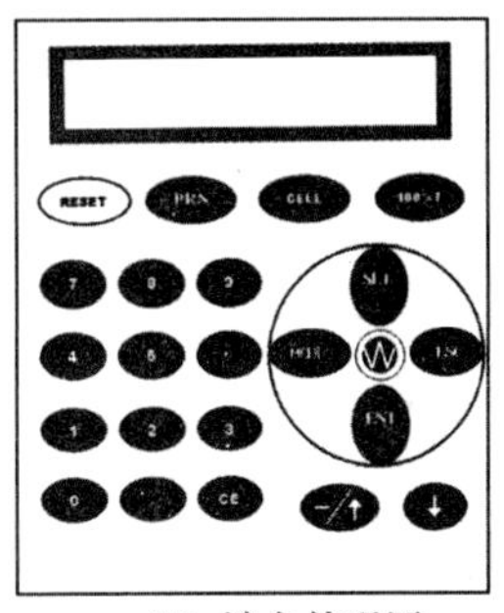

(b) 键盘外观图

图 1-5 VIS-723G 型可见光分光光度计

(1) VIS-723G 型可见光分光光度计的基本参数和技术指标:

波长范围:330～1 100 nm 最小波长间隔:0 nm

波长准确度:±1 nm 飘移:≤0.004 A/h(500 nm 处)

(2) 按键说明:

① RESET:系统复位键,按下此键后,仪器将重新自检,所有测量结果丢失,相当于切断再开启系统电源,但钨灯不会受到影响。

② 数字键:包括 0～9、负号、小数点、CE(清除键,错按了数字键但没有按“ENT”时可用),用于数据输入。其 1、2、3、4 还可用于菜单项选择。

③ PRN:打印键,在图谱处理、数据查询、活性计算、浓度测量、定波长及浓度的测量结果等界面下有效。

④ CELL:比色皿配对误差校正开关键,在主界面下用于比色皿配对,在定波长、浓度、动力学的参数界面下作为比色皿配对误差校正开关。

⑤ 100%T:透过率调百键(即吸光度为零),仅在实时测量和测建曲线界面下有效。

⑥ MODE:方式控制键,在主界面下用于选择光度测量方式为定波长或扫描(同时仪器自动选择对应的数据处理方式),在其余界面下用于选择显示方式为 T 或 A。

⑦ SET:设置键,通常在修改参数时用到(按下后有字符闪烁),在实时测量界面下用于修改系统时间和日期,在主界面下用于进行波长校正。

⑧ ESC:返回键,用于取消操作或退回上一级界面。

⑨ ENT:确认键,用于数据输入的确认,在字符闪烁时若不需要修改应按“ENT”确认。

⑩ ↑:上行键,用于向上翻页,在“图谱缩放”功能下用于游标手动左移,此键与“－”键共用。

⑪ ↓:下行键,用于向下翻页,在“图谱缩放”功能下用于游标手动右移,在波长扫描的参数界面下用于选择扫描速度,在动力学扫描的参数界面下用于选择计时单位(分或秒)。

(3) VIS-723G 型可见光分光光度计

① 开机前,检查各电缆是否连接正确、可靠,电源是否符合要求,全系统是否可靠接地,全部达到要求后可通电运行。

② 开启仪器电源,钨灯点燃,仪器自检,自检过程中,不得打开样品室盖。

③ 每次开机自检后,应先预热 30 min,再进行测量。

④ 自检“OK”并预热一段时间后,可以按“ESC”进入仪器主界面,开始测量工作。

⑤ 样品浓度测量须先用标准样品建立标准曲线,然后测未知浓度样品。

三、COD 快速测定仪

1. 工作原理

化学需氧量(COD 或 COD_{Cr})是指在一定的严格条件下,水中的还原性物质在外加的强氧化剂的作用下,被氧化分解时所消耗氧化剂的数量,单位“ mg/L”。化学需氧量反映了水中受还原性物质污染的程度,这些物质包括有机物、亚硝酸盐、亚铁盐、硫化物等。一般水及废水中无机还原性物质的数量相对不大,而被有机物污染是很普遍的,因此 COD 可作为有机物质相对含量的一项综合性指标。

QCOD-2E 型 COD 测定仪(化学需氧量速测仪)采用密封消解法消解样品,并采用先进的冷光源、窄带干涉技术及微电脑自动处理数据,直接显示样品的 COD 值。

2. 使用方法

(1) 开机预热 3 min,消解器自动升温至 165 ℃。

(2) 吸取 3 mL 待测样品置于清洗干净的消解管中(如样品氯离子含量过高,需加入 1 mL硫酸汞溶液),再加入 1 mL 相应浓度的氧化剂及 5 mL 催化剂,盖塞摇匀。

(3) 吸取 3 mL 蒸馏水(空白样)置于清洗干净的消解管中(如步骤(2)加入了 1 mL 硫酸汞溶液,则需加入 1 mL 硫酸汞溶液,否则不加),再加入 1 mL 相应浓度的氧化剂及 5 mL 催化剂,盖塞摇匀。

(4) 将消解管依次插入消解炉孔内,盖上防护罩,待温度降至低于设定值后按“消解”键,仪器自动定时消解,消解完毕后蜂鸣器报警。

(5) 取出消解管至试管架,自然冷却 2 min 后,再水冷至室温。

(6) 根据水样浓度向每支消解管内加入相应的蒸馏水(如测无氯水样,则 5～100 mg/L 量程加蒸馏水 1 mL,100～1 200 mg/L 量程加蒸馏水 3 mL,100～200 mg/L 量程加蒸馏水 8 mL;如测含氯水样,因此前已加入 1 mL 硫酸汞溶液,则 5～100 mg/L 量程不需加蒸馏水,100～1 200 mg/L 量程加蒸馏水 2 mL,1 000～200 mg/L 量程加蒸馏水 7 mL),盖塞摇匀,待测。

(7) 按“查询曲线”键，利用箭头键选择所需的标准曲线序号，按“确认”键确认。

(8) 按“测试空白”键，将已消解好待测的空白样注入比色皿内(充满比色皿 2/3 容积即可)，测定其吸光度，待吸光度值稳定后，按“确认”键，仪器自动凋零。

(9) 按“测试样品”键，将已消解好待测的样品注入比色皿内(充满比色皿 2/3 容积即可)，仪器显示其吸光度及样品的 COD 值。

四、普通光学显微镜

1. 基本结构

普通光学显微镜由光学放大系统和机械装置两部分组成。这两部分很好地配合，才能发挥显微镜的作用。光学放大系统一般包括目镜、物镜、聚光器、光源等；机械装置一般包括镜筒、物镜转换器、聚焦器、镜台、镜臂和底座等。

标本的放大主要由物镜完成，物镜放大倍数越大，它的焦距越短，物镜的透镜和玻片间距离(工作距离)也越小。放大倍数为 90～100× 的物镜为油镜，油镜的工作距离很短，使用时须格外注意。目镜只起放大作用，不能提高分辨率，标准目镜的放大倍数是 10 倍。聚光器能使光线照射标本后进入物镜，形成一个大角度的锥形光柱，因而对提高物镜分辨率是很重要的。聚光器可以上下移动，以调节光的明暗。可变光圈可以调节入射光束的大小。

2. 工作原理

显微镜的放大效能(分辨率)是由所用光波波长长短和物镜的数值口径决定的，缩短使用的光波波长或增加数值口径可以提高分辨率。可见光的光波波长幅度比较窄，而紫外光波长短，可以提高分辨率，但不能用肉眼直接观察。利用减小光波波长来提高光学显微镜分辨率是有限的，提高分辨率的理想措施是提高物镜的数值口径，可以采用提高介质折射率的方法。例如，可用香柏油做介质。因空气的折射率为 1，而香柏油的折射率为 1.51，和载片玻璃的折射率(1.52)相近，这样光线可以不发生折射而直接通过载片、香柏油进入物镜，从而提高分辨率。显微镜总的放大倍数是目镜和物镜放大倍数的乘积，物镜的放大倍数越高，分辨率越高。

3. 操作步骤

(1) 将显微镜自显微镜柜子或木盒内取出时，要用右手握紧执手，轻轻拿出。由于镜体较重，必须用左手托住镜座，才能做较远距离的搬动。

(2) 将显微镜置于实验台上时，应放在身体的左前方，离桌子边缘约 30 mm 处。右侧可放记录本或绘图纸等。

(3) 使用显微镜前，首先要调节好光源。在实验室中可利用灯光或自然光，但不能用直射的阳光，以免损伤眼睛。为了迅速而正确地对光，应先用 10× 物镜，把光圈放到最大位置，在用眼睛观察目镜中视野的同时，转动反光镜，使视野的光线最明亮、最均匀。如果距离光源较近，可用平面的反光镜；如果距离光源较远，可用凹面的反光镜。有的显微镜不具有聚光器，则应用凹面的反光镜。

(4) 把制片放在显微镜的镜台上，将要观察的部位准确地移到物镜的下面，然后用压片夹压紧。

(5) 观察时要睁开双眼,用左眼观察显微镜目镜视野中的像。

(6) 进行观察时,应先用 10× 物镜。为了避免物镜压坏制片(在使用高倍物镜时最易发生),必须用下面的方法聚焦:一方面从侧面注视物镜与制片间的距离,一方面转动粗聚焦器,使镜筒逐渐下降,直到接近盖玻片为止。然后用左眼观察目镜视野,慢慢转动粗聚焦器使镜筒逐渐上升,直到看清制片中的影像为止。

观察制片时,首先在低倍物镜下了解制片上切片的概况,如果要观察部分位于视野的一侧,则应移动制片,使要观察的部位位于中央。注意:显微镜中所形成的像是倒像,因此要改变图像在视野中的位置,须向相反的方向移动制片。

有的显微镜带有 4× 物镜,使用时其焦距与 10× 和 40× 物镜不同,因此当由 4× 物镜转换为 10× 物镜观察制片时,需要重新聚焦。

(7) 细聚焦器是显微镜上最易损坏的部件之一,要尽量保护,以免损坏。一般用低倍物镜观察时,用粗聚焦器就可以调好焦距,此时可以不用或尽量少用细聚焦器。如使用高倍物镜需要用细聚焦器聚焦时,其旋钮转动量最好不要大于半圈。

(8) 当详细观察制片中某一部分的细微结构时,可先在低倍物镜下找到最合适的地方,并移至视野中央,然后转动镜头转换器用高倍物镜(10× 或 40×)观察。当换到高倍物镜后,应该看到制片中的影像。如果影像不清楚,可顺时针或逆时针方向转动细聚焦器,直到影像清晰为止。如果转换高倍物镜后看不到影像,则可能所观察的对象没有在视野中央的位置,需要转换到低倍物镜,重新调整制片位置。当看到影像以后,还要用光圈调节光束的粗细。这一点很重要,如果光束过于粗大,光线过强,将使一些较为透明的结构不易看清;如果光束过细,光量不足,将使影像灰暗不清。因此必须调节光圈,以达到最好的观察效果。在调节光圈时,不要触动反光镜,以免改变光线的折射方向。

4. 操作显微镜的注意事项

(1) 任何旋钮转动有困难时,都绝不能用大力去转动它,而应查明原因,排除障碍。自己不能解决时,要向指导教师说明,请指导教师帮助解决。

(2) 要保持显微镜的清洁,尽量避免灰尘落到镜头上,否则容易磨损镜头。必须尽量避免试剂或溶液玷污或滴到显微镜上,导致损坏显微镜。高倍物镜很容易被染料或试剂玷污,如被玷污,应立即用擦镜纸擦拭干净。显微镜用过后,应用清洁棉布轻轻擦拭(不包括物镜和目镜镜头)。

(3) 要保护物镜、目镜和聚光器中的透镜不被损伤。光学玻璃比一般玻璃的硬度小,容易损伤。擦拭光学透镜时,只能用专用的擦镜纸,不能用棉花、棉布或其他物品。擦拭时要先将擦镜纸折叠为几折(不少于 4 折),从一个方向轻轻擦拭镜头,每擦一次,擦镜纸就要折叠一次,绕着物镜或目镜的轴旋转,轻轻擦拭。如未按上述方式擦拭,落在镜头上的灰尘很易损伤透镜,出现一条条的划痕。

(4) 每次实验结束时,应将物镜转成八字形垂于镜筒下,以免物镜镜头下落与聚光器相碰撞,也可用清洁的白纱布,垫在镜台与物镜之间。

第三节　常用玻璃仪器的使用和维护

一、常用玻璃仪器的分类及用途

水质分析中常用玻璃仪器按玻璃性能可分为可加热的(如各类烧杯、烧瓶、试管等)和不宜加热的(如试剂瓶、量筒、滴定管等);按用途可分为容量类(如烧杯、试剂瓶等)、量器类(如吸管、容量瓶等)和特殊用途类(如干燥器、漏斗等)。

二、玻璃量器的使用

在水质分析中,滴定管、容量瓶、移液管和吸量管是准确测量溶液体积的量器。通常体积测量相对误差比称量要大,而分析结果的准确度是由误差最大的那项因素所决定。因此,必须准确测量溶液的体积以得到正确的分析结果。溶液体积测量的准确度不仅取决于所用量器是否准确,更重要的是取决于准备和使用量器是否正确。现对水质分析中常用玻璃量器及其使用进行介绍。

1. 滴定管

1) 滴定管及其分类

滴定管是滴定时用来准确测量流出标准溶液体积的量器。它的主要部分管身是用细长且内径均匀的玻璃管制成,上面刻有均匀的分度线,下端的流液口为一尖嘴,中间通过玻璃旋塞或乳胶管连接以控制滴定速度。常量分析用的滴定管标称容量为25 mL和50 mL,最小刻度为0.1 mL,读数可估计到0.01 mL。

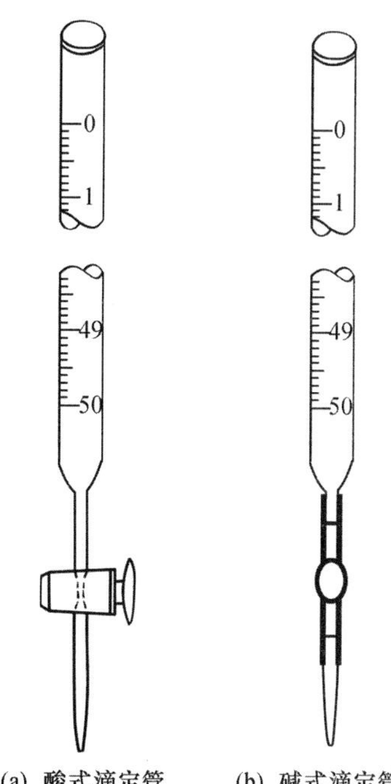

(a) 酸式滴定管　(b) 碱式滴定管

图1-6　滴定管

滴定管一般分为两种:一种是酸式滴定管,另一种是碱式滴定管(图1-6)。酸式滴定管的下端有玻璃活塞,可盛放酸液及氧化剂,不宜盛放碱液。碱式滴定管的下端连接一胶皮管,内放一玻璃珠,以控制溶液的流出,下面再连一尖嘴玻管,这种滴定管可盛放碱液而不能盛放酸或氧化剂等腐蚀胶皮的溶液。

2) 滴定管的使用

滴定管的使用包括:洗涤、检漏、装液、排气泡、读数等步骤。

(1) 洗涤:干净的滴定管如无明显油污,可直接用自来水冲洗或用滴定管刷蘸肥皂水或洗涤剂刷洗(但不能用去污粉),而后再用自来水冲洗。刷洗时应注意勿用刷头露出铁丝的毛刷,以免划伤内壁。如有明显油污,则需用洗液浸洗。洗涤时向管内倒入10 mL左右 H_2CrO_4 洗液(碱式滴定管将乳胶管内玻璃珠向上挤压封住管口或将乳胶管换成乳胶滴头),

再将滴定管逐渐向管口倾斜，并不断旋转，使管壁与洗液充分接触，管口对着废液缸，以防洗液溅出。若油污较重，可装满洗液浸泡，浸泡时间的长短视玷污的程度而定。洗毕，洗液应倒回洗液瓶中，洗涤后应用大量自来水淋洗，并不断转动滴定管，至流出的水无色，再用去离子水润洗三遍。洗净后的管内壁应均匀地润上薄薄的一层水而不挂水珠。

(2) 检漏：滴定管在使用前必须检查是否漏水。若碱式滴定管漏水可更换乳胶管或玻璃珠，若酸式滴定管漏水或活塞转动不灵则应重新涂抹凡士林。其方法是：将滴定管平放于实验台上，取下活塞，用吸水纸擦净或拭干活塞及活塞套，用手指将油脂涂抹在活塞的两头或用手指把油脂涂在活塞的大头和活塞套小口的内侧(图 1-7)，然后把活塞平行插入活塞套中，单方向转动活塞，直至活塞转动灵活且外观为均匀透明状态为止。涂抹良好的旋塞应呈透明状，无气泡，旋转灵活。最后用纯水检验是否堵塞或漏水。用橡皮圈套在活塞小头一端的凹槽上，固定活塞，以防其滑落打碎。如遇凡士林堵塞了尖嘴玻璃小孔，可将滴定管装满水，用洗耳球鼓气加压，或将尖嘴浸入热水中，再用洗耳球鼓气，便可以将凡士林排除。

(3) 装液与排气泡：用操作溶液润洗滴定管，以免操作溶液被稀释。为此注入操作溶液约 10 mL，然后两手平端滴定管，慢慢转动，使溶液流遍全管。再把滴定管竖起，打开滴定管的旋塞，使溶液从出口管的下端流出。如此润洗 2～3 次，即可装入操作溶液。注意应将待装溶液直接从贮瓶装入滴定管，而不要依靠其他仪器(如漏斗、烧杯等)。

装入操作溶液的滴定管，应检查出口下端是否有气泡，如有气泡应及时排除。对酸式滴定管，可转动其旋塞，使液体急速流出，以排除空气泡；如为碱式滴定管，则可将橡皮管向上弯曲，并在稍高于玻璃珠所在处用手指挤压，使溶液从尖嘴口喷出，气泡随之排出(图 1-8)。要确认橡皮管中气泡是否排出，可把橡皮管对光照着检查。

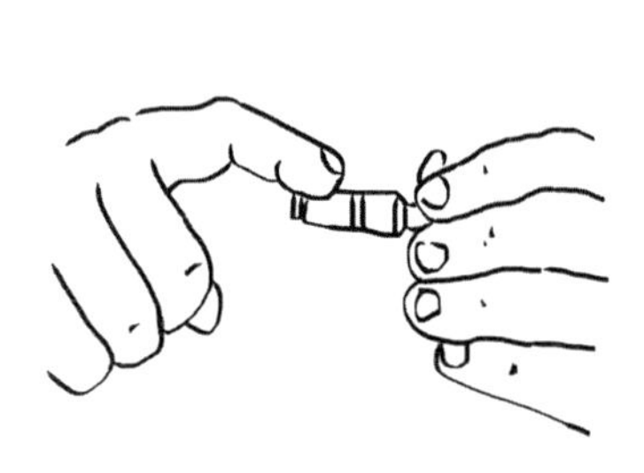

图 1-7　活塞装液

图 1-8　碱式滴定管排气

装满操作溶液到零刻度处，或在零线稍下，记录读数。然后将滴定管夹在架上。滴定管下端如有悬挂的液滴，也应除去。

(4) 读数：读数前，滴定管应垂直静置 1 min。读数时，管内壁应无液珠，管出口的尖嘴内应无气泡，尖嘴外应不挂液滴，否则读数不准。读数方法是：取下滴定管用右手大拇指和食指捏住滴定管上部无刻度处，使滴定管保持垂直进行读数。对无色溶液，读取弯月面下层最低点；对有色溶液，读取液面最上缘。读数时，最好面对光源，滴定管应保持垂直，视线应与管内液体凹面的最低处保持水平，偏低、偏高都会带来误差(图 1-9)。滴定管的读数是自上而下的，应该读准到毫升数后的第二位，显然，第二位是估计数字。在溶液快速流出后应等待片刻，让溶液完全从壁上流出后再行读数。读数时最好用黑白纸板作辅助，这样弯月面界线十分清晰。50 mL 滴定管，液体的流出时间以 70～150 s 较为理想。

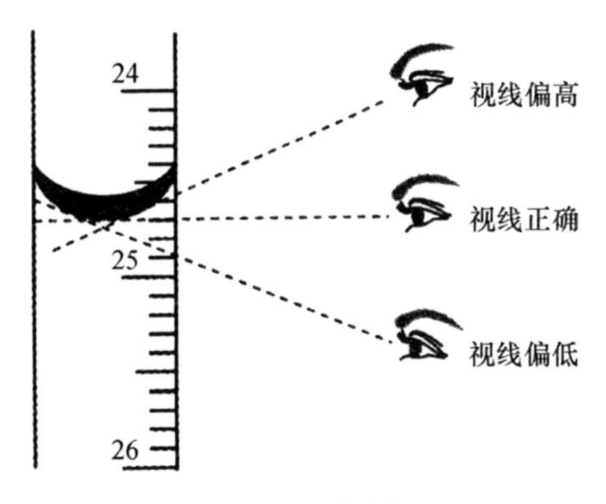

图 1-9　滴定管读数

有的滴定管壁带有白底蓝线，则按蓝线的最尖部分与分度线上缘相重合的一点进行读数。

(5) 滴定：滴定的姿势如图 1-10 所示。使用酸式滴定管用左手的大拇指、食指和中指控制旋塞，用无名指、小指抵住旋塞下部，右手持锥形瓶，使瓶底向同一方向做圆周运动(或用玻璃棒搅拌烧杯中的溶液)。若使用碱式滴定管，则用左手的大拇指和食指捏挤玻璃珠外面的胶皮管(注意不要捏挤玻璃珠的下部，如捏在下部，则放手时胶皮管管尖会产生气泡)，使之与玻璃珠之间形成一条可控制的缝隙，即可控制液体的流出。滴定和振摇溶液要同时进行，不要脱节。为了防止溶液滴到外面，滴定管下端应伸入锥形瓶口内或烧杯口内。

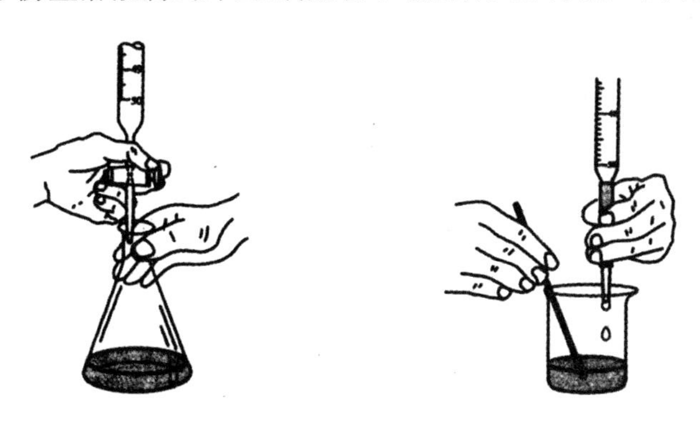

图 1-10　滴定管的使用

滴定时对速度的控制：开始时 10 mL/min 左右；接近终点时，每加一滴摇匀一次；最后，每加半滴摇匀一次(加半滴操作，是使溶液悬而不滴，让其沿器壁流入容器，再用少量去离子水冲洗内壁，并摇匀)。仔细观察溶液的颜色变化，直至滴定终点为止。读取终读数，立即记录。注意，在滴定过程中左手不应离开滴定管，以防流速失控。

平行滴定时，应该每次都将初刻度调整到“0”刻度或其附近，这样可减少滴定管刻度的系统误差。

(6) 最后整理：滴定管使用完毕后，把其中剩余溶液倒出，并用水洗净，然后用纯水充满滴定管,并用盖子盖住管口,或用水洗净后,倒置在滴定管架上。

2. 移液管及其使用

移液管一般用于准确量取小体积的液体。移液管的种类较多,通常有两种形状,一种是直形的,管上有分刻度,称为吸量管。另一种中间有膨大部分,称为胖肚移液管,它的中腰膨大,上下两端细长,上端刻有环形标线,膨大部分标有容积和标定时的温度(图 1-11)。将溶液吸入管内,使液面和标线相切,再放出,则放出的溶液体积就等于管上所标示的容积。常用移液管的容积有 10 mL、25 mL、50 mL 等多种。由于读取部分管径小,其准确性较高,缺点是只能用于量取某一定量的溶液;吸量管可以准确量取所需要的刻度范围内某一体积的溶液,但其准确度差一些。使用方法是将溶液吸入,读取与液面相切的刻度(一般在零),然后将溶液放出到适当刻度,两刻度之差即为放出溶液的体积(图 1-12)。

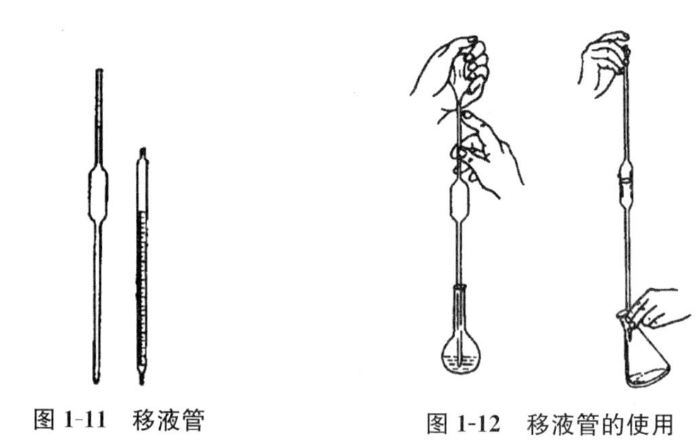

图 1-11　移液管

1—胖肚移液管;2—吸量管

图 1-12　移液管的使用

移液管在使用前应洗净,并用蒸馏水润洗 3 遍。使用时,洗净的移液管要用被吸取的溶液润洗 3 遍,以除去管内残留的水分。吸取溶液时,一般用左手拿洗耳球,右手把移液管插入溶液中吸取。当溶液吸至标线以上时,马上用右手食指按住管口,取出,微微移动食指或用大拇指和中指轻轻转动移液管,使管内液体的弯月面慢慢下降到标线处,立即压紧管口,把移液管移入另一容器(如锥形瓶)中,并使管尖与容器壁接触,放开食指让液体自由流出(图 1-12),流完后再等 15 s 左右。残留于管尖内的液体不必吹出,因为在校正移液管时,未把这部分液体体积计算在内。

3. 容量瓶

容量瓶主要是用来精确地配制一定体积和一定浓度溶液的量器,如用固体物质配制溶液,应先将固体物质在烧杯中溶解后,再将溶液转移至容量瓶中。转移时,要使玻璃棒的下端靠近瓶颈内壁,使溶液沿玻璃棒缓缓流入瓶中,再从洗瓶中挤出少量水淋洗烧杯及玻璃棒 2～3 次,并将其转移到容量瓶中(图 1-13)。接近标线时,要用滴管慢慢滴加,直至溶液的弯月面与标线相切为止。塞紧瓶塞,用左手食指按住塞子,将容量瓶倒转几次直到溶液混匀为止(图 1-14)。容量瓶的瓶塞是磨口的,一般配套使用。

图 1-13　转移溶液入容量瓶

图 1-14　均匀操作

容量瓶不能久贮溶液，尤其是碱性溶液会侵蚀瓶塞使其无法打开；也不能用火直接加热及烘烤。使用完毕后应立即洗净。如长时间不用，磨口处应洗净擦干，并用纸片将磨口隔开。

三、玻璃仪器的洗涤和干燥

1. 玻璃仪器的洗涤

水处理实验中经常使用各种玻璃仪器。如果使用不洁净的仪器，则往往由于污物和杂质的存在而得不到正确的结果，因此，玻璃仪器的洗涤是水处理实验中一项重要的内容。

一般的器皿，如烧杯、锥形瓶、试剂瓶等可用刷子蘸取去污粉、洗衣粉、肥皂液等直接刷洗其内外表面。滴定管、容量瓶和吸管等量器，为了避免容器内壁受机械磨损而影响容积测量的准确度，一般不用刷子刷洗，如果其内壁沾有油脂性污物，用自来水不能洗去时，应选用合适的洗涤剂漂洗，必要时可先把洗涤剂加热，并浸泡一段时间。用过的铬酸洗液须倒回原瓶中。漂洗过的器皿，第一次用少量自来水冲洗，此冲洗水应倒入废液缸中，以免腐蚀水槽和下水道。滴定管等量器，不宜用强碱性的洗涤剂，以免玻璃受腐蚀而影响容积的准确性。

玻璃仪器的洗涤方法很多，应根据实验要求、污物的性质和玷污的程度来选择合适的洗涤方法。

(1) 对于水溶性的污物，一般可以直接用水冲洗，冲洗不掉的物质，可以选用合适的毛刷刷洗，如果毛刷刷不到，可将碎纸捣成糊浆，放进容器，剧烈摇动，使污物脱落下来，再用水冲洗干净。

(2) 对于有油污的仪器，可先用水冲洗掉可溶性污物，再用毛刷蘸取肥皂液或合成洗涤剂刷洗。用肥皂液或合成洗涤剂仍刷洗不掉的污物，或因口小、管细不便用毛刷刷洗的仪器，可用洗液或少量浓 HNO_3、浓 H_2SO_4 浸洗。氧化性污物可选用还原性洗液洗涤；还原性污物，则选用氧化性洗液洗涤。最常用的洗液是 $KMnO_4$ 洗液与铬酸洗液。

(3) 若污物是有机物一般选用 $KMnO_4$ 洗液。

(4) 若污物为无机物则多选用铬酸洗液。洗涤仪器前，应尽可能倒尽仪器内残留的水分，然后向仪器内注入约 1/5 体积的洗液，使仪器倾斜并慢慢地转动，让内壁全部被洗液湿润，如果能浸泡一段时间或用热的洗液洗涤，则效果会更好。

洗液具有强腐蚀性，使用时千万不能用毛刷蘸取洗液刷洗仪器，如果不慎将洗液洒在衣物、皮肤或桌面时，应立即用水冲洗。废的洗液或洗液的首次冲洗液应倒在废液缸里，不能倒入水槽，以免腐蚀下水道。

用上述方法洗去污物后的仪器，还必须用自来水和蒸馏水冲洗数次后，才能洗净。

已洗净的玻璃仪器应该是清洁透明的，其壁面应不挂水珠。凡已洗净的仪器，内壁不能用布或纸擦拭，否则布或纸上的纤维及污物会玷污仪器。

2. 玻璃仪器的干燥

有些实验要求仪器必须是干燥的，根据不同情况，可采用下列方法：

(1) 晾干。对于不急用的仪器，将其插在格栅板上或实验室的干燥架上晾干。

(2) 吹干。将仪器倒置除去水分，并擦干外壁，用电吹风的热风将仪器内残留水分赶出。

(3) 烘干。将洗净的仪器除去残留水，放在电烘箱的隔板上，将温度控制在 105 ℃左右烘干。

(4) 用有机溶剂干燥。在洗净的仪器内加入少量有机溶剂(如 C_2H_5OH，CH_3COCH_3 等)，转动仪器，使仪器内的水分与有机溶剂混合，倒出混合液(回收)，仪器即迅速干燥。

必须指出，在水处理实验中，许多情况下并不需要将仪器干燥，如量器、容器等，使用前先用少量溶液刷洗 2～3 次，洗去残留水滴即可。带有刻度的计量容器不能用加热法干燥，否则会影响仪器的精度；如需要干燥时，可采用晾干或冷风吹干的方法。

第二章　实验设计

第一节　实验设计简介

实验设计是解决水处理过程中所遇问题的一个重要手段，相关理论、数学模型和工程设计参数的建立和确定也和实验设计密切相关。科学、合理地确定实验方案，以最少的人力、物力和时间找出影响实验结果的主要因素，可为水处理方法揭示内在规律，也可为水处理工程优化设计、高效低耗运行提供依据，还可在实验基础上建立相关经验公式或数学模型用于指导实际生产。正确的实验设计是得到可信的实验结果的重要保证。

科学、合理的实验方案，来自于优化实验设计，即在实验之前，根据实验目标，利用数学方法，科学、合理地安排实验，确定出最佳实验方案。在生产过程中，人们为了达到优质、高产、低消耗等目的，常需要对有关因素的最佳点进行选择，一般是通过实验来寻找这个最佳点。实验的方法很多，为能够迅速地找到最佳点，要通过实验设计，合理安排实验点。优化实验设计可减少实验次数，节省原材料，因此，越来越受到科技人员的重视。例如，混凝剂是给排水处理工程中常用的化学药剂，其投加量因具体情况而异，因此，常需要多次实验来确定最佳投药量，此时便可以通过实验设计来减少实验的工作量。

本章主要介绍单因素实验设计、双因素实验设计和正交实验设计。

一、实验设计基本概念

1. 实验方法

通过做实验获得大量的自变量与因变量对应的数据，以此为基础分析整理并得到客观规律的方法，称为实验方法。

2. 实验设计

为节省人力、财力，迅速找到最佳条件，揭示事物内在规律，根据实验中不同问题，在实验前科学编排实验的过程。

3. 实验指标

在实验设计中用来衡量实验效果好坏所采用的标准称为实验指标或简称指标。例如，天然水中存在大量胶体颗粒，使水浑浊，为了降低浑浊度需向水中投加混凝剂，当实验目的是求最佳投药量时,水样中剩余浊度即为实验指标。

4. 因素

对实验指标有影响的条件称为因素。例如,在水中投加适量混凝剂可降低水的浊度,因此水中投加的混凝剂即作为分析的实验因素。有一类因素,在实验中可以人为地加以调节和控制,如水质处理中的投药量,叫做可控因素。另一类因素,由于自然条件和设备等条件的限制,暂时还不能人为地调节,如水质处理中的气温,叫做不可控因素。在实验设计中,主要考虑可控因素,但是尽可能将不可控因素控制在同一水平以消除其干扰。

5. 水平

因素在实验中所处的不同状态可能引起指标的变化,因素的各种状态叫做因素的水平。某个因素在实验中需考察它的几种状态,就叫它是几水平的因素。

因素的各个水平有的能用数量来表示,有的不能用数量来表示。例如,有几种混凝剂可以降低水的浑浊度,现要研究哪种混凝剂较好,各种混凝剂就为混凝剂这个因素的各个水平,不能用数量来表示。凡是不能用数量表示水平的因素,叫做定性因素。一般来说,定量因素便于准确控制其水平,结果比较可靠,也便于不同水平结果比较,宜尽量选择定量因素,但是,在多因素实验中,经常会遇到定性因素。对定性因素,只要对各水平规定具体含义,也可与通常的定量因素一样对待。

6. 因素间交互作用

实验中所考察的各因素相互间没有影响,则称因素间没有交互作用,否则称为因素间有交互作用,并记为A(因素)$\times B$(因素)。

二、实验设计步骤

1. 明确实验目的、确定实验指标

研究对象需要解决的问题,一般不止一个。例如,在进行混凝效果的研究时,要解决的问题有最佳投药量、最佳 pH 和水流速度梯度等。我们不可能通过一次实验把所有这些问题都解决,因此实验前应首先确定这次实验的目的,究竟是解决哪一个或哪几个主要问题,然后确定相应的实验指标。

2. 挑选因素

在明确实验目的和确定实验指标后,要分析研究影响实验指标的因素,从所有的影响因素中排出那些影响不大或者已经掌握了的因素,让它们固定在某一状态上,挑选那些对实验指标可能有较大影响的因素来进行考察。

3. 选定实验设计方法

因素选定后,可根据研究对象的具体情况决定选用哪一种实验设计方法。例如,对于单因素问题,应选用单因素实验设计法;三个以上因素的问题,可以用正交实验设计法;若要进行模型筛选或确定已知模型的参数,可采用序贯实验设计法。

4. 实验安排

上述问题都解决后,便可以进行实验点位置安排,开展具体的实验工作。

下面我们介绍单因素实验设计、双因素实验设计及正交实验设计法的部分基本方法，原理部分可根据需要参阅有关书籍。

第二节　单因素实验设计

只有一个影响因素，或影响因素虽多，但在安排实验时只考虑一个对指标影响最大的因素，其他因素尽量保持不变的实验，即为单因素实验。单因素实验设计的任务是确定实验方案，找出最优实验点，使实验的结果（指标）最好。

在安排单因素实验时，一般考虑以下三方面的内容：

首先，确定包括最优点的实验范围。设下限用 a 表示，上限用 b 表示（图 2-1），实验范围用由 a 到 b 的线段表示，记做$[a,b]$。若 x 表示试验点，则写成 $a \leqslant x \leqslant b$；如果不考虑端点 a、b，就记成(a,b)或 $a<x<b$。

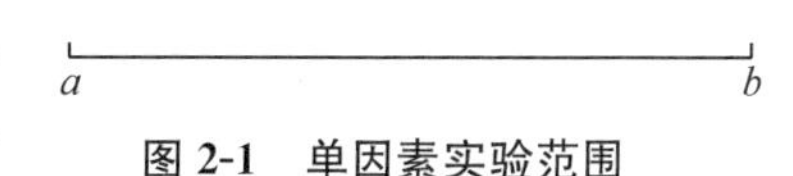

图 2-1　单因素实验范围

其次，确定指标。如果实验结果（y）和因素取值（x）的关系可写成数学表达式 $y=f(x)$，称 $f(x)$为指标函数（或称目标函数）。根据实际问题，在因素的最优点上，以指标函数 $f(x)$ 取最大值、最小值或满足某种规定的要求为评价指标。对于不能写成指标函数甚至实验结果不能定量表示的情况（例如，比较水库中水的气味），要确定评价实验结果好坏的标准。

最后，确定实验方法，科学地安排实验点。

本节主要介绍单因素优化实验设计方法，内容包括均分法、对分法、黄金分割法、分数法和分批实验法。

一、均分法和对分法

1. 均分法

如果要做 n 次实验，就把实验范围等分成 $n+1$ 份，在各个分点上做实验（图 2-2）。

$$x_i=a+\frac{b-a}{n+1}i \qquad (i=1,2,\cdots,n) \tag{2-1}$$

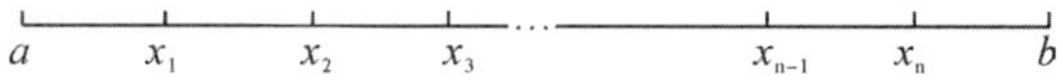

a　x_1　x_2　x_3 …… x_{n-1}　x_n　b

图 2-2　均分法试验点

把 n 次实验结果进行比较，选出所需要的最好结果，相对应的实验点即为 n 次实验中的最优点。

均分法是一种古老的实验方法。优点是只需把实验放在等分点上，实验可以同时安排，也可以一个接一个地安排；缺点是实验次数较多，代价较大。

2. 对分法

采用对分法时，首先要根据经验确定实验范围。设实验范围为$[a,b]$，第一次实验点安排在$[a,b]$的中点$x_1\left(x_1=\frac{a+b}{2}\right)$，若实验结果表明$x_1$取大了，则丢去大于$x_1$的一半；第二次实验点安排在$[a,x_1]$的中点$x_2\left(x_2=\frac{a+x_1}{2}\right)$。如第一次实验结果表明$x_1$取小了，则丢去小于$x_1$的一半；第二次实验点安排在$[x_1,b]$的中点。这个方法的优点是每做一次实验便可以去掉一半，且取点方便，适用于预先已经了解所考察因素对指标的影响规律，能够从一个实验的结果直接分析出该因素的值是取大了还是取小了的情况。

例如，确定消毒时加氯量的实验，可以采用对分法。

二、黄金分割法

科学实验中，有相当普遍的一类实验，目标函数只有一个峰值，在峰值的两侧实验效果都差，将这样的目标函数称为单峰函数。

黄金分割法适用于目标函数为单峰函数的情形。所谓黄金分割指的是把长为L的线段分为两部分，使其中一部分对于全部之比等于$\omega=\frac{\sqrt{5}-1}{2}=0.618\ 033\ 988\ 7\cdots$，它的三位有效数字的近似值就是0.618，所以黄金分割法又称为0.618法。

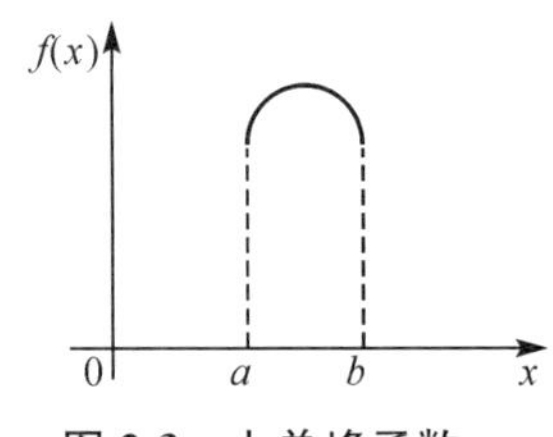

图 2-3　上单峰函数

设实验范围为$[a,b]$，第一次实验点x_1选在实验范围的0.618位置上。

$$x_1=a+0.618(b-a) \tag{2-2}$$

第二次实验点选在第一点x_1的对称点x_2处，即实验范围的0.382位置上。

$$x_2=a+0.382(b-a) \tag{2-3}$$

实验点x_1、x_2如图2-4所示。

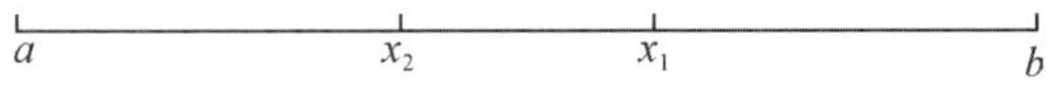

a　x_2　x_1　b

图 2-4　0.618法第1、2个试验点分布

设$f(x_1)$和$f(x_2)$表示x_1与x_2两点的实验结果，且$f(x)$值越大，效果越好。

(1) 如果$f(x_1)$比$f(x_2)$好，根据“留好去坏”的原则，去掉实验范围$[a,x_2)$部分，在剩余范围$[x_2,b)$内继续做实验。

(2) 如果$f(x_1)$比$f(x_2)$差，同样根据“留好去坏”的原则，去掉实验范围$(x_1,b]$部分，在剩余范围$[a,x_1]$内继续做实验。

(3) 如果$f(x_1)$和$f(x_2)$实验效果一样，去掉两端，在剩余范围$[x_1,x_2]$内继续做实验。

根据单峰函数性质，上述三种做法都可使好点留下，将坏点去掉，不会发生最优点丢掉的情况。

继续做实验，第一种境况下，在剩余实验范围$[x_2,b]$上用公式(2-2)计算新的实验点x_3。

$$x_3=x_2+0.618(b-x_2)$$

如图2-5所示，在实验点x_3安排一次新的实验。

在第二种情况下，在剩余实验范围$[a,x_1]$上用公式(2-3)计算新的实验点x_3。

$$x_3 = a + 0.382(x_1 - a)$$

如图 2-6 所示，在实验点 x_3 安排一次新的实验。

x_2　　x_1　　x_3　　b

图 2-5　情况①时第三个实验点

a　　x_3　　x_2　　x_1

图 2-6　情况②时第三个实验点

在第三种情况下，在剩余实验范围$[x_2, x_1]$，用式(2-2)和式(2-3)计算两个新的实验点，x_3 和 x_4。

$$x_3 = x_2 + 0.618(x_1 - x_2)$$

$$x_4 = x_2 + 0.382(x_1 - x_2)$$

在 x_3、x_4 安排两次新的实验。

无论上述三种情况出现哪一种，在新的实验范围内都有两个实验点的实验结果可以进行比较。仍然按照“留好去坏”原则，再去掉实验范围的一段或两段，这样反复做下去，直至找到满意的实验点，得到比较好的实验结果为止；或实验范围已很小，再做下去，实验结果差别不大，则停止实验。

例 2-1　为降低水中的浑浊度，需要加入一种药剂，已知其最佳加入量是 1 000～2 000 g 之间的某一点，现在要通过做实验找到它。按照 0.618 法选点，先在实验范围的 0.618 处做第 1 次实验，这一点的加入量可由公式(2-2)计算出来。

$$x_1 = 1\,000 + 0.618(2\,000 - 1\,000) = 1\,618\ (\text{g})$$

再在实验范围的 0.382 处做第 2 次实验，这一点的加入量可由公式(2-3) 算出，如图 2-7 所示。

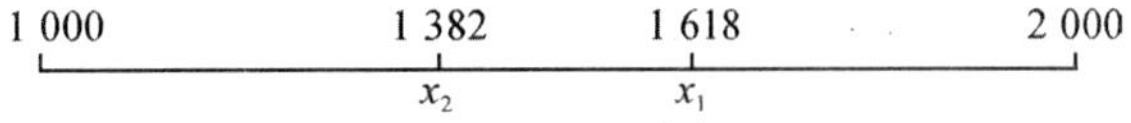

1 000　　1 382 (x_2)　　1 618 (x_1)　　2 000

图 2-7　降低水中浊度第 1、2 次实验加药量

$$1\,000 + 0.382(2\,000 - 1\,000) = 1\,382\ (\text{g})$$

比较两次实验结果，x_1 点较 x_2 点好，则去掉 1 382 g 以左的部分，然后在留下部分再用式(2-2)找出第三个实验点 x_3。在点 x_3 做第 3 次实验，在这一点的加入量为 1 764 g，如图 2-8 所示。

仍然是 x_1 点好，则去掉 1 764 g 以右的一段，在留下部分按式(2-3)计算得出第四个实验点 x_4。在点 x_4 做第 4 次实验，这一点的加入量为 1 528 g，如图 2-9 所示。

1 382 (x_2)　　1 618 (x_1)　　1 764 (x_3)　　2 000

图 2-8　降低水中浊度第三次实验加药量

1 382 (x_2)　　1 528 (x_4)　　1 618 (x_1)　　1 764 (x_3)

图 2-9　降低水中浊度第四次实验加药量

x_4 点比 x_1 点好，则去掉 1 618～1 764 g 这一段，在留下部分按同样方法继续做下去，如此重复直至找到最佳点。

0.618 法简便易行，对每个实验范围都可计算出两个实验点进行比较，好点留下，从坏点处把实验范围切开，丢掉短而不包括好点的一段，使实验范围缩小。在新的实验范围内，再用式(2-2)、式(2-3)算出两个实验点，其中一个就是刚才留下的好点，另一个是新的实验点。应用此法每次可以去掉实验范围的 0.382。因此，该方法可以用较少的实验次数迅速找到最佳点。

三、分数法

分数法又叫斐波那契数列法，它是利用斐波那契数列进行单因素优化实验设计的一种方法。当实验点只能取整数，或者限制实验次数的情况下，采用分数法较好。例如，如果只能做一次实验时，就在 1/2 处做，其精确度为 1/2，即这一点与实际最佳点的最大可能距离为 1/2；如果只能做两次实验，第一次实验在 2/3 处做，第二次实验在 1/3 处做，精确度为 1/3；如果做三次实验，第一次实验在 3/5 处做，第二次实验在 2/5 处做，第三次实验在 1/5 或 4/5 处做，精确度为 1/5……做 n 次实验就在实验范围内 F_n/F_{n+1} 处做，其精确度为 $1/F_{n+1}$，如表 2-1 所示。

表 2-1　分数法试验点位置与相应精确度

实验次数	2	3	4	5	…	n	$n+1$	…
等分实验范围的份数	3	5	8	13	…	$F_{n-1}+F_{n-2}$	F_{n+1}	…
第一次实验点的位置	2/3	3/5	5/8	8/13	…	$\frac{F_{n-1}}{F_{n-1}+F_{n-2}}$	F_n/F_{n+1}	…
精确度	1/3	1/5	1/8	1/13	…	$\frac{1}{F_{n-1}+F_{n-2}}$	$1/F_{n+1}$	…

表中的 F_n 及 F_{n+1} 叫“斐波那契数”，它们可由下列递推式确定：

$$F_0=F_1=1,\ F_K=F_{K-1}+F_{K-2}\qquad (K=2,3,4\cdots)$$

由此，得　$F_2=F_1+F_0=2, F_3=F_2+F_1=3, F_4=F_3+F_2=5, \cdots, F_{n+1}=F_n+F_{n-1}\cdots$

因此，表 2-1 第三行中各分数，从分数的 2/3 开始，以后的每一分数，其分子都是前一分数的分母，而其分母都是前一分数的分子与分母之和，照此方法不难推出所需要的第一次实验点位置。

若实验范围为$[a,b]$，可用下列公式求得第一个实验点 x_1 和新实验点 x_2，即

$$x_1=a+\frac{F_n}{F_{n+1}}(b-a) \tag{2-4}$$

$$x_2=a+(b-x_m) \tag{2-5}$$

其中 x_m 为中数，即已实验的实验点数值。式(2-4)和式(2-5)可由图 2-10 所示推导。

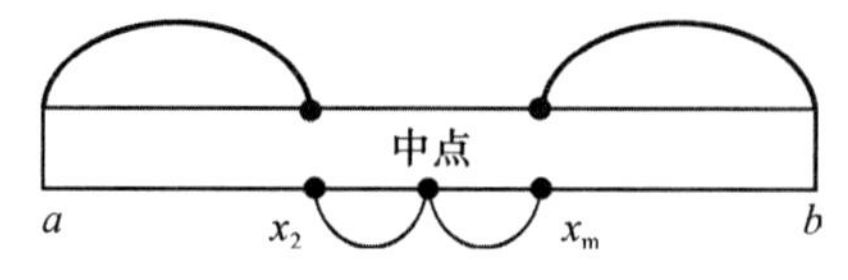

图 2-10　分数法试验点位置示意

四、分批实验法

当完成实验需要较长的时间，或者测试一次要花很大代价，而每次同时测试几个样品和测试一个样品所花的时间、人力或费用相近时，采用分批实验法较好。分批实验法又可以分为均匀分批实验法和比例分割实验法。这里仅介绍均匀分批实验法。这种方法是每批实验

均匀地安排在实验范围内。例如，每批要做四个实验，我们可以先将实验范围(a,b)均分为五份，在其四个分点 x_1、x_2、x_3、x_4 处做四个实验，将四个实验样品同时进行测试分析，如果 x_3 好，则去掉小于 x_2 和大于 x_4 的部分，留下(x_2,x_4)范围。然后将留下部分再分成六份，在未做过实验的四个分点实验，这样一直做下去，就能找到最佳点。对于每批要做四个实验的情况，第一批实验后，范围缩小 2/5，以后每批实验后都缩小为前次余下部分的 1/3(图 2-11)。

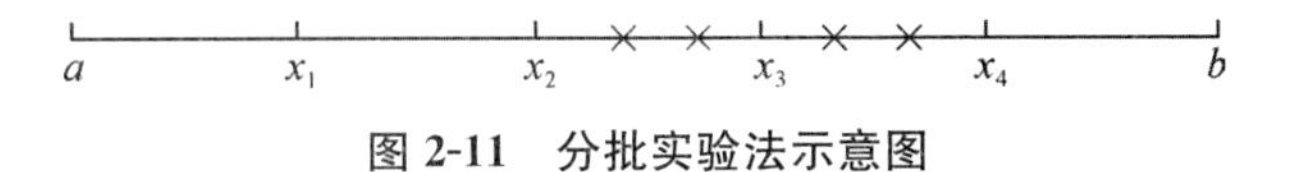

图 2-11　分批实验法示意图

第三节　双因素实验设计

对于双因素问题，往往采取把两个因素变成一个因素的办法即降维法来解决，也就是先固定第一个因素，做第二个因素的实验，然后固定第二个因素再做第一个因素的实验。

双因素优选问题，就是要迅速地找到二元函数 $z=f(x,y)$的最大值及其对应的(x,y)点的问题，这里 x,y 代表的是双因素。假定处理的是单峰问题，也就是把 x,y 平面作为水平面，实验结果 z 看成这一点的高度，这样的图形形似一座山，双因素优选法的几何意义是找出该山峰的最高点。如果在水平面上画出该山峰的等高线(z 值相等的点构成的曲线在 x-y 上的投影)，如图 2-12 所示，最里边的一圈等高线即为最佳点。

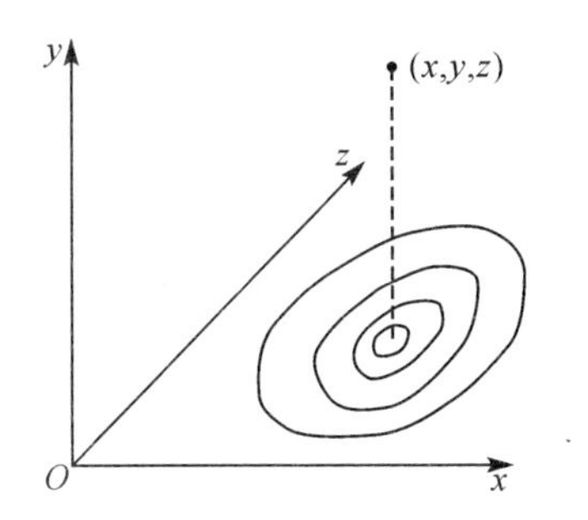

图 2-12　双因素优选法几何意义(单峰)

下面介绍几种常用的双因素优选法。

一、对开法

在直角坐标系中画出一矩形代表优选范围：

$$a<x<b,\qquad c<y<d$$

在中线 $x=(a+b)/2$ 上用单因素法找最大值，设最大值在 P 点。在中线 $y=(c+d)/2$ 上用单因素法找最大值，设为 Q 点。比较 P 点和 Q 点的结果，如果 Q 点大，去掉 $x<(a+b)/2$ 部分，否则去掉另一半。用同样的方法处理余下的半个矩形，不断地去其一半，逐步地得到所需要的结果。优选过程如图 2-13 所示。

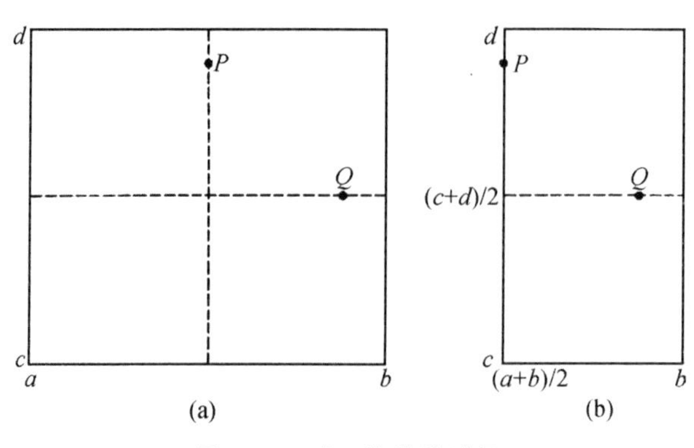

图 2-13 对开发优选过程

需要指出的是，如果 P、Q 两点的实验结果相等(或无法辨认好坏)，说明 P 和 Q 两点位于同一条等高线上，所以可以将图 2-13(a)的下半块和左半块都去掉，仅留下第一象限，即当两点实验数据的可分辨性十分接近时，可直接丢掉实验范围的 3/4。

例 2-2 某化工厂试制磺酸钡，其原料磺酸是磺化油经乙醇水溶液萃取出来的。实验目的是选择乙醇水溶液的合适浓度和用量，使分离出的磺酸最多。根据经验，乙醇水溶液的浓度变化范围为 50%～90%(体积分数)，用量变化范围为 30%～70%(质量分数)。

用对开法优选，如图 2-14 所示，先将乙醇用量固定在 50%，用 0.618 法优选，求得 A 点较好，即体积分数为 80%；而后上下对折，将体积分数固定在 70%，用 0.618 法优选，结果 B 点较好，如图 2-14(a)所示。比较 A 点与 B 点的实验结果，A 点比 B 点好，于是丢掉下半部分。在剩下的范围内再上下对折，将体积分数固定于 80%，对用量进行优选，结果还是 A 点最好，如图 2-14(b)所示。A 点即为所求，即乙醇水溶液的体积分数为 80%，用量为 50%(质量分数)。

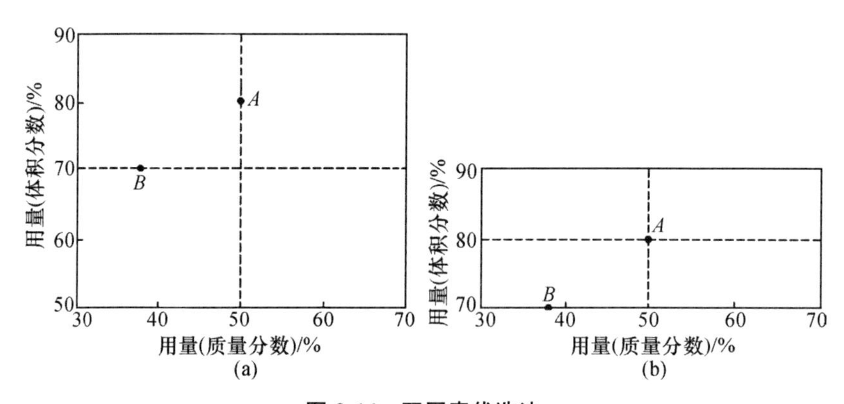

图 2-14 双因素优选法

二、旋升法

如图 2-15 所示，在直角坐标系中画出一矩形代表优选范围：

$$a<x<b, c<y<d$$

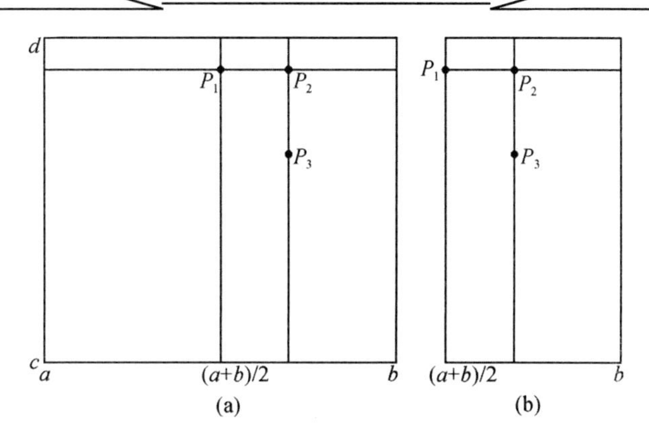

图 2-15　旋升法示意图

先在一条中线，例如 $x=(a+b)/2$ 上，用单因素优选法求得最大值，假定在 P_1 点取得最大值，然后过 P_1 点作水平线，在这条水平线上进行单因素优选，找到最大值，假定在 P_2 点处取得最大值，如图 2-15(a)所示，这时应去掉通过 P_1 点的直线所分开的两部分中不含 P_2 点的部分。在通过 P_2 点的垂线上找最大值，假定在 P_3 点处取得最大值，如图 2-15(b)所示，此时应去掉 P_2 点的上部分，重复上述步骤，直到找到最佳点。

在这个方法中，每一次单因素优选时，都是将另一因素固定在前一次优选所得最优点的水平上，故也称为“从好点出发法”。

在这个方法中，哪些因素放在前面，哪些因素放在后面，对于选优的速度影响很大，一般按各因素对实验结果影响的大小顺序安排，往往能较快得到满意的结果。

三、平行线法

两个因素中，一个(x)易于调整，另一个(y)不易调整，则建议用“平行线法”。先将 y 固定在范围(c,d)的 0.618 处，即取：

$$y=c+(d-c)\times 0.618$$

用单因素法找最大值，假定在 P 点取得这一值。再把 y 固定在范围(c,d)的 0.382 处即取

$$y=c+(d-c)\times 0.382$$

用单因素法找最大值，假定在 Q 点取得这值。比较 P、Q 两点的结果，如果 P 点好，则去掉 Q 点下面部分，即去掉 $y\leqslant c+(d-c)\times 0.382$ 的部分(否则去掉 P 点上面的部分)，再用同样的方法处理余下的部分，如图 2-16 所示。

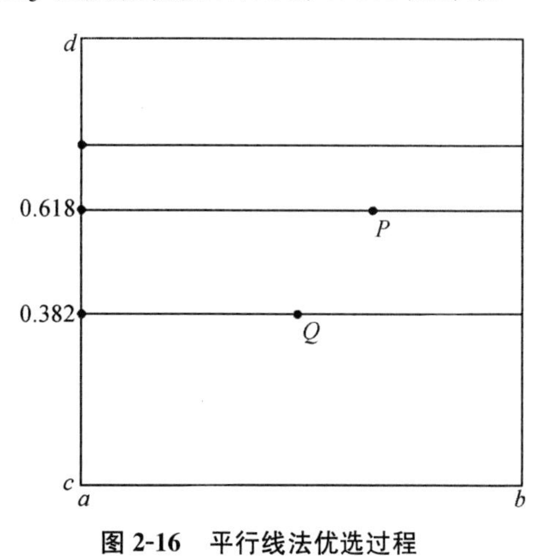

图 2-16　平行线法优选过程

注意：因素 y 的取点方法不一定要按 0.618 法，也可以固定在其他合适的地方。

例如，混凝效果与混凝剂的投加量、pH、水流速度梯度三因素有关。根据经验分析，主要的影响因素是投药量和 pH，因此可以根据经验把水流速度梯度固定在某一水平上，然后，用双因素实验设

计法选择实验点进行实验。

在生产和科学实验中遇到的大量问题，大多是多因素问题，双因素法虽然比普通的单因素法更适合处理多因素问题，但随着因素数的增多，实验次数也会迅速增加，所以在使用双因素法处理多因素问题时，不能把所有因素平等看待，而应该将那些影响不大的因素暂且撇开，着重于抓住少数几个必不可少的、起决定作用的因素来进行研究。

主、次因素的确定，对于双因素实验设计是很重要的。如果限于认识水平确定不了哪一个是主要因素，可以通过实验来解决。这里介绍一种简单的实验判断方法，具体做法如下：先在因素的实验范围内做两次实验(一般可选 0.618 和 0.382 两点)，如果这两点的效果差别显著，则为主要因素；如果这两点效果差别不大，则在(0.382～0.618)、(0～0.382)和(0.618～1)三段的中点分别再做一次实验，如果仍然差别不大，则此因素为非主要因素，在实验过程中可将该因素固定在 0.382～0.618 间的任一点。也即当对某因素做了五点以上实验后，如果各点效果差别不明显，则该因素为次要因素，不应对该因素继续实验，而应按同样的方法从其他因素中找到主要因素再做优选实验。

第四节　正交实验设计

科学实验中考察的因素往往很多，每个因素的水平数往往也很多，此时要全面地进行实验，实验次数就相当多。如某个实验考察 4 个因素，每个因素 3 个水平，全部实验要做 $3^4=81$ 次。做这么多实验，既费时又费力，有时甚至是不可能的。由此可见，多因素的实验存在两个突出的矛盾：一是全面实验的次数与实际可行的实验次数之间的矛盾；二是实际所做的少数实验与全面掌握内在规律的要求之间的矛盾。

为解决第一个矛盾，就需要我们对实验进行合理的安排，挑选少数几个具有“代表性”的实验做；为解决第二个矛盾，需要我们对挑选做的几个实验的实验结果进行科学地分析。

我们把需要考虑多个因素，而每个因素又要考虑多个水平的实验问题称为多因素实验。

如何合理地安排多因素实验，又如何对多因素实验结果进行科学地分析，目前应用的方法较多，正交实验设计就是处理多因素实验的一种科学方法，它能帮助我们在实验前借助事先制定好的正交表科学地设计实验方案，从而挑选出少量具有代表性的实验做，实验后经过简单的表格运算，分清各因素在实验中的主次作用并找出较好的运行方案，得到正确的分析结果。因此，正交实验在各个领域得到了广泛应用。

一、正交实验设计

正交实验设计，就是利用事先制好的特殊表格——正交表来安排多因素实验，并进行数据分析的一种方法。它不仅简单易行，计算表格化，而且科学地解决了上述两个矛盾。例如，要进行三因素二水平的一个实验，各因素分别用大写字母 A、B、C 表示，各因素的水平分别用 A_1、A_2、B_1、B_2、C_1、C_2 表示，实验点可用因素的水平组合表示。实验的目的是从所有可能的水平组合中，找出一个最佳水平组合。怎样进行实验呢？一种办法是进行全面实验，即每个因素各水平的所有组合都做实验，共需做 $2^3=8$ 次实验，分别是 $A_1B_1C_1$、$A_1B_1C_2$、

$A_1B_2C_1$、$A_1B_2C_2$、$A_2B_1C_1$、$A_2B_1C_2$、$A_2B_2C_1$、$A_2B_2C_2$。为直观起见，将它们表示在图 2-17 中，图 2-17 的正六面体的任意两个平行平面代表同一个因素的两个不同水平。比较这 8 次实验的结果，就可找出最佳生产条件。

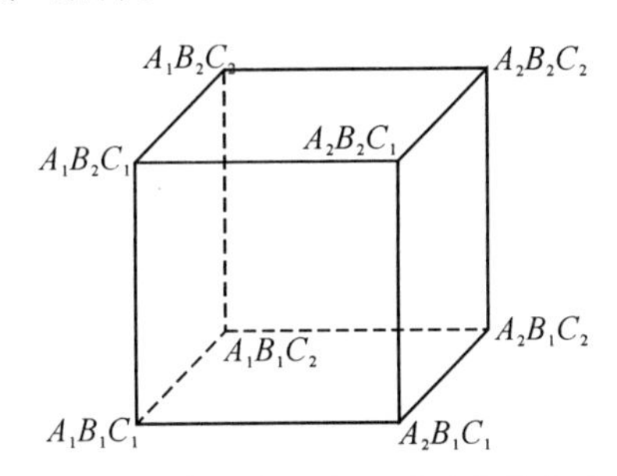

图 2-17　三因素二水平全面试验点分布直观图

进行全面实验对实验项目的内在规律揭示得比较清楚，但实验次数多，特别是当因素及因素的水平数较多时，实验量很大，例如，六个因素，每个因素五个水平的全面实验的次数为 $5^6=156\ 25$ 次，实际上如此大量的实验是难以进行的。因此，在因素较多时，要做到既减少实验次数，又较全面地揭示内在规律，就需要用科学的方法进行合理的安排。

为了减少实验次数，一个简便的办法是采用简单对比法，即每次变化一个因素而固定其他因素进行实验。对三因素二水平的一个实验，首先固定 B、C 于 B_1、C_1，变化 A；然后固定 A 为 A_1，C 为 C_1，变化 B；最后固定 A 为 A_1，B 为 B_2 变化 C，如图 2-18 所示，较好的结果用 * 表示。经过四次实验即可得出最佳条件为 $A_1B_2C_1$。

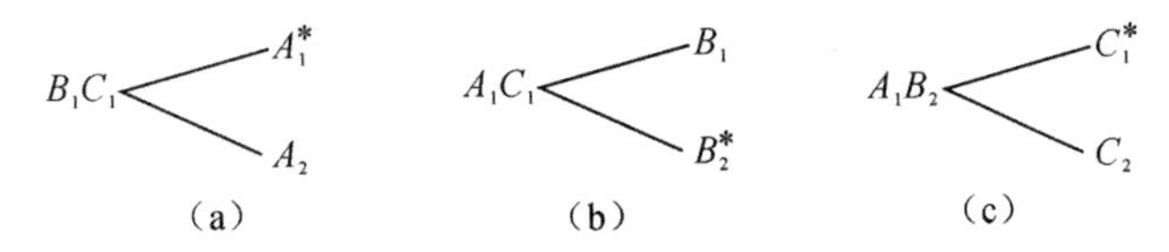

图 2-18　三因素二水平简单对比法示意

刚才所取的四个实验点 $A_1B_1C_1$、$A_2B_1C_1$、$A_1B_2C_1$、$A_1B_2C_2$ 它们在正六面体中所占的位置如图 2-19 所示，从图中可以看出，4 个实验点在正六面体上分布得不均匀，有的平面上有 3 个实验点，有的平面上仅有一个实验点，因而代表性较差。如果我们利用 $L_4(2^3)$ 正交表安排 4 个实验点 $A_1B_1C_1$、$A_1B_2C_2$、$A_2B_1C_2$、$A_2B_2C_1$，如图 2-20 所示，正六面体的任何一面上都取了两个实验点，这样分布就很均匀，因而代表性较好，能较全面地反映各种信息，这就是我们多应用正交实验设计法进行多因素实验设计的原因。

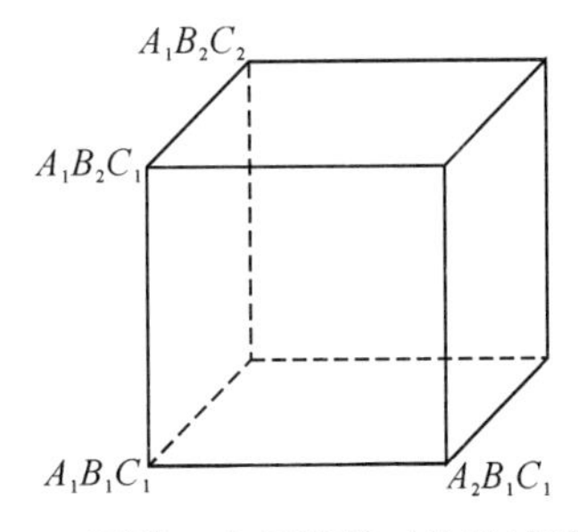

图 2-19　三因素二水平简单对比法试验点分布

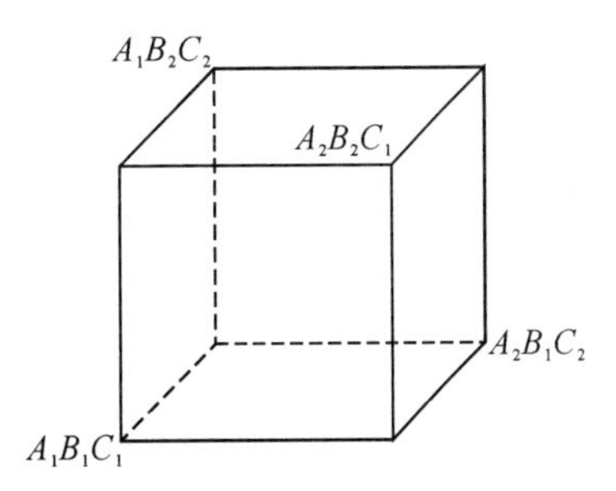

图 2-20　三因素二水平正交法实验点分布

1. 正交表

正交表是正交实验设计法中用于合理安排实验，并对数据进行统计分析的一种特殊表格。常用的正交表有$L_4(2^3)$，$L_8(2^7)$，$L_9(3^4)$，$L_8(4\times2^4)$，$L_{18}(2\times3^7)$等等。表 2-2 为$L_4(2^3)$正交表。

表 2-2　$L_4(2^3)$正交表

实验号	列号			实验号	列号		
	1	2	3		1	2	3
1	1	1	1	3	2	1	2
2	1	2	2	4	2	2	1

1）正交表中符号的含义

如图 2-21 所示，“L”代表正交表，L 下角的数字表示横行数（简称行），即要做的实验次数；括号内的指数，表示表中直列数（简称列），即最多允许安排的因素个数；括号内的底数，表示表中每列的数字，即因素的水平数。

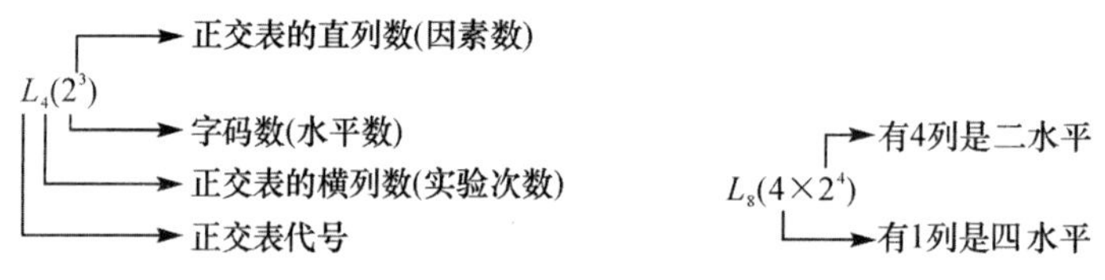

图 2-21　正交表符号的意义

$L_4(2^3)$正交表说明，用它安排实验，需做 4 次实验，最多可以考察三个二水平的因素；而$L_8(4\times2^4)$正交表则要做 8 次实验，最多可考察一个四水平和四个二水平的因素。

2）正交表的特点

(1) 每一列中，不同的数字出现的次数相等。如表 2-2 中不同的数字只有两个，即 1 和 2，它们各出现 2 次。

(2) 任意两列中，将同一横行的两个数字看成有序数对（即左边的数放在前，右边的数放在后排出的数对）时，每种数对出现的次数相等。表 2-2 中有序数对共有四种：(1，1)、(1，2)、(2，1)、(2，2)，它们各出现一次。

凡满足上述两个性质的表就称为正交表。

2. 利用正交表安排多因素实验

利用正交表进行多因素实验方案设计一般步骤如下：

(1) 明确实验目的，确定评价指标。即根据水处理工程实践明确本次实验要解决的问题，同时，要结合工程实际选用能定量、定性表达的突出指标作为实验分析的评价指标。指标可能有一个，也可能有几个。

(2) 挑选因素。影响实验成果的因素很多，由于条件限制，不可能逐一或全面地加以研究，因此要根据已有专业知识及有关文献资料和实际情况，固定一些因素于最佳条件下，排除一些次要因素,挑选一些主要因素。对于不可控因素,由于测不出因素的数值,因而无法看出不同水平的差别,也就无法判断该因素的作用,所以不能被列为研究对象。对于可控因素,考虑到若是丢掉了重要因素,可能会影响实验结果,不能正确地全面地反映事物的客观规律,而正交实验设计法是安排多因素实验的有利工具,因素多几个,实验次数增加并不多,有时甚至不增加,因此,一般倾向于多挑选些因素进行考察,除非事先根据专业知识或经验等,能肯定某因素作用很小,而不选入外,对于凡是可能起作用或情况不明或看法不一的因素,都应当选入,进行考察。

(3) 确立各因素的水平。因素的水平分为定性与定量两种,水平的确定包括两个含义,即水平个数的确定和各个水平数量的确定。

① 定性因素。要根据实验具体内容,赋予该因素每个水平以具体含义。如药剂种类、操作方式或药剂投加次序等。

② 定量因素。因素的量大多是连续变化的,这就要根据有关知识或经验及有关文献资料等,首先确定该因素数量的变化范围,而后根据实验的目的及性质,并结合正交表的选用来确定因素的水平数和各水平的取值,每个因素的水平数可以相等也可以不等,重要因素或特别希望详细了解的因素,其水平可多一些,其他因素的水平可少一些。

(4) 选择合适的正交表。常用的正交表有几十个,可以灵活选择,但应综合考虑以下三方面的情况:① 考察因素及水平的多少;② 实验工作量的大小及允许条件;③ 有无重点因素要加以详细的考察。

(5) 制定因素水平表。根据选择的因素、水平的取值和正交表,制定出一张反映实验所要考察研究的因素及各因素水平的"因素水平综合表"。该表制定过程中,对于各个因素用哪个水平号码,对应哪个用量可以任意规定,一般讲最好是打乱次序安排,但一经选定之后,实验过程中就不许再变了。

(6) 确定实验方案。根据因素水平表及选用的正交表,做到以下几点:

① 因素顺序上列。按照因素水平表中固定的因素次序,顺序地放到正交表的纵列上,每列上放一种。

② 水平对号入座。因素上列后,把相应的水平按因素水平表所确定的关系对号入座。

③ 确定实验条件。正交表在因素顺序上列、水平对号入座后,表的每一横行,即代表所要进行实验的一种条件,横行数即为实验次数。

(7) 按照正交表中每横行规定的条件,即可进行实验。实验中,要严格操作,并记录实验数据,分析整理出每组条件下的评价指标值。

3. 正交实验结果的直观分析

实验进行之后会获得大量实验数据,如何对这些数据进行科学地分析,从中得出正确结论,这是正交实验设计的一个重要方面。

正交实验设计的数据分析,就是要解决以下问题:哪些因素影响大,哪些因素影响小,因素的主次关系如何;各影响因素中,哪个水平能得到满意的结果,从而找出最佳生产运行条件。

要解决这些问题,需要对数据进行分析整理。分析、比较各个因素对实验结果的影响,分析、比较每个因素的各个水平对实验结果的影响,从而得出正确的结论。

以正交表 $L_4(2^3)$ 为例(表 2-3),直观分析法的具体步骤如下:

表 2-3 $L_4(2^3)$正交表直观分析

水平		列号			实验结果(评价指标)y
		1	2	3	
实验号	1	1	1	1	y_1
	2	1	2	2	y_2
	3	2	1	2	y_3
	4	2	2	1	y_4
K_1 K_2					$\sum_{i=1}^{n} y_i$ (n = 实验组数)
$\overline{K}_1$ $\overline{K}_2$					
$R=\overline{K}_1-\overline{K}_2$ (极差)					

(1) 填写评价指标。将每组实验的数据分析处理后,求出相应的评价指标值 y,并填入正交表的最右栏实验结果内。

(2) 计算各列的各水平效应值 K_{mf}、$\overline{K}_{mf}$及极差 R 值。

$$K_{mf}=m\ \text{列中}\ f\ \text{号水平的相应指标值之和}$$

$$\overline{K}_{mf}=\frac{K_{mf}}{m\ \text{列的}\ f\ \text{号水平的重复次数}}$$

$$R_m=m\ \text{列中}\ K_f\ \text{的极大与极小值之差}$$

(3) 比较各因素的极差 R 值,根据其大小,即可排出因素的主次关系。这从直观上很容易理解,对实验结果影响大的因素一定是主要因素。所谓影响大,就是这一因素的不同水平对应的指标间的差异大。相反,则是次要因素。

(4) 比较同一因素下各水平的效应值 $\overline{K}_{mf}$。能使指标达到满意值(最大或最小)的为较理想的水平值。如此,可以确定最佳生产运行条件。

(5) 作因素和指标关系图。即以各因素的水平值为横坐标,各因素水平相应的均值 $\overline{K}_{mf}$ 值为纵坐标,在直角坐标纸上绘图,可以更直观地反映出诸因素及水平对实验结果的影响。

4. 正交实验分析举例

例 2-4 污水生物处理所用曝气设备,不仅关系到处理厂(站)基建投资,还关系到运行费用,因而国内外均在研制新型高效省能的曝气设备。

自吸式射流曝气设备是一新型设备,为了研制设备结构尺寸、运行条件与充氧性能的关系,拟用正交实验进行清水充氧实验。

实验在 1.6 m×1.6 m×7.0 m 的钢板池内进行,喷嘴直径 d=20 mm(整个实验中的一部分)。

1) 实验方案确定及实验

(1) 实验目的:实验是为了找出影响曝气充氧性能的主要因素及确定曝气设备较理想

的结构尺寸和运行条件。

(2) 挑选因素:影响充氧的因素较多,根据有关文献资料及经验,对射流器本身结构主要考察两个因素:一是射流器的长径比,即混合段的长度 L 与其直径 D 之比 L/D;另一是射流器的面积比,即混合段的断面面积与喷嘴面积之比 $m=\frac{F_2}{F_1}=\frac{D^2}{d^2}$。

对射流器运行条件,主要考察喷嘴工作压力 p 和曝气水深 H。

(3) 确定各因素的水平。为了能既减少实验次数,又说明问题,每个因素选用三个水平,根据有关资料选用,结果如表 2-4 所示。

(4) 确定实验评价指标。本实验以充氧动力效率为评价指标。充氧动力效率是指曝气设备所消耗的理论功率为 1 kW·h 时,向水中充入氧的数量,以 kg/(kW·h)为单位。该值将曝气供氧与所消耗的动力联系在一起,是一个具有经济价值的指标,它的大小将影响到活性污泥处理厂的运行费用。

表 2-4　自吸式射流曝气实验因素水平表

因素	1	2	3	4
内容	水深 H/m	压力 p/MPa	面积比 m	长径比 L/D
水平	1,2,3	1,2,3	1,2,3	1,2,3
数值	4.5,5.5,6.5	0.1,0.2,0.25	9.0,4.0,6.3	60,90,120

(5) 选择正交表。根据选择的因素与水平,确定选用 $L_9(3^4)$正交表,如表 2-5。

表 2-5　$L_9(3^4)$正交实验表

实验号	列号				实验号	列号			
	1	2	3	4		1	2	3	4
1	1	1	1	1	6	2	3	1	2
2	1	2	2	2	7	3	1	3	2
3	1	3	3	3	8	3	2	1	3
4	2	1	2	3	9	3	3	2	1
5	2	2	3	1					

(6) 确定实验方案。根据已定的因素、水平及选用的正交表,因素顺序上列,水平对号入座,则得出正交实验方案如表 2-6。

表 2-6　自吸式射流曝气实验方案表 $L_9(3^4)$

实验号	因子				实验号	因子			
	H/m	p/MPa	m	L/D		H/m	p/MPa	m	L/D
1	4.5	0.10	9.0	60	6	5.5	0.25	9.0	90
2	4.5	0.20	4.0	90	7	6.5	0.10	6.3	90
3	4.5	0.25	6.3	120	8	6.5	0.20	9.0	120
4	5.5	0.10	4.0	120	9	6.5	0.25	4.0	60
5	5.5	0.20	6.3	60					

确定实验条件并进行实验。根据表 2-6，共需组织 9 次实验，每组具体实验条件见表中 1，2，…，9 横行。第一次实验在水深 4.5 m，喷嘴工作压力 p=0.1 MPa，面积比 m=9.0，长径比 L/D=60 的条件下进行。

2）实验结果直观分析

实验结果直观分析如表 2-7 所示。

表 2-7　自吸式射流曝气正交实验成果直观分析

实验号	因子				
	水深 H/m	压力 p/MPa	面积比 m	长径比 L/D	充氧动力效率 E/[kg·(kW·h)$^{-1}$]
1	4.5	0.10	9.0	60	1.03
2	4.5	0.20	4.0	90	0.89
3	4.5	0.25	6.3	120	0.88
4	5.5	0.10	4.0	120	1.30
5	5.5	0.20	6.3	60	1.07
6	5.5	0.25	9.0	90	0.77
7	6.5	0.10	6.3	90	0.83
8	6.5	0.20	9.0	120	1.11
9	6.5	0.25	4.0	60	1.01
K_1	2.80	3.16	2.91	3.11	$\sum E = 8.89$
K_2	3.14	3.07	3.20	2.49	
K_3	2.95	2.66	2.78	3.29	
$\overline{K}_1$	0.93	1.05	0.97	1.04	$\mu = \frac{\sum E}{9} = 0.99$
$\overline{K}_2$	1.05	1.02	1.07	0.83	
$\overline{K}_3$	0.98	0.89	0.93	1.10	
R	0.12	0.16	0.14	0.27	

(1) 填写评价指标。每一实验条件下的原始数据，通过数据处理，求出动力效率 E，并计算算术平均值，填写在相应的栏内。

(2) 计算各列的 K、$\overline{K}$ 及极差 R。如计算 H 这一列的因素时，各水平的 K 值如下：

第一个水平　　$K_{4.5}=1.03+0.89+0.88=2.80$

第二个水平　　$K_{5.5}=1.30+1.07+0.77=3.14$

第三个水平　　$K_{6.5}=0.83+1.11+1.01=2.95$

$\overline{K}$ 分别为：

$$\overline{K}_{11}=\frac{2.80}{3}=0.93$$

$$\overline{K}_{12}=\frac{3.14}{3}=1.05$$

$$\overline{K}_{13}=\frac{2.95}{3}=0.98$$

极差　　　　　　$R_1=1.05-0.93=0.12$

依次分别计算第2、3、4列，结果如表2-7所示。

(3) 成果分析

① 由表2-7中极差大小可见，影响射流曝气设备充氧效率的因素从主到次依次为$L/D\to p\to m\to H$。

② 由表2-7中各因素水平值的均值可见各因素中较佳的水平条件分别为：$L/D=120$，$p=0.1$ MPa，$m=4.0$，$H=55$ m。

例2-5　某直接过滤工艺流程如图2-22所示，原水浊度约30度，水温约22℃。今欲考察混凝剂硫酸铝投量、助滤剂聚丙烯酰胺投量、助滤剂投加点及滤速对过滤周期平均出水浊度的影响。进行正交实验，每个因素选用三个水平，根据经验及小型实验，混凝剂投量分别为10 mg/L、12 mg/L及14 mg/L；助滤剂投量分别为0.008 mg/L、0.015 mg/L及0.03 mg/L；助滤剂投加点分别为A、B、C点；滤速分别为8 m/h、10 m/h及12 m/h，用$L_9(3^4)$表安排实验，实验成果及分析如表2-8所示。

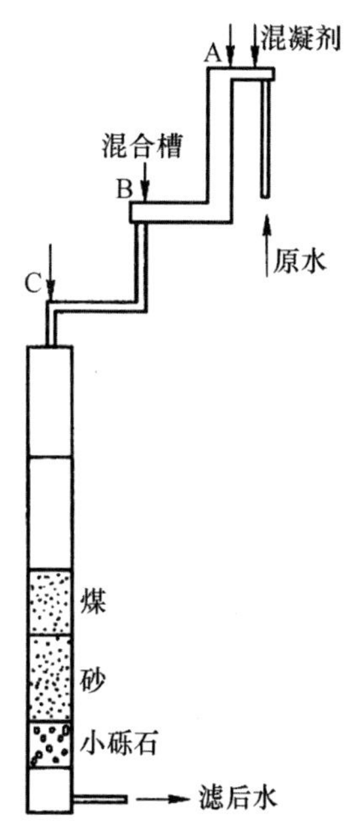

图2-22　直接过滤流程示意图

由表2-8知，各因素较佳值分别为：混凝剂投量14 mg/L；助滤剂投量0.015 mg/L；助滤剂投加点B；滤速8 m/h。而影响因素从主到次分别为：混凝剂投量、助滤剂投点、滤速、助滤剂投量。

表2-8　$L_9(3^4)$直接过滤正交实验成果及直观分析

实验号	混凝剂投量/(mg·L^{-1})	助凝剂投量/(mg·L^{-1})	助凝剂投加点	滤速/(m·h^{-1})	过滤出水平均浊度
1	10	0.008	A	8	0.60
2	10	0.015	B	10	0.55
3	10	0.030	C	12	0.72
4	12	0.008	B	12	0.54
5	12	0.015	C	8	0.50
6	12	0.030	A	10	0.48
7	14	0.008	C	10	0.50
8	14	0.015	A	12	0.45
9	14	0.030	B	8	0.37
K_1	1.87	1.64	1.53	1.47	
K_2	1.52	1.50	1.46	1.53	
K_3	1.32	1.57	1.72	1.71	
$\overline{K}_1$	0.62	0.55	0.51	0.49	

续表

实验号	混凝剂投量/(mg·L^{-1})	助凝剂投量/(mg·L^{-1})	助凝剂投加点	滤速/(m·h^{-1})	过滤出水平均浊度
$\overline{K}_2$	0.51	0.50	0.49	0.51	
$\overline{K}_3$	0.44	0.52	0.57	0.57	
R	0.18	0.05	0.08	0.08	

注:助凝剂投点:A—药剂经过混合设备;B—药剂未经混合设备,但经过设备出口处0.25 m在出口处有一个 0.25 高差跌水形成混合的意思;C—原水投药后未经混合即进入滤柱。

二、多指标正交实验及直观分析

科研生产中经常会遇到一些多指标的实验问题,它的结果分析比单指标要复杂一些,但实验计算方法均无区别,关键是如何将多指标化成单指标,然后进行直观分析。

常用的方法有指标拆开单个处理综合分析法和综合评分法。下面以具体例子加以说明。

1. 指标拆开单个处理综合分析法

以例 2-5 中自吸式射流曝气器实验为例。正交实验及结果如表 2-9 所示。

表 2-9 多指标正交实验及结果

实验号	H/m	p/MPa	m	L/D	E/[kg·(kW·h)$^{-1}$]	K_{La}/(1·h^{-1})
1	4.5	0.100	9.0	60	1.03	3.42
2	4.5	0.195	4.0	90	0.89	8.82
3	4.5	0.297	6.3	120	0.88	14.88
4	5.5	0.115	4.0	120	1.30	4.74
5	5.5	0.180	6.3	60	1.07	7.86
6	5.5	0.253	9.0	90	0.77	9.78
7	6.5	0.105	6.3	90	0.83	2.34
8	6.5	0.200	9.0	120	1.11	8.10
9	6.5	0.255	1.0	60	1.01	11.28

例 2-5 中选用两个考核指标:充氧动力效率 E 及氧总转移系数 K_{La}。多指标正交实验设计和实验与单指标正交实验没有区别,同样,也将实验结果填于表右栏内。不同之处就在于将两个指标拆开,按两个单指标正交实验分别计算各因素不同水平的效应值 K、$\overline{K}$ 及极差 R 值,如表 2-10 所示,而后再进行综合分析。

根据表 2-10 结果,由于指标 E、K_{La} 值均是越高越好,因此各因素主次与最佳条件分析如下:

1) 分指标按极差大小列出各因素的影响主次顺序,经综合分析后确立因素主次。

动力效率 E:$L/D \to p \to m \to H$

氧总转移系数 K_{La}:$p \to L/D \to H \to m$

表 2-10 自吸式射流曝气实验结果分析

K 值	指标							
	充氧动力效率 E				氧总转移系数 K_{La}			
	因素				因素			
	H/m	p/MPa	m	L/D	H/m	p/MPa	m	L/D
K_1	2.80	3.16	2.91	3.11	27.12	10.50	21.30	22.56
K_2	3.14	3.07	3.20	2.49	22.38	24.78	24.84	20.94
K_3	2.95	2.66	2.78	3.29	21.72	35.94	25.08	27.72
$\overline{K}_1$	0.93	1.05	0.97	1.04	9.04	3.50	7.10	7.52
$\overline{K}_2$	1.05	1.02	1.07	0.83	7.46	8.26	8.28	6.98
$\overline{K}_3$	0.98	0.89	0.93	1.10	7.24	11.98	8.36	9.24
R	0.12	0.16	0.14	0.27	1.80	8.48	1.26	2.26

动力效率指标 E,不仅反映了充氧能力,而且也反映了电耗,是一个比 K_{La} 更有价值的指标,而由两指标的各因素主次关系可见 L/D、P 均是主要的,m、H 相对是次要的,故影响因素主次可以定为:$L/D \to p \to m \to H$。

2) 各因素最佳条件确定

(1) 主要因素 L/D。不论是从 E 还是从 K_{La} 指标来看,均是 $L/D=120$ 为佳,故选 $L/D=120$。

(2) 因素 p。从 E 看,$p=0.10$ 为佳,而从 K_{La} 看,$P=0.25$ 为佳。由于指标 E 比 K_{La} 重要,当生产上主要考虑能量消耗时,以选 $p=0.10$ 为宜;若生产中不计动力消耗而追求高速率的充氧时,以选 $p=0.25$ 为宜。

(3) 因素 m。由指标 E 定 $m=4.0$,由指标 K_{La} 定 $m=6.3$,考虑 E 指标重于 K_{La},又考虑 m 定为 4.0 或 6.3 对 K_{La} 影响不如对 E 影响大,故选 $m=4.0$ 为佳。

(4) 因素 H。由指标 E 定 $H=55$ m,由指标 K_{La} 定 $H=2.8$ m,考虑 E 指标重于 K_{La},并考虑实际生产中若水深太浅,曝气池占地面积大,故选 $H=5.5$ m。

由此得出较佳条件为 $L/D=120$;$p=0.10$ MPa;$m=4.0$;$H=5.5$ m。

由上述分析可见,多指标正交实验分析要复杂些,但借助数学分析提供的依据,并紧密地结合专业知识,综合考虑后,还是不难分析确定的。由上述分析也可看出,此法比较麻烦,有时较难得到各指标兼顾的好条件。

2. 综合评分法

多指标正交实验多根据问题性质采用综合评分法,将多指标化为单指标而后分析因素主次和各因素的较佳状态。常用的有指标叠加法和排队评分法。

1) 指标叠加法

所谓指标叠加法,就是将多指标按照某种计算公式进行叠加,将多指标化为单指标,而后进行正交实验直观分析，至于指标 $y_1,y_2,\cdots,y_i$ 如何叠加，视指标的性质、重要程度而有不同的方式，如：

$$y=y_1+y_2+\cdots+y_i$$

$$y=ay_1+by_2+\cdots+ny_i$$

式中：y——多指标综合后的指标；

$y_1,y_2,\cdots$——各单项指标；

$a,b,\cdots$——系数，其大小、正负要视指标性质和重要程度而定。

例如，为了进行某种污水的回收重复使用，采用正交实验来安排混凝沉淀实验，以出水的 COD、SS 作为评价指标，实验结果如表 2-11 所示。

表 2-11　混凝沉淀实验结果及综合评分法(1)

因素 实验号	药剂种类	投加量/ ($mg \cdot L^{-1}$)	反应时间/ min	出水 COD/ ($mg \cdot L^{-1}$)	出水 SS/ ($mg \cdot L^{-1}$)	综合评分 COD+SS
1	$FeCl_3$	15	3	37.8	24.3	62.1
2	$FeCl_3$	5	5	43.1	25.6	68.7
3	$FeCl_3$	20	1	36.4	21.1	57.5
4	$Al_2(SO_4)_3$	15	5	17.4	9.7	27.1
5	$Al_2(SO_4)_3$	5	1	21.6	12.3	33.9
6	$Al_2(SO_4)_3$	20	3	15.3	8.2	23.5
7	$FeSO_4$	15	1	31.6	14.2	45.8
8	$FeSO_4$	5	3	35.7	16.7	52.4
9	$FeSO_4$	20	3	28.4	12.3	40.7
K_1	188.3	135.0	138.0			
K_2	84.5	155.0	136.5			
K_3	138.9	121.7	137.2			
$\overline{K}_1$	62.77	45.00	46.00			
$\overline{K}_2$	28.17	51.67	45.50			
$\overline{K}_3$	46.30	40.57	45.73			
R	34.60	11.10	0.50			

(1) 如回用水对 COD、SS 指标具有同等重要的要求，则采用综合指标 $y=y_1+y_2$ 的计算方法。按此计算后所得综合指标如表 2-11 所示。根据计算结果，则按极差大小因素主次关系为药剂种类→投加量→反应时间。由各因素水平效应值 K 所得较佳状态为：药剂种类 $Al_2(SO_4)_3$；药剂投加量20 mg/L；反应时间 5 min。

(2) 如果回用水对 COD 指标要求比 SS 指标要重要得多，则可采用 $y=ay_1+by_2$ 的算法，此时由于 COD、SS 均是越小越好，因此取 $a_1\leqslant 1,b=1$ 的系数进行指标叠加，如表 2-12 所示。

表 2-12　混凝沉淀实验结果及综合评分法(2)

因素 实验号	药剂种类	投加量/ (mg・L^{-1})	反应时间/ min	出水 COD/ (mg・L^{-1})	出水 SS/ (mg・L^{-1})	综合评分 0.5COD+SS
1	$FeCl_3$	15	3	37.8	24.3	43.2
2	$FeCl_3$	5	5	43.1	25.6	47.2
3	$FeCl_3$	20	1	36.4	21.1	39.3
4	$Al_2(SO_4)_3$	15	5	17.4	9.7	18.4
5	$Al_2(SO_4)_3$	5	1	21.6	12.3	23.1
6	$Al_2(SO_4)_3$	20	3	15.3	8.2	15.9
7	$FeSO_4$	15	1	31.6	14.2	30.0
8	$FeSO_4$	5	3	35.7	16.7	34.6
9	$FeSO_4$	20	3	28.4	12.3	26.5
K_1	129.7	91.6	93.7			
K_2	57.4	104.9	92.1			
K_3	91.1	81.7	92.4			
$\overline{K}_1$	43.23	30.53	31.23			
$\overline{K}_2$	19.13	34.97	30.70			
$\overline{K}_3$	30.37	27.23	30.80			
R	24.10	11.10	0.53			

例 2-5 采用 $y=0.5COD+SS$。

计算结果、因素主次及较佳水平同前。

2) 排队评分法

所谓排队评分法，是将全部实验结果按照指标从优到劣进行排队，然后评分。最好的给 100 分，依次逐个减少，减少多少分大体上与它们效果的差距相应，这种方法虽然粗糙些，但比较简便。

以表 2-11、表 2-12 实验为例，9 组实验中第 6 组 COD、SS 指标均最小，故得分为 100 分，而第 2 组 COD、SS 指标均最高，以 50 分计，则参考其指标效果，按比例计算，出水 COD 和 SS 两者之和每增加 10 mg/L，分数可减少 11 分，按此计算、排队、评分，并按综合指标进行单指标正交实验直观分析，结果如表 2-13 所示。

表 2-13　混凝沉淀实验结果及排队评分计算法

因素 实验号	药剂种类	投加量/ (mg・L^{-1})	反应时间/ min	出水 COD/ (mg・L^{-1})	出水 SS/ (mg・L^{-1})	综合评分 0.5COD+SS
1	$FeCl_3$	15	3	37.8	24.3	58
2	$FeCl_3$	5	5	43.1	25.6	50

续表

实验号＼因素	药剂种类	投加量/(mg·L^{-1})	反应时间/min	出水 COD/(mg·L^{-1})	出水 SS/(mg·L^{-1})	综合评分 0.5COD+SS
3	$FeCl_3$	20	1	36.4	21.1	63
4	$Al_2(SO_4)_3$	15	5	17.4	9.7	96
5	$Al_2(SO_4)_3$	5	1	21.6	12.3	89
6	$Al_2(SO_4)_3$	20	3	15.3	8.2	100
7	$FeSO_4$	15	1	31.6	14.2	75
8	$FeSO_4$	5	3	35.7	16.7	68
9	$FeSO_4$	20	3	28.4	12.3	81
K_1	171	229	226			
K_2	285	207	227			
K_3	224	244	227			
$\overline{K}_1$	57	76	75			
$\overline{K}_2$	95	69	76			
$\overline{K}_3$	75	81	76			
R	38	12	1			

由极差 R 值及各因素水平效应值 $\overline{K}$ 可得出因素主次关系及较佳水平。计算结果、因素主次及较佳水平同前。

第三章　水样的采集保存与水质分析

水样的采集与保存是水质分析工作的重要环节，使用正确的采样和保存方法并及时送检是分析结果正确反应水中被测组分真实含量的必要条件，因此，在任何情况下，都必须严格遵守取样规则，以保证分析取得可靠结果。水样的采集与保存是水污染与防治工作的重要基础之一，也是给水排水专业技术人员必备的基本功之一。

第一节　水样的采集

一、不同种类水体的采样要求

水体性质不同，水样采集的方法也不相同。水体性质，一般可按其成分分为洁净的或稍受污染的水、污染水、工业废水和生活污水等四种，各种水样的采集均需具有代表性。

（1）洁净的或稍受污染的水。多指地下水与洁净的或稍受污染的地表水，它们的水质一般变化不大。为了保证水样的代表性，对地下水来说，应在经常出流的泉水或经常开采的井中采取；对地表水来说，则应取水体经常流动的部分。

（2）污染水。一般指污染地表水体或严重污染的地下水，其中后者一般水质变化较慢，可按洁净的或稍受污染的地下水采样要求采集水样，同时查明污染质种类、来源、排放位置及排放特点等。对污染地表水，则应首先查明以上各点，然后按工作目的选择适宜的取样点，采取平均混合水样、平均比例混合水样或与高峰排放有关的瞬时水样等。

（3）工业废水。由于生产工艺过程不同，其成分经常发生变化，因此必须首先研究生产工艺过程、生产情况，然后按工作目的与具体情况确立采集方法、次数、时间，分别采集平均混合水样、平均比例混合水样或高峰排放水样，以保证水样具有代表性。

平均混合水样和平均比例混合水样的采集是根据废水的生产情况，前者是一昼夜或几昼夜中每隔相同时间取等量废水充分混合后，从中倒出 2 L 装入另一清洁瓶中，以备检验；后者是按照水流量不同，大时多取，小时少取，按比例取样，充分混合后以备检验。

（4）生活污水。与人们的作息时间、季节性的食物种类有关。一天中不同时间的水质不完全一样，其采集方法也可参照工业废水的采样方法，分别采集平均混合水样、平均比例混合水样等。

二、采样容器的准备

采集水样的容器一般应使用具磨口塞的硬质细口玻璃瓶或聚乙烯塑料瓶。当水样中含多量油类或其他有机物时，以玻璃瓶为宜；当测定微量金属离子时，塑料瓶吸附较小；测定二氧化碳必须用塑料瓶取样。测某些特殊项目的水样，可另用取样瓶取样，必要时需添加化学试剂保存。

玻璃取样瓶使用前可用洗液浸泡，再用自来水和蒸馏水洗净；也可先用碱性高锰酸钾溶液洗，再用草酸水溶液洗，通常可用肥皂、洗涤剂、稀酸等洗涤器皿，但要注意它们对分析对象的干扰。塑料取样瓶使用前可用10%盐酸或硝酸浸泡，再用自来水洗去酸，所用容器最后都用蒸馏水冲洗干净。

在使用新的聚乙烯塑料容器时，先用肥皂水或洗涤剂刷洗干净后，再依次用 1∶1 盐酸、1∶1 硝酸和蒸馏水分别充满容器浸泡 2～3 d，最后用蒸馏水洗涤备用。

三、采样的基本要求

(1) 采样前都要用欲采集的水样洗刷容器至少三次，然后正式取样。

(2) 取样时使水缓缓流入容器，并从瓶口溢出，直至塞瓶塞为止。避免故意搅动水源，勿使泥沙、植物或浮游生物进入瓶内。

(3) 水样不要装满水样瓶，应留 10～20 mL 空间，以防温度变化时，瓶塞被挤掉。

(4) 取好水样，盖严瓶塞后，瓶口不应漏水，然后用石蜡或火漆封好瓶口。如样品运送距离较远，则先用纱布或细绳将瓶口缠紧，再用石蜡或火漆封住。

(5) 当从一个取样点采集多瓶样品时，则应先将水样注入一个大的容器中，再从大容器迅速分装到各个瓶中。

(6) 采集高温水样时，水样注满后，在瓶塞上插入一个内径极细的玻璃管，待冷至常温，拔去玻璃管，再密封瓶口。

(7) 水样取好后，立即贴上标签，标签上应写明：水温、气温、取样地点及深度、取样时间、要求分析的项目、名称以及其他地质描述。如样品经过化学处理，则应注明加入化学试剂的名称、浓度和数量，并同时在野簿上做好采样记录。

(8) 尽量避免过滤样品，但当水样浑浊时，金属元素可能被悬浮微粒吸附，也可能在酸化后从悬浮微粒中溶出。因此，应在采样时立即用 0.45 μm 滤器过滤，若条件不具备，也可以采取其他适当方式处理。

第二节　水样的保存

一、水样保存的要求和措施

适当的保护措施虽然能够降低变化的程度或减缓变化的速度，但并不能完全抑制这种变化。有些测定项目的组分特别容易发生变化，必须在采样现场进行测定，有些项目在采样现场采取一些简单的预处理措施后，能够保存一段时间。水样允许保存的时间与水样的性质、分析的项目、溶液的酸度、贮存容器以及存放温度等多种因素有关。

1. 保存水样的基本要求

(1) 减缓生物作用。

(2) 减缓化合物或络合物的水解及氧化—还原作用。

(3) 减少组分的挥发和吸附损失。

2. 常采用的保存措施

(1) 选择适当材料的容器。

(2) 控制溶液的 pH。

(3) 加入化学试剂抑制氧化还原反应和生化作用。

(4) 冷藏或冷冻以降低细菌的活动性和化学反应速度。

针对不同的测定项目，需采取不同的保存方法，详见表 3-1。

表 3-1　水样采集保存方法

序号	测定项目	容器材质	保存方法	最长保存时间	备注
1	温度	P、G			现场测定
2	悬浮物	P、G	1～5 ℃暗处冷藏	14 d	尽快测定
3	色度	P、G		12 h	尽量现场测定
4	嗅	G	1～5 ℃冷藏	6 h	尽量现场测定
5	浊度	P、G		12 h	尽量现场测定
6	pH	P、G		12 h	尽量现场测定
7	电导率	P、G		12 h	尽量现场测定
8	酸度	P、G	1～5 ℃暗处	30 d	
9	碱度	P、G	1～5 ℃暗处	12 h	
10	二氧化碳	P、G	水样充满容器，低于取样温度	24 h	最好现场测定
11	硬度	P、G	1 L 水样中加浓 HNO_3 10 mL，2～5 ℃冷藏	7 d	
12	总固体（总残渣，干残渣）	P、G	1～5 ℃冷藏	24 h	
13	化学需氧量	G	H_2SO_4 酸化至 pH≤2	2 d	
		P	−20 ℃冷冻	1 m	
14	高锰酸盐指数	G	1～5 ℃暗处冷藏	2 d	
		P	−20 ℃冷冻	1 m	

续表

序号	测定项目	容器材质	保存方法	最长保存时间	备注
15	五日生化需氧量	溶解氧瓶	1～5 ℃暗处冷藏	12 h	
		P	−20 ℃冷冻	1 m	冷冻最长可保持6 m(浓度<50 mg/L保存1 m)
16	总有机碳	G	H_2SO_4 酸化至pH≤2;1～5 ℃冷藏	7 d	
		P	−20 ℃冷冻	1 m	
17	溶解氧	溶解氧瓶	加入硫酸锰,碱性KI叠氮化钠溶液,现场固定	24 h	尽量现场测定
18	总磷	P、G	H_2SO_4、HCl酸化至pH≤2	24 h	
		P	−20 ℃冷冻	1 m	
19	溶解磷酸盐	P、G	1～5 ℃冷藏	1 m	采样时现场过滤
		P	−20 ℃冷冻	1 m	
20	氨氮	P、G	H_2SO_4 酸化至pH≤2	24 h	
21	亚硝酸盐氮	P、G	1～5 ℃暗处冷藏	24 h	
22	硝酸盐氮	P、G	1～5 ℃冷藏	24 h	
		P、G	HCl酸化至pH为1～2	1 d	
		P	−20 ℃冷冻	1 m	
23	总氮	P、G	H_2SO_4 酸化至pH为1～2;1～5 ℃冷藏	7 d	
		P	−20 ℃冷冻	1 m	
24	Ag	P、G	1 L水样中加浓 HNO_3 2 mL	14 d	
25	As	P、G	加 H_2SO_4 酸化至pH≤2	14 d	
26	Al	可溶态 P、G	现场过滤加 HNO_3 酸化至pH≤2	1 m	
		总量 P、G	加 HNO_3 酸化至pH<2		
27	铍、镁、钙、铬、镉、锰、铁、镍、砷、汞、铅	P、G	1 L水样中加浓 HNO_3 10 mL	14 d	
28	硼、钠、钾、铜、锌、	P	1 L水样中加浓 HNO_3 10 mL	14 d	
29	总氰化物	P、G	加NaOH至pH>9;1～5 ℃冷藏	7 d,如果硫化物存在,保存12 h	

续表

序号	测定项目	容器材质	保存方法	最长保存时间	备注
30	氟离子	P	1～5 ℃暗处冷藏	14 d	
31	硫酸盐	P、G	1～5 ℃冷藏	1 m	
32	阴离子表面活性剂	P、G	1～5 ℃冷藏；H_2SO_4 酸化至 pH 为 1～2	2 d	
33	挥发性有机物	G	加入抗坏血酸 0.01～0.02 g 除去残余氯；1～5 ℃避光保存	12 h	
34	细菌总数	P、G	冷藏	6 h	
35	大肠菌群	P、G	冷藏	6 h	

注:1) G 为硼硅玻璃;P 为塑料;2) m 表示月,w 表示周,d 表示天,h 表示小时。

二、样品的管理

对采集的每一个水样都要做好记录,并在每一个瓶子上做上相应的标记。要记录足够的资料为日后提供确切的水样鉴别,同时记录水样采集者的姓名、气候条件等。

在现场观测时,现场测量值及备注等资料可直接记录在预先准备的记录表格上。

不在现场进行测定的样品要用其他形式做好标记。

装有样品的容器必须妥善保护和密封。在运输中除应防震、避免日光照射和低温运输外,还要防止新的污染物进入容器和玷污瓶口。在转交样品时,转交人和接受人必须清点和检查并注明时间,要在记录卡上签字。样品送至实验室时,首先要核对样品,验明标志,确定无误时方能签字验收。

样品验收后,如果不能立即进行分析,则应妥当保存,防止样品组分的挥发或发生变化,以及被污染的可能性。

以上是水样采集与保存的一般原则和方法,具体规定参照相应标准和技术规定。

第三节　水样分析与测试

实验一　水中 pH、电导率、游离二氧化碳等的现场测定

一、pH 的测定

1. 实验目的

(1) 了解 pH 的含义;

(2) 掌握玻璃电极法测定水样 pH 的原理及方法。

2. 实验原理

pH 为水中氢离子活度的负对数：

$$pH=\lg\frac{1}{[H^+]}=-\lg[H^+]$$

pH 可间接地表示水的酸碱度。天然水的 pH 一般在 6～9 范围内。由于 pH 随水温变化而变化，测定时应在规定的温度下进行，或者校正温度。

玻璃电极法是以玻璃电极为指示电极，以饱和甘汞电极为参比电极组成，此电池可表示为：

$$Ag,AgCl/HCl/玻璃膜/水样//(饱和)HCl/HgCl_2,Hg$$

在一定条件下，上述电池的电动势与水样的 pH 成直线关系，可表示为：

$$E=K+0.059pH(25\ ℃)$$

在实际工作中，不可能用该式直接计算 pH，而是用一个确定的标准缓冲液作为基准，比较包含水样和包含标准缓冲溶液的两个工作电池的电动势来确定水样的 pH。

3. 实验仪器

(1) 玻璃电极。

(2) 饱和甘汞电极。

(3) 复合电极。

(4) 便携式酸度计或酸度计。

(5) 磁力搅拌器。

(6) 聚乙烯或聚四氟乙烯烧杯。

4. 实验试剂

配制 pH 分别为 4.01、6.86、9.18 的标准缓冲溶液。

5. 实验步骤

测定 pH 最常用的方法有试纸法、电位法和比色法。

1) pH 试纸法

在要求不太精确的情况下，利用市售的 pH 试纸测定水的 pH 是简便而快速的方法。

首先用 pH=1～14 的广泛试纸测定水样的大致 pH 范围，然后用精密 pH 试纸进行测定。测定时，将试纸浸入欲测的水样中，半秒钟后取出，与色板比较，读取相应的 pH。

2) pH 电位计法

(1) 测定步骤按照所用仪器的使用说明书测试。

(2) 将水样与标准溶液调到同一温度，记录测定温度，把仪器温度补偿旋钮调至该温度处。选用与水样 pH 相差不超过 2 个 pH 单位的标准溶液校准仪器。从第一个标准溶液中取出电极，彻底冲洗，并用滤纸吸干，再浸入第二个标准溶液中，如测定值与第二个标准溶液 pH 之差大于 0.1 pH 时，应该检查仪器、电极或标准溶液是否有问题，当三者均无异常情况时方可测定水样。

先用水仔细冲洗电极，再用水样冲洗，然后将电极浸入水样中，小心搅拌或摇动使其均匀，待读数稳定后记录 pH。

3）注意事项

(1) 玻璃电极在使用前应在蒸馏水中浸泡 24 h 以上，用毕后要冲洗干净，并浸泡在水中。

(2) 测定前不宜提前打开水样瓶塞，以防止空气中的二氧化碳溶入瓶中或水样中的二氧化碳逸失。

(3) 测定时复合电极的球泡应全部浸入溶液中，在测定时应小心操作，不应用电极剧烈搅拌溶液，以免玻璃球泡碰撞碰破。

(4) 复合电极球泡受污染时先用稀盐酸溶解无机盐结垢，再用丙酮除去油污。

二、电导率的测定

1. 实验目的

(1) 了解电导率的含义；

(2) 掌握电导率的测定方法。

2. 实验原理

电导率是以数字表示溶液传导电流的能力。纯水的电导率很小，当水中含无机酸、碱或盐时，电导率就增加。电导率常用于间接推测水中离子成分的总浓度。水溶液的电导率取决于离子的性质和浓度、溶液的温度和黏度等。

电导率的标准单位是 S/m（西门子/米），此单位与 Ω/m 相当。一般实际使用单位为 mS/m，此单位与 10 μΩ/cm 相当。

单位间的互换为：

$$1\ \mathrm{mS/m}=0.01\ \mathrm{mS/cm}=10\ \mu\Omega/\mathrm{cm}=10\ \mu\mathrm{S/cm}$$

新蒸馏水电导率为 0.05～0.2 mS/m，存放一段时间后，由于空气中的二氧化碳或氨的溶入，电导率可上升至 0.2～0.4 mS/m。饮用水电导率随温度变化而变化，温度每升高 1 ℃，电导率增加约 2%，通常规定 25 ℃为测定电导率的标准温度。

由于电导是电阻的倒数，因此，当两个电极（通常为铂电极或铂黑电极）插入溶液中，可以测出两电极间的电阻 R。根据欧姆定律，温度一定时，这个电阻值与电极的间距 L(cm)成正比，与电极的截面积 A(cm^2)成反比，即：

$$R=\rho\frac{L}{A}$$

由于电极面积 A 与间距 L 都是固定不变的，故 L/A 是一个常数，称为电导池常数（以 Q 表示）。比例常数 ρ 称做电阻率，其倒数 $1/\rho$ 为电导率，以 K 表示，电导度表达式为：

$$S=\frac{1}{R}=\frac{1}{\rho Q}$$

式中：S——电导度，反映导电能力的强弱，

所以，$K=QS$ 或 $K=Q/R$。

当已知电导度常数，并测出电阻后，即可求出电导率。

3. 实验步骤

阅读各种型号的电导率仪使用说明书。

三、水温

水温是主要的水质物理指标,水的物理、化学性质与水温密切相关。水温主要受气温和来源等因素的影响。

因此,水温应在采样现场进行测定。若水层较浅,可只测表层水温;深水(如大的江河、湖泊及海水等)应分层次测温。常用的测量仪器有水温度计、深水温度计、颠倒温度计和热敏电阻温度计。

四、颜色

颜色是水体外观的指标。水的颜色可分为“真色”和“表色”。水中悬浮物质完全移去后呈现的颜色称为“真色”,没有除去悬浮物时所呈现的颜色称为“表色”。水质分析中所称的颜色是指水的“真色”,因此在测定前需先用澄清或离心沉降的方法除去水中的悬浮物,但不能用滤纸过滤,因为滤纸能吸收部分颜色。有些水样含有颗粒很细的有机物或无机物质,不能用离心机分离,只能测定水样的“表色”,这时需要在结果报告上注明。

五、浊度

浊度表示对光线透过时水中悬浮物起到的阻碍程度。水中的泥土、粉砂、有机物、无机物、浮游生物和其他微生物等悬浮物和胶体物质都可使水质呈现浊度。水的浊度是反映水质优劣的一个十分重要的指标,它既反映水的感官质量,也反映水的内在质量。水的浊度不仅和水中存在颗粒物质含量有关,而且和其粒径大小、形状及颗粒表面对光的散射特性等有密切关系。中国规定采用 1 L 蒸馏水中含 1 mg 二氧化硅作为一个浊度单位。

测定浊度的方法有分光光度法、目视比浊法、浊度计法。

现在实验室采用的 TDT-2 型浊度仪是用于液体浊度测量的精密仪器,广泛用于自来水、石油化工、水质处理监测、食品加工及饮料等行业,可对水质浊度进行快速、简便、准确地测量,为各行业生产用水、生活用水的浊度指标提供依据。

六、色度

色度是水样颜色深浅的度量。某些可溶性有机物、部分无机离子和有色悬浮微粒均可使水着色。水样的色度应以除去悬浮物后为准。色度通常采用铂钴比色法确定,即把氯铂酸钾和氯化钴配成标准色列,与被测水样的颜色进行比较,规定浓度为 1 mg/L 的铂所产生的颜色为 1 度。

七、水中游离二氧化碳的测定

1. 实验目的

(1) 了解游离二氧化碳的含义;

（2）掌握滴定法测定水中游离二氧化碳的原理及方法。

2．实验原理

溶于水的二氧化碳称为游离二氧化碳。天然水中的二氧化碳主要来源于吸收大气中的二氧化碳以及土壤中的有机物、矿物盐类、微生物分解、岩石变质作用等。地下水中游离二氧化碳的含量一般为 15～40 mg/L，某些矿泉水中含有大量二氧化碳，饮用时甘甜可口，对人体具有医疗作用。

由于水中二氧化碳极易逸出，因而含量变化范围很大。它影响水体 pH 以及其他化学成分，故在水分析中游离二氧化碳的测定是一个主要项目，其测定方法有容量法、重量法、气量法和计量法，其中容量法较为简便，应用较广。游离二氧化碳能定量与氢氧化钠作用，其反应式如下：

$$CO_2 + NaOH \rightarrow NaHCO_3$$

化学计量点 pH 约为 8.4，可选用酚酞作指示剂。

3．实验仪器

（1）锥形瓶。

（2）移液管。

（3）滴定管。

4．实验试剂

（1）0.1%酚酞指示剂。称 0.10 g 酚酞溶于 100 mL 90%乙醇中。

（2）氢氧化钠标准溶液 $C(NaOH)=0.050$ mol/L。

称 2 g 分析纯氢氧化钠迅速加少量煮沸放冷的蒸馏水溶液，并稀释到 1 L，转入磨口瓶中，改用橡皮塞塞口。此溶液准确浓度用邻苯二甲酸氢钾标定，步骤为：准确称取 0.2 g(精确至 0.000 2 g)在 120 ℃烘干的分析纯邻苯二甲酸氢钾（$KHC_8H_4O_4$），放在 250 mL 三角瓶中，加入 50 mL 煮沸过的蒸馏水，溶解后加入 4 滴酚酞溶液，立即用氢氧化钠溶液滴定到不褪的淡红色，记下消耗氢氧化钠溶液的体积（V），氢氧化钠溶液的标准浓度按下式计算：

$$C(NaOH)=\frac{m\times 1\,000}{V\times M(KHC_8H_4O_4)}$$

式中：m——邻苯二甲酸氢钾的质量，g；

V——滴定消耗的氢氧化钠标准溶液的体积，mL；

$M(KHC_8H_4O_4)=204.20$ g/mol。

5．实验步骤

用移液管吸取 50 mL 水样，小心沿瓶壁注入 250 mL 锥形瓶中，加 4 滴酚酞指示剂，立即用氢氧化钠标准溶液滴定到浅红色不消失为止，记录消耗氢氧化钠标准溶液的体积 V_1。

6．数据记录

（1）NaOH 标准溶液的浓度（mol/L），

（2）吸取水样的体积 $V_{水}$（mL）。

实验次数	用酚酞作指示剂消耗 NaOH 标准溶液体积 V_1/mL
第一次	
第二次	
第三次	
平均	

7. 实验数据处理

$$游离二氧化碳(mg/L)=\frac{C(NaOH)\times V_1\times 44.01}{V_{水}}\times 1\ 000$$

8. 注意事项

(1) 二氧化碳极易逸出，取样后应首先测定，在吸取和放入三角瓶时一定要小心沿瓶壁流下。

(2) 水样中加入酚酞后显红色，表明无游离二氧化碳。

(3) 滴定中溶液如果出现浑浊，说明重金属离子含量较高，可加 5 mL 50%的酒石酸钾钠溶液掩蔽后，再进行滴定。

➡ 思考题

电导率、pH、水温为什么要现场测定？水样长时间保存，对电导率、pH、水温测定有何影响？

实验二　水中氯离子的测定

一、实验目的

掌握用硝酸银滴定法测定水中氯化物的原理和方法。

二、实验原理

在中性或弱碱性溶液中，以铬酸钾为指示剂，用硝酸银滴定氯化物，由于氯化银的溶解度小于铬酸银的溶解度，当水样中的氯离子被完全沉淀后，铬酸根才以铬酸银形式沉淀，产生微砖红色沉淀，指示氯离子滴定终点。反应式如下：

$$Ag^{+}+Cl^{-}\rightarrow AgCl\downarrow(白色沉淀)$$

$$2Ag^{+}+CrO_4^{2-}\rightarrow Ag_2CrO_4\downarrow(微砖红色沉淀)$$

沉淀形成的迟早与铬酸银离子的浓度有关，必须加入足量的指示剂。由于稍过量的硝酸银与铬酸钾形成铬酸银的终点较难判断，所以需要以蒸馏水作为空白滴定，作对照判断。

本法适用于天然水中氯化物的测定，也适用于经过适当稀释的高矿化废水（咸水、海水等）及经过各种预处理的生活污水和工业废水。

三、实验仪器

(1) 棕色酸式滴定管。

(2) 锥形瓶。

四、实验试剂

(1) 硝酸银标准液($C(AgNO_3)$=0.025 mol/L)

称取8.5 g$AgNO_3$溶于适量水中,移入1 000 mL容量瓶,用水稀释至标线,混匀贮于棕色瓶中,用氯化钠基准溶液标定。

(2) 氯化钠基准溶液(C(NaCl)=0.050 mol/L)

将基准物氯化钠(NaCl)置于瓷蒸发皿内,高温炉中在500～600 ℃下灼烧40～50 min,或在电炉上炒至无爆裂声,放入干燥器冷却至室温,再准确称取2.922 1 g溶于适量水中,仔细地全部移入1 000 mL容量瓶,用水稀释至标线,混匀。

(3) 标定:

吸取0.050 mol/L氯化钠基准溶液25.00 mL,置于150 mL锥形瓶中,加入25 mL水和10%铬酸钾指示剂10滴,不断振荡同时用硝酸银标准溶液滴定,至溶液由黄色突变为微砖红色。记录滴定的氯化钠基准溶液体积。

硝酸银标准溶液浓度按下式计算:

$$C(AgNO_3)=\frac{C(NaCl)\cdot V_1}{V}$$

式中:$C(AgNO_3)$——硝酸银标准溶液浓度,mol/L;

$C(NaCl)$——氯化钠基准溶液浓度,mol/L;

V_1——滴定消耗的氯化钠基准溶液体积,mL;

V——吸取的硝酸银标准溶液体积,mL。

(4) 配置10%铬酸钾溶液

称取10 g铬酸钾溶于100 mL蒸馏水中。

五、实验步骤

用移液管吸取50 mL水样放入250 mL锥形瓶中,加入10滴K_2CrO_4指示剂,用$AgNO_3$标准溶液滴定至微砖红色,记录消耗的$AgNO_3$标准溶液体积V_2。

取50 mL蒸馏水,以同样的方法作空白滴定,记录消耗的$AgNO_3$标准溶液体积V_1。

六、数据处理

(1) $AgNO_3$标准溶液的浓度(mol/L)

(2) 吸取水样的体积$V_水$(mL)

(3) 蒸馏水滴定过程消耗的硝酸银标准溶液体积V_1(mL)

实验次数	用铬酸钾作指示剂消耗的 $AgNO_3$ 标准溶液体积 V_2/mL
第一次	
第二次	
第三次	
平均	

$$\text{氯化物}(Cl^-,\ mg/L)=\frac{(V_2-V_1)C(AgNO_3)\times 35.45\times 1\,000}{V}$$

实验三　水中溶解氧(DO)的测定——碘量法

一、实验目的

(1) 掌握碘量法测定水中溶解氧的原理和方法;

(2) 掌握水样存在不同干扰物时的处理方法或选用合适的测定方法。

二、实验原理

测定水中溶解氧常用碘量法及其修正法和膜电极法,清洁水可直接采用碘量法测定。其原理是:水样中加入硫酸锰和碱性碘化钾,水中溶解氧将低价锰氧化成高价锰,生成四价锰的氢氧化物棕色沉淀。加酸后,氢氧化物沉淀溶解并与碘离子反应,释出游离碘。以淀粉作为指示剂,用硫代硫酸钠滴定释出的碘,即可计算出溶解氧的含量。反应式如下:

$$MnSO_4+2NaOH=Mn(OH)_2(\text{白色})\downarrow+Na_2SO_4$$

$$2Mn(OH)_2+O_2=2MnO(OH)_2\downarrow(\text{棕色})$$

$$MnO(OH)_2+2KI+2H_2SO_4=I_2+MnSO_4+K_2SO_4+3H_2O$$

$$I_2+2Na_2S_2O_3=2NaI+Na_2S_4O_6(\text{连四硫酸钠})$$

三、实验仪器

(1) 250 mL 溶解氧瓶或具塞试剂瓶 2 个。

(2) 50 mL 滴定管 2 支。

(3) 1 mL 移液管 3 支,25 mL、100 mL 移液管各 1 支。

(4) 10 mL、100 mL 量筒各 1 个。

(5) 250 mL 碘量瓶 2 个。

四、实验试剂

1. 硫酸锰溶液

将 $MnSO_4\cdot 4H_2O$ 480 g 或 $MnSO_4\cdot 2H_2O$ 400 g 溶于蒸馏水中,过滤后稀释到 1 000 mL(此溶液中不能含有高价锰,检验方法是取少量此溶液加入碘化钾及稀硫酸后观察溶液能否变成黄色,如变成黄色表示有少量碘析出,即表示溶液中含有高价锰)。

$$MnO_3^{2-}+2I^-+6H^+=I_2+Mn^{2+}+3H_2O$$

2. 碱性碘化钾溶液

溶解 350 g 氢氧化钠于 300～400 mL 蒸馏水中，冷却至室温。另溶解 300 g 碘化钾于 200 mL 蒸馏水中，慢慢加入已冷却的氢氧化钠溶液。摇匀后用蒸馏水稀释至 1 000 mL(强碱性溶液，腐蚀性很大，使用时时注意勿溅在皮肤或衣服上)，如有沉淀，则放过夜后，倾出上清液贮藏于塑料瓶或棕色瓶中。

3. 浓硫酸

比重 1.84，强酸，腐蚀性很大，使用时注意勿溅在皮肤或衣服上。

4. 1%淀粉指示液

称取 2 g 可溶性淀粉，溶于少量蒸馏水中，用玻璃棒调成糊状，慢慢加入(边加边搅拌)刚煮沸的 200 mL 蒸馏水中，冷却后加入 0.25 g 水杨酸或 0.8 g 氯化锌 $ZnCl_2$ 防腐剂。此溶液遇碘应变为蓝色，如变成紫色表示已有部分变质，要重新配制。

5. (1+1)硫酸溶液

将浓硫酸(比重 1.84)与水等体积混合。

6. 硫代硫酸钠溶液($C(Na_2S_2O_3)=0.025$ mol/L)

称取 6.2 g 硫代硫酸钠($Na_2S_2O_3\cdot5H_2O$)溶于煮沸放冷的蒸馏水中，加入 0.2 g 碳酸钠，用水稀释至 1 000 mL。贮于棕色瓶中。使用前用重铬酸钾($C(1/6K_2Cr_2O_7)=0.025\ 0$ mol/L)标准溶液标定，标定方法如下：于 250 mL 碘重瓶中，加入 100 mL 蒸馏水和 1 g 碘化钾，加入 10.00 mL 0.025 0 mol/L 重铬酸钾标准溶液、5 mL 2 mol/L 硫酸($1/2\ H_2SO_4$)溶液，密塞，摇匀，于暗处静置 5 min 后，用待标定的硫代硫酸钠溶液滴定至溶液呈淡黄色；加入 1 mL 淀粉溶液，继续滴定至蓝色刚好褪尽为止，记录用量。

标定反应如下：

$$K_2Cr_2O_7+6KI+7H_2SO_4=Cr_2(SO_4)_3+3I_2+4K_2SO_4+7H_2O\text{(硫酸铬,绿色)}$$

$$I_2+2Na_2S_2O_3=2NaI+Na_2S_4O_6\text{(连四硫酸钠,无色)}$$

$$C=10.00\times0.025\ 0/V$$

式中：C——硫代硫酸钠溶液浓度，mol/L；

V——硫代硫酸钠溶液消耗量，mL。

五、实验步骤

1. 采样

将取样管插入取样瓶(溶解氧瓶)底，让水样慢慢溢出，装满后再溢出半瓶左右，取出取样管，赶走瓶壁上可能存在的气泡，盖上瓶盖(盖下不能留有气泡)。

2. 溶解氧的固定

用移液管插入溶解氧瓶的液面下，加入 1 mL 硫酸锰溶液，2 mL 碱性碘化钾溶液，盖好瓶盖颠倒混合数次，静置。待棕色沉淀物降至半瓶时，再颠倒混合一次，待沉淀物降到瓶底。

3. 碘析出

轻轻打开瓶塞，立即用移液管插入液面下加入 1.5 mL(1+1)硫酸，小心盖好瓶塞，颠倒混合摇匀，至沉淀物全部溶解为止，放置暗处 5 min。

4. 滴定

取 100.0 mL 上述溶液放置于 250 mL 锥形瓶中，用硫代硫酸钠溶液滴定至溶液呈淡黄色，加入 1 mL 淀粉溶液，继续滴定至蓝色刚好褪去为止，记录硫代硫酸钠用量。

六、实验数据处理

$$溶解氧(O_2,\ mg/L)=C\times V_2\times 8\times 1\ 000/100\times f$$

$$f=V_0/(V_0-V_1)$$

式中：C——硫代硫酸钠溶液浓度，mol/L；

V_2——滴定时消耗的硫代硫酸钠体积，mL；

8——氧(1/2，O)摩尔质量，g/mol；

V_0——250，mL；

V_1——加入的 $MnSO_4$、碱性碘化钾的体积之和，mL。

七、注意事项

(1) 一般规定要在取水样后立即进行溶解氧的测定，如果不能在取水样处完成，应该在水样采取后立即加入硫酸锰及碱性碘化钾溶液，使溶解氧“固定”在水中，其余的测定步骤可送往实验室进行。取样与进行测定时间间隔不要太长，以不超过 4 h 为宜。

(2) 瓶中充满水样时，必须不留空气泡，不然空气泡中的氧也会氧化 $Mn(OH)_2$，使分析结果偏高。

(3) 水中如果有亚硝酸盐存在，亚硝酸氮含量大于 0.1 mg/L 时，亚硝酸盐与碘化钾作用会析出游离碘，在反应中析出的 NO 在滴定时受空气氧化而生成亚硝酸：

$$2NO_2+4H^++2I^-\rightarrow 2NO+I_2+2H_2O$$

$$2NO+O_2\rightarrow 2NO_2$$

$$2NO_2+H_2O\rightarrow HNO_2+HNO_3$$

亚硝酸又会从碘化钾中将碘析出，这样就使分析结果偏高。为了获得正确的结果，可在用浓硫酸溶解沉淀之前，在水样瓶中加入数滴 5%叠氮化钠溶液，其反应如下：

$$2NaN_3+H_2SO_4\rightarrow 2HN_3+Na_2SO_4$$

$$HNO_2+HN_3\rightarrow H_2O+N_2+N_2O$$

(4) 当 Fe^{3+} 的含量大于 1 mg/L 时，溶液酸化后 Fe^{3+} 将与 KI 作用而析出碘，这样就使分析结果偏高：

$$2Fe^{3+}+2I^-\rightarrow 2Fe^{2+}+I_2$$

为了使测定溶解氧获得正确的结果，可以在沉淀未溶解以前，加入 2 mL 40%的氟化钾溶液，然后用 4 mL 85%的磷酸 H_3PO_4 代替硫酸，此时沉淀溶解，同时所有的 Fe^{3+} 与 F^- 或

PO_4^{3-}络合成$[FeF_6]^{3-}$或$[Fe(PO_4)_2]^{3-}$，这样就抑制了Fe^{3+}与KI的作用。

(5) 如果水样中含有还原物质Fe^{2+}、S^{2-}、SO_3^{2-}、NO_2^-和有机物等，则可在酸性条件下加高锰酸钾去除，过量的高锰酸钾用草酸还原去除。

去除的具体步骤如下：

取水样250 mL，在水样瓶中，用移液管沿瓶口壁加0.7 mL浓硫酸，再将移液管插入溶液加1 mL0.6%的高锰酸钾溶液，盖好瓶盖摇匀至溶液为淡红色，如溶液中红色很快褪去，则再加1 mL高锰酸钾溶液摇匀至红色保持5 min不褪为止。

5 min后，用移液管加2%草酸液1 mL(移液管仍须插入液面之下)，盖好盖子摇匀，红色褪尽。若红色未褪尽，则需再加草酸，草酸的用量要恰好为使高锰酸钾完全作用，否则可能会造成测定结果偏低。过程中试剂的全部加入量要准确记录以便结果计算时校正，同时注意防止水中溶解氧的损失或大气氧溶入。

去除还原物质后的水样，其溶解氧的测定按碘量法步骤进行。

(6) 硫代硫酸钠标定中的注意事项如下：用重铬酸钾作氧化剂，必须在高酸度条件下。定量的碘和硫代硫酸钠反应要求在微酸性或中性溶液中进行，因为酸度高，会加快硫代硫酸钠的分解，因此，必须把高酸度的溶液稀释。同时，溶液稀释后亦可减少碘分子在滴定过程中的损失。

实验四　化学需氧量(COD_{Cr})的测定

一、实验目的

(1) 了解水中测定COD_{Cr}的原理；

(2) 掌握COD_{Cr}测定方法及注意事项。

二、实验原理

在强酸性溶液中，准确加入过量的重铬酸钾标准溶液，加热回流，将水样中还原性物质(主要是有机物)氧化，过量的重铬酸钾以试亚铁灵作指示剂，用硫酸亚铁铵标准溶液回滴，根据消耗的重铬酸钾标准溶液量计算水样化学需氧量。

氯离子能被重铬酸盐氧化，并且能与硫酸银作用产生沉淀，影响测定结果，故在回流前向水样中加入硫酸汞，使之成为络合物以消除干扰。

三、实验仪器

(1) 回流装置：带250 mL锥形瓶的全玻璃回流装置，包括磨口锥形瓶、冷凝管、电炉或电热板、橡胶管。

(2) 加热装置(电炉)。

(3) 50 mL酸式滴定管。

四、实验试剂

(1) 重铬酸钾溶液($C_{1/6}K_2Cr_2O_7$)：称取预先在120 ℃烘干2小时的基准或优级纯重铬

酸钾 12.258 g 溶于水中，移入 1 000 mL 的容量瓶中，稀释至标线。

(2) 试亚铁灵指示液：称取 1.485 g 邻菲啰啉($C_{12}H_8N_2 \cdot H_2O$)、0.695 g 硫酸亚铁溶于水中，稀释至 100 mL，贮于棕色瓶中。

(3) 硫酸亚铁铵标准溶液($(NH_4)_2Fe(SO_4)_2 \cdot 6H_2O \approx 0.1$ mol/L)：称取 39.5 g 硫酸亚铁铵溶于水中，边搅拌边缓慢加入 20 mL 浓硫酸，冷却后移入 1 000 mL 的容量瓶中，稀释至标线，摇匀。用前，用重铬酸钾标定。

标定方法：准确吸取 10.00 mL 重铬酸钾标液于 250 mL 锥形瓶中，加水稀至 110 mL 左右，缓慢加入 30 mL 浓硫酸，混匀。冷却后，加入 3 滴试亚铁灵指示液，用硫酸亚铁铵溶液滴定，溶液颜色由黄色经蓝绿至红褐色即为终点。

$$C[(NH_4)_2Fe(SO_4)_2]=\frac{0.25\times10.00}{V}$$

式中：C——硫酸亚铁铵标准溶液的浓度，mol/L；

V——硫酸亚铁铵标准溶液的用量，mL。

(4) 硫酸—硫酸银：于 500 mL 浓硫酸中加入 5 g 硫酸银，放置 1～2 天使溶解。

(5) 硫酸汞：结晶或粉末。

五、实验步骤

(1) 取 20.00 mL 混合均匀的水样(或适量水样稀释至 20.00 mL)置于 250 mL 磨口的回流锥形瓶中，准确加入 10.00 mL 重铬酸钾标准溶液及数粒小玻璃珠或沸石，连接磨口的回流冷凝管，从冷凝管上口慢慢地加入 30 mL 硫酸—硫酸银溶液，轻轻摇动锥形瓶使溶液混匀，加热回流 2 h(自开始沸腾时计时)。

对于化学需氧量高的废水样，可先取上述操作所需体积 1/10 的废水样和试剂于 15 mm ×150 mm 硬质玻璃试管中，摇匀，加热后观察是否成绿色。如溶液显绿色，再适当减少废水取样量，直至溶液不变绿色为止，从而确定废水样分析时应取用的体积。稀释时，所取废水样量不得少于 5 mL，如果化学需氧量很高，则废水样应多次稀释。废水中氯离子含量超过 30 mg/L 时，应先把 0.4 g 硫酸汞加入回流锥形瓶中，再加 20.00 mL 废水(或将适量废水稀释至 20.00 mL)，摇匀。

(2) 冷却后，用 90 mL 水冲洗冷凝管壁，取下锥形瓶。溶液总体积不得少于 140 mL，否则因酸度太大，滴定终点不明显。

(3) 溶液再度冷却后，加 3 滴试亚铁灵指示液，用硫酸亚铁铵标准溶液滴定，溶液的颜色由黄色经蓝绿色至红褐色即为终点，记录硫酸亚铁铵标准溶液的用量。

(4) 测定水样的同时，取 20.00 mL 重蒸馏水，按同样的操作步骤作空白试验。记录测定空白时硫酸亚铁铵标准溶液的用量。

六、实验数据处理

$$COD_{Cr}(O_2,\ mg/L)=(V_0-V_1)\times C\times8\times1\ 000/V$$

式中：V——取样的体积，mL；

C——硫酸亚铁铵的浓度，mol/L；

V_0——滴定空白时消耗的硫酸亚铁铵的量，mL；

V_1——滴定水样时消耗的硫酸亚铁铵的量，mL；

8——1/2 氧的摩尔质量，g/mol。

七、注意事项

（1）使用 0.4 g 硫酸汞络合氯离子的最高量可达 40 mg，如取用 20.00 mL 水样，则最高可络合 2 000 mg/L 氯离子浓度的水样。若氯离子的浓度较低，也可少加硫酸汞，保持硫酸汞：氯离子＝10：1（W/W）。若出现少量氯化汞沉淀，并不影响测定。

（2）水样取用体积可在 10.00～50.00 mL 范围内，试剂用量及浓度需按表 3-2 进行相应调整。

表 3-2　水样取用量和试剂用量表

水样体积/mL	0.250 0 mol/L $K_2Cr_2O_7$ 溶液/mL	H_2SO_4—Ag_2SO_4 溶液/mL	$HgSO_4$/g	[$(NH4)_2Fe(SO_4)_2$]/(mol/L)	滴定前总体积/mL
10.0	5.0	15	0.2	0.050	70
20.0	10.0	30	0.4	0.100	140
30.0	15.0	45	0.6	0.150	210
40.0	20.0	60	0.8	0.200	280
50.0	25.0	75	1.0	0.250	350

（3）对于化学需氧量小于 50 mL 的水样，应改用 0.025 0 mol/L 重铬酸钾标准溶液，回滴时用 0.01 mol/L 硫酸亚铁铵标准溶液。

（4）水样加热回流后，溶液中重铬酸钾剩余量为加入量的 1/5～4/5 为宜。

（5）用邻苯二甲酸氢钾标准溶液检查试剂的质量和操作技术时，由于每克邻苯二甲酸氢钾的理论 COD_{Cr} 为 1.176 g，所以溶解 0.425 1 g 邻苯二甲酸氢钾（$HOOCC_6H_4COOK$）于重蒸馏水中，转入 1 000 mL 容量瓶，用重蒸馏水稀释至标线，使之成为 500 mg/L 的 COD_{Cr} 标准溶液。用时应新配。

（6）COD_{Cr} 的测定结果应保留三位有效数字。

（7）每次试验时，应对硫酸亚铁铵标准滴定溶液进行标定，室温较高时需尤其注意其浓度的变化。

实验五　生化需氧量（BOD_5）测定

一、实验目的

（1）了解 BOD_5 的测定原理；

（2）掌握 BOD_5 测定方法及注意事项。

二、实验原理

生化需氧量是指在规定的条件下，微生物分解存在于水中的某些可氧化物质（主要是有机物质）的生物化学过程中消耗溶解氧的量。分别测定水样培养前的溶解氧含量和(20±1)℃培养五天后的溶解氧含量，二者之差即为五日生化过程中所消耗的溶解氧量(BOD_5)。

对于某些地面水及大多数工业废水、生活污水，因含较多的有机物，需要稀释后再培养测定，降低其浓度，以保证降解过程在有足够溶解氧的条件下进行。其具体水样稀释倍数可借助于高锰酸钾指数或化学需氧量(COD_{Cr})推算。

对于不含或少含微生物的工业废水，在测定 BOD_5 时应进行接种，以引入能分解废水中有机物的微生物。当废水中存在难于被一般生活污水中的微生物以正常速度降解的有机物或含有剧毒物质时，应接种经过驯化的微生物。

三、实验仪器

(1) 恒温培养箱。

(2) 5～20 L 细口玻璃瓶。

(3) 1 000～2 000 mL 量筒。

(4) 玻璃搅棒：棒长应比所用量筒高长 20 cm。在棒的底端固定一个直径比量筒直径略小并带有几个小孔的硬橡胶板。

(5) 溶解氧瓶：200～300 mL，带有磨口玻璃塞并具有供水封用的钟形口。

(6) 充氧设备：常采用无油空气压缩机（或隔膜泵、或氧气瓶、或真空泵）。

(7) 虹吸管：供分取水样和添加稀释水用。

四、实验试剂

(1) 磷酸盐缓冲溶液：将 8.5 g 磷酸二氢钾(KH_2PO_4)、21.75 g 磷酸氢二钾($K_2HPO_4 \cdot 3H_2O$)、33.4 g 磷酸氢二钠($Na_2HPO_4 \cdot 7H_2O$)和 1.7 g 氯化铵(NH_4Cl)溶于水中，稀释至 1 000 mL。此溶液的 pH 应为 7.2。

(2) 硫酸镁溶液：将 22.5 g 硫酸镁($MgSO_4 \cdot 7H_2O$)溶于水中，稀释至 1 000 mL。

(3) 氯化钙溶液：将 27.5 g 无水氯化钙溶于水中，稀释至 1 000 mL。

(4) 氯化铁溶液：将 0.25 g 氯化铁($FeCl_3 \cdot 6H_2O$)溶于水，稀释至 1 000 mL。

(5) 盐酸溶液(0.5 mol/L)：将 40 mL(ρ=1.18 g/mL)盐酸溶于水，稀释至 1 000 mL。

(6) 氢氧化钠溶液(0.5 mol/L)：将 20 g 氢氧化钠溶于水，稀释至 1 000 mL。

(7) 亚硫酸钠溶液($C_{1/2}Na_2SO_3$=0.025 mol/L)：将 1.575 g 亚硫酸钠溶于水，稀释至 1 000 mL。此溶液不稳定，需每天配制。

(8) 葡萄糖—谷氨酸标准溶液：将葡萄糖($C_6H_{12}O_6$)和谷氨酸钠(HOOC—CH_2—CH_2—$CHNH_2$—COONa)在 103 ℃干燥 1 h 后，各称取 150 mg 溶于水中，移入 1 000 mL 容量瓶内并稀释至标线，混合均匀。此标准溶液临用前配制。

(9) 稀释水：在 5～20 L 玻璃瓶内装入一定量的水，控制水温在 20 ℃左右。然后用无油空气压缩机或薄膜泵将此水曝气 2～8 h，使水中的溶解氧接近饱和，也可以鼓入适量纯氧。瓶口盖以两层经洗涤晾干的纱布，置于 20 ℃培养箱内放置数小时，使水中的溶解氧量达到 8 mg/L。临用前于每升水中加入氯化钙溶液、氯化铁溶液、硫酸镁溶液、磷酸盐缓冲溶液各 1 mL，并混合均匀。

稀释水的 pH 应为 7.2，BOD_5 应小于 0.2 mg/L。

(10) 接种水：可选用以下任一方法获得适用的接种液。

城市污水，一般采用生活污水，在室温下放至一昼夜，取上层清液使用。

表层土壤浸出液，取 100 g 花园土壤或植物生长土壤，加入 1 L 水，混合并静置 10 min，取上清液供用。

含城市污水的河水或湖水。

污水处理厂的出水。

当分析含有难于降解的废水时，在排污口下游 3～8 km 处取水样作为废水的驯化接种液。如无此种水源，可取中和或经适当稀释后的废水进行连续曝气，每天加入少量该种废水，同时加入适量表层土壤或生活污水，使能适应该种废水的微生物大量繁殖。当水中出现大量絮状物，或检查其化学需氧量的降低值出现突变时，表明适用的微生物已进行繁殖，可用作接种液。一般驯化过程需要 3～8 天。

(11) 接种稀释水：取适量接种液，加于稀释水中，混匀。每升稀释水中接种液加入量为：生活污水为 1～10 mL；表层土壤浸出液为 20～30 mL；河水、湖水为 10～100 mL。

接种稀释水的 pH 应为 7.2，BOD_5 值宜在 0.3～1.0 mg/L 之间。接种稀释水配制后应立即使用。

五、测定步骤

1. 水样的预处理

水样的 pH 超出 6.5～7.5 范围时，可用盐酸或氢氧化钠溶液调节至近于 7，但用量不应超过水样体积的 0.5%。若水样的酸度或碱度很高，可改用高浓度的碱或酸进行调节中和。

水样中含有铜、铅、锌、铬、镉、砷、氰等有毒物质时，可使用经过驯化的微生物接种液的稀释水进行稀释，或增大稀释倍数，以减少毒物的浓度。

含有少量游离氯的水样，一般放置 1～2 h，游离氯即可消失。对于游离氯在短时间内不能消散的水样，可加入亚硫酸钠溶液，以除去。其加入量的计算方法是：取中和好的水样 100 mL，加入(1+1)乙酸 10 mL，10%(m/V)碘化钾溶液 1 mL，混匀。以淀粉溶液为指示剂，用亚硫酸钠标准溶液滴定游离碘。根据亚硫酸钠标准溶液消耗的体积及浓度，计算水样中需要加入的亚硫酸钠溶液的量。

从水温较低的水域中采集的水样，可能含有过饱和溶解氧，此时应将水样迅速升温至 20 ℃ 左右，充分振摇，以赶出过饱和的溶解氧。

从水温较高的水域或废水排放口取得的水样，则应迅速使其冷却至 20 ℃左右，并充分振摇，使之与空气中氧分压接近平衡。

2. 水样的测定

1）不经稀释水样的测定：

溶解氧含量较高，有机物含量较少的地面水，可不经稀释，而直接以虹吸法将约 20 ℃的混匀水样转移至两个溶解氧瓶内，转移过程中应注意不使其产生气泡。以同样的操作使两个溶解氧瓶充满水样，加塞水封。

立即测定其中一瓶的溶解氧。将另一瓶放入培养箱中，在(20±1) ℃培养 5 天后，测其溶解氧。

2）需经稀释水样的测定

稀释倍数的确定：地面水可由测得的高锰酸盐指数乘以适当的系数求出稀释倍数(表 3-3)

表 3-3 高锰酸盐指数及对应系数

高锰酸盐指数/(mg/L)	系数
<5	—
5～10	0.2、0.3
10～20	0.4、0.6
>	0.5、0.7、1.0

工业废水可由重铬酸钾法测得的 COD 值确定。通常需获得三个稀释比，即使用稀释水时，用 COD 值分别乘以系数 0.075、0.15、0.225；使用接种稀释水时，则分别乘以 0.075、0.15 和 0.225，获得三个稀释倍数。

稀释倍数确定后按照下述方法之一测定水样：

(1) 一般稀释法：按照选定的稀释比例，用虹吸法沿筒壁先引入部分稀释水(或接种稀释水)于 1 000 mL 量筒中，加入需要测量的均匀水样，再引入稀释水(或接种稀释水)至800 mL，用带胶板的玻璃棒小心上下搅匀。搅拌时勿使搅棒的胶板露出水面，防止产生气泡。

按不经稀释水样的测定步骤，进行瓶装，测定每天的溶解氧量和培养 5 天后的溶解氧量。

另取两个溶解氧瓶，用虹吸法装满稀释水(或接种稀释水)作为空白组，分别测定 5 天前、后的溶解氧含量。

(2) 直接稀释法：在溶解氧瓶内直接稀释。在两个容积已知且相同(其差小于 1 mL)的溶解氧瓶内，用虹吸法加入部分稀释水(或接种稀释水)，再加入根据瓶容积和稀释比例计算出的水样量，然后引入稀释水(或接种稀释水)至刚好充满，加塞，勿留气泡于瓶内。其余操作与一般稀释法相同。

在 BOD_5 测定中，一般采用叠氮化钠改良法测定溶解氧。如遇干扰物质，应根据具体情况采用其他测定法。

六、实验数据处理

1. 不经稀释直接培养的水样

$$BOD_5(mg/L)=C_1-C_2$$

式中：C_1——水样在培养前的溶解氧浓度，mg/L；

C_2——水样经 5 天培养后剩余溶解氧浓度，mg/L。

2. 经稀释后培养的水样

$$BOD_5(mg/L)=[(C_1-C_2)-(B_1-B_2)f_1]/f_2$$

式中：C_1——水样在培养前的溶解氧浓度，mg/L；

C_2——水样经 5 天培养后剩余溶解氧浓度，mg/L；

B_1——稀释水（或接种稀释水）在培养前的溶解氧浓度，mg/L；

B_2——稀释水（或接种稀释水）在培养后的溶解氧浓度，mg/L；

f_1——稀释水（或接种稀释水）在培养液中所占比例；

f_2——水样在培养液中所占比例。

七、注意事项

（1）测定一般水样的 BOD_5 时，硝化作用很不明显或根本不发生，但生物处理池出水则含有大量硝化细菌。因此，在测定 BOD_5 时也包括了部分含氮化合物的需氧量。对于这种水样，如只需测定有机物的需氧量，应加入硝化抑制剂，如丙烯基硫脲（ATU，$C_4H_8N_2S$）等。

（2）在两个或三个稀释比的样品中，凡消耗溶解氧大于 2 mg/L 和剩余溶解氧大于 1 mg/L的都有效，计算结果时应取平均值。

（3）为检查稀释水和接种液的质量，以及化验人员操作技术，可将 20 mL 葡萄糖—谷氨酸标准溶液用接种稀释水稀释至 1 000 mL，测其 BOD_5，其结果应在 180～230 mg/L。否则，应检查接种液、稀释水或操作技术是否存在问题。

实验六　水中总硬度、钙离子的测定

一、实验目的

（1）了解水的硬度含义、单位及其换算；

（2）掌握 EDTA 络合滴定测定水的总硬度的原理及方法。

二、实验原理

钙是硬度的主要组成之一，镁也是硬度的主要组成之一，总硬度是钙和镁的总浓度。碳酸盐硬度（暂硬度）是总硬度的一部分，相当于水中碳酸盐和重碳酸盐结合的钙、镁所形成的硬度。非碳酸盐硬度（永硬度）是总硬度的另一部分，当水中钙、镁含量超过与它所结合的碳酸盐和重碳酸盐的含量时，多余的钙和镁就与水中氯离子、硫酸根和硝酸根结合成非碳酸盐硬度。

水的总硬度的测定，一般采用络合滴定法，用 EDTA 标准溶液直接滴定水中 Ca^{2+}、Mg^{2+} 总量，然后以 Ca 换算为相应的硬度单位。

用 EDTA 滴定 Ca^{2+}、Mg^{2+} 总量时，一般是在 pH＝10 的氨缓冲液中进行，用铬黑 T 作指示剂。滴定前，铬黑 T 与少量的 Ca^{2+}、Mg^{2+} 络合成酒红色络合物，绝大部分的 Ca^{2+}、

Mg^{2+}处于游离状态。随着EDTA的滴入，Ca^{2+}和Mg^{2+}络合物的条件稳定常数大于铬黑T与Ca^{2+}、Mg^{2+}络合物的条件常数，因此EDTA夺取铬黑T络合物中的金属离子，将铬黑T游离出来，溶液呈现游离铬黑的蓝色，指示滴定终点的到达。

三、实验仪器

(1) 锥形瓶。

(2) 移液管。

(3) 滴定管。

四、实验试剂

(1) pH=10的NH_3-NH_4Cl缓冲溶液：称取20 g分析纯氯化铵溶于900 mL蒸馏水中，再加100 mL浓氨水，用水稀释到1 L。

(2) 15%NaOH溶液：称取15 g NaOH溶于100 mL蒸馏水中，贮于塑料瓶中，并拧紧瓶盖。

(3) 酸性铬蓝K—萘酚绿B混合指示剂：称取0.25 g酸性铬蓝K和0.50 g萘酚绿B，溶于50 mL蒸馏水中。

(4) EDTA—二钠(乙二胺四乙酸二钠盐)标准溶液(C_{EDTA}=0.010 mol/L)：称取3.72 g EDTA—二钠($C_{10}H_{14}Na_2O_8 \cdot H_2O$)溶于1 L蒸馏水中，其准确浓度用钙标准溶液标定，步骤为：称取1.000 9 g 120 ℃烘干的碳酸钙(优级纯)于250 mL烧杯中，加少量水润湿，再逐滴加入少量1∶1盐酸使碳酸钙完全溶解，加100 mL蒸馏水，煮沸除去二氧化碳，冷却，移入1 L容量瓶中，定容，摇匀。此标准溶液钙的浓度为0.010 0 mol/L。

标定：吸取10.00 mL钙标准溶液于250 mL三角瓶中，加蒸馏水30 mL，加入5 mL 15%氢氧化钠溶液和2滴酸性铬蓝K—萘酚绿B混合指示剂，用EDTA—二钠标准溶液($C_{\text{EDTA—二钠}}$=0.010 0 mol/L)滴定，溶液从红色变成蓝紫色即为终点。以下式计算EDTA—二钠溶液的摩尔浓度：

$$C_{\text{EDTA—二钠}}=\frac{C_{(Ca^{2+})} \cdot V_1}{V_2}$$

式中：C_{EDTA}——EDTA—二钠标准溶液浓度，mol/L；

$C_{(Ca^{2+})}$——钙基准溶液浓度，mol/L；

V_1——吸取的钙基准溶液体积，mL；

V_2——滴定消耗的EDTA—二钠标准溶液体积，mL。

五、实验步骤

总硬度的测定：用移液管吸取50 mL水样放入250 mL锥形瓶中，加入5 mL氨缓冲液，加1滴铬黑T指示剂或K-B指示剂，此时溶液呈玫瑰红色，立即用EDTA标准溶液滴定(在滴定过程中注意要充分摇匀，特别是快到终点时速度要放慢)，溶液从玫瑰红色至蓝紫色，记录消耗标准溶液的体积。

Ca^{2+}的测定：用移液管吸取 50 mL 水样放入 250 mL 锥形瓶中，加入 1 mL 15% NaOH 溶液，加 1 滴铬黑 T 指示剂或 K-B 指示剂，然后用 EDTA 滴定(注意事项同上)，当溶液从玫瑰红色变成蓝紫色时滴定终止，记录所用 EDTA 标准液体积。

六、实验数据处理

1. 水样中总硬度的测定

(1) C_{EDTA}溶液的浓度(mol/L)。

(2) 吸取水样的体积 $V_{水}$(mL)。

实验次数	用铬黑 T 或 K-B 指示剂消耗的 EDTA 标准液体积 V_1/mL
第一次	
第二次	
第三次	
平均	

2. 总硬度的计算

$$\rho(CaCO_3)(mg/L)=\frac{(V_1-V_0)\times C_{EDTA}\times 100.09\times 1\ 000}{V}$$

$$总硬度(mmol/L)=\frac{C_{EDTA}\times V_1}{V}\times 1\ 000$$

式中：$\rho(CaCO_3)$——总硬度(以 $CaCO_3$ 计)，mg/L；

V_0——空白消耗的 EDTA—二钠溶液体积，mL；

100.09——与 1.00 mL EDTA—二钠标准溶液($C_{EDTA—二钠}$=1.00 mol/L)相当的以克表示的碳酸钙的质量。

3. Ca^{2+}的测定

(1) $C_{EDTA—二钠}$溶液的浓度(mol/L)。

(2) 吸取水样的体积 $V_{水}$(mL)。

实验次数	用铬黑 T 或 K-B 指示剂消耗的 EDTA—二钠标准液体积 V_1/mL
第一次	
第二次	
第三次	
平均	

4. Ca^{2+}含量的计算

$$钙离子(Ca^{2+}, mg/L)=\frac{(V_1-V_0)\times C_{EDTA}\times 40.08\times 1\ 000}{V}$$

$$钙离子(Ca^{2+},mmol/L)=\frac{(V_1-V_0)\times C_{EDTA}\times 1\,000}{V}$$

式中:40.08——与1.00 mL EDTA—二钠标准溶液($C_{EDTA—二钠}$=1.000 mol/L)相当的以克表示的钙的质量。

5. Mg^{2+}含量的计算

$$Mg^{2+}(mmol/L)=总硬度(mmol/L)-Ca^{2+}(mmol/L)$$

$$Mg^{2+}(mg/L)=Mg^{2+}(mmol/L)\times 24.306$$

实验七　悬浮物(SS)的测定

一、实验目的

掌握水的悬浮物(SS)的测定原理及方法。

二、实验原理

悬浮物又称总不可滤残渣,是指不能通过滤器的固体物。它可降低水体的透明度,影响水质质量。SS常规测定方法为滤纸(滤膜)法。

用中速定量滤纸(或0.45 μm滤膜)过滤水样,经103～105 ℃烘干后得到SS的含量。

三、实验仪器

(1) 称量瓶:60 mm×30 mm。

(2) 中速定量滤纸(孔径为0.45 μm的滤膜及相应滤器)、玻璃漏斗。

(3) 恒温干燥箱(烘箱)。

四、实验步骤

(1) 将一张滤纸或滤膜放在称量瓶中,打开瓶盖,在103～105 ℃下烘干2 h,取出冷却后盖好瓶盖,称重。

(2) 取适量混匀水样在已称至恒重的滤纸或滤膜上过滤,必要时可用真空泵抽滤,用蒸馏水冲洗残渣2～3遍。

(3) 小心取下滤纸或滤膜,放入原称量瓶中,在103～105 ℃烘箱中烘干2 h,取出冷却,盖好瓶盖称至恒重。

五、实验数据处理

$$SS(mg/L)=\frac{(A-B)\times 1\,000\times 1\,000}{V}$$

式中:A——SS+滤纸(滤膜)+称量瓶重,g;

B——滤纸(滤膜)+称量瓶重,g;

V——水样体积,一般取100 mL。

实验八　氨氮的测定——纳氏试剂分光光度法

一、实验目的

(1) 掌握水中氮的存在形态及其转化；

(2) 掌握氨氮测定的纳氏试剂分光光度法的原理及方法。

二、实验原理

氨氮以游离氨(NH_3)或铵盐(NH_4^+)的形式存在于水中，两者的组成比取决于水的pH。pH偏高时，游离氨比例较高，反之，铵盐比例较高。

在无氧条件下，亚硝酸盐受微生物作用还原为氨；在有氧条件下，水中的氨亦可转变为亚硝酸盐，继续转变为硝酸盐。

碘化钾和碘化汞的碱性溶液与氨反应生成淡红棕色胶态化和物，其色度与氨氮含量成正比，通常可在410～425 nm范围内测其吸光度，计算其含量。

本法最低检出浓度为0.025 mg/L(光度法)，测定上限为2 mg/L。采用目视比色法，最低检出浓度为0.02 mg/L。水样作适当的预处理后，本法可适用于地面水、地下水、工业废水和生活污水。

三、实验仪器

(1) 带氮球的定氮蒸馏装置：500 mL凯氏烧瓶、氮球、直形冷凝管。

(2) 分光光度计。

(3) pH计。

四、实验试剂

(1) 无氨水。实验配制试剂均应用无氨水配制，可选用以下任意一种方法制备：

① 蒸馏法：每升蒸馏水中加0.1 mL硫酸，在全玻璃蒸馏器中重蒸馏，弃去50 mL初馏液，接取其余馏出液于具塞磨口的玻璃瓶中，密塞保存。

② 离子交换法：使蒸馏水通过强酸性阳离子交换树脂柱。

(2) 1 mol/L的盐酸溶液。

(3) 1 mol/L的氢氧化钠溶液。

(4) 轻质氧化镁：将氧化镁在500 ℃下加热，以除去碳酸盐。

(5) 0.05%溴百里酚蓝指示计(pH 6.0～7.6)。

(6) 防沫剂。如石蜡碎片。

(7) 吸收剂。硼酸溶液：称取20 g硼酸溶于水，稀释至0.01 mol/L硫酸溶液(1 L)。

(8) 纳氏试剂。可选用下列方法之一制备：

① 称取20 g碘化钾溶于约25 mL水中，边搅拌边分次加入少量的二氯化汞($HgCl_2$)结晶粉末(约10 g)，至出现朱红色不易降解时，改为滴加饱和二氯化汞溶液，并充分搅拌，当出

现微量朱红色沉淀不再溶解时，停止滴加氯化汞溶液。

另称取 60 g 氢氧化钾溶于水，并稀释至 250 mL，冷却至室温后，将上述溶液徐徐注入氢氧化钾溶液中，用水稀释至 400 mL，混匀。静置过夜，将上清液移入聚乙烯瓶中，密塞保存。

② 称取 16 g 氢氧化钠，溶于 50 mL 水中，充分冷却至室温。

另称取 7 g 碘化钾和碘化汞溶于水，然后将溶液边搅拌边徐徐注入氢氧化钠溶液中，用水稀释至 100 mL，贮于聚乙烯瓶中，密塞保存。

(9) 酒石酸钾钠溶液。称取 50 g 酒石酸钾钠($KNaC_4H_4O_6 \cdot 4H_2O$)溶于 100 mL 水中，加热煮沸以除去氨，放冷，定容至 100 mL。

(10) 铵标准贮备溶液。称取 3.819 g 经 100 ℃干燥的氯化氨(NH_4Cl)溶于水中，移入 1 000 mL 容量瓶中，稀释至标线。溶液每毫升含 1.00 mg 氨氮。

(11) 铵标准使用溶液。移取 5.00 mL 铵标准贮备溶液于 500 mL 容量瓶中，用水稀释至标线。此溶液每毫升含 0.01 mg 氨氮。

五、测定步骤

(1) 水样预处理：取 250 mL 水样（如氨氮含量较高，可取适量并加水至 250 mL，使氨氮含量不超过 2.5 mg），移入凯氏烧瓶中，加数滴溴百里酚蓝指示液，用氢氧化钠溶液或盐酸溶液调节至 pH 为 7 左右。加入 0.25 g 轻质氧化镁和数粒玻璃珠，立即连接氮球和冷凝管，导管下端插入吸收液液面下。加热蒸馏，至馏出液达 200 mL 时，停止蒸馏。定容至 250 mL。

(2) 标准曲线的绘制：吸取 0、0.50 mL、1.00 mL、3.00 mL、5.00 mL、7.00 mL 和 10.00 mL 铵标准使用溶液于 50 mL 比色管中，加水至标线，加 1.00 mL 酒石酸钾钠溶液，混匀。加 1.50 mL纳氏试剂，混匀。放置 10 min 后，在波长 420 nm 处，用光程 20 mm 比色皿与水作参比测定吸光度。

由测得的吸光度，减去零浓度空白管的吸光度后，得到校正吸光度，绘制以氨氮含量(mg)对校正吸光度的标准曲线。

(3) 水样的测定

① 分取适量经絮凝预处理后的水样（使氨氮含量不超过 0.1 mg），加入 50 mL 比色管中，稀释至标线，加 0.1 mL 酒石酸钾钠溶液。

② 分取适量经蒸馏预处理后的馏出液，加入 50 mL 比色管中，加一定量的 1 mol/L 氢氧化钠溶液以中和硼酸，稀释至标线，加 1.5 mL 纳氏试剂，混匀。放置 10 min 后，同标准曲线绘制步骤测量吸光度。

(4) 空白实验：以无氨水代替水样，做全程序空白测定。

六、实验数据处理

由水样测得的吸光度减去空白实验的吸光度后，从标准曲线上查得的氨氮含量(mg)。

$$\text{氨氮}(\text{N}, \text{mg/L}) = 1\,000\, m/V$$

式中：m——由校准曲线查得的氨氮量，mg；

V——水样体积，mL。

七、注意事项

（1）纳氏试剂中碘化汞与碘化钾的比例，对显色反应的灵敏度有较大影响。静置后生成的沉淀应除去。

（2）滤纸中常含少量铵盐，使用时应注意用无氨水洗涤。所用玻璃器皿应避免实验室空气中的氨的污染。

实验九　亚硝酸盐氮的测定——N-(1-萘基)-乙二胺光度法

一、实验目的

（1）掌握水中氮的存在形态及其转化；

（2）掌握亚硝酸盐氮测定方法及注意事项。

二、实验原理

亚硝酸盐氮是氮循环的中间产物，不稳定。在不同水环境条件下，可氧化成硝酸盐氮，也可被还原成氨。

亚硝酸盐氮在水中可受微生物作用，很不稳定，采集后应立即分析或冷藏抑制生物影响。

在磷酸介质中，pH 为 1.8±0.3 时，亚硝酸盐与对氨基苯磺酰胺（简称磺胺）反应，生成重氮盐，再与 N-(1-萘基)-乙二胺偶联生成红色染料，在波长 540 nm 处有最大吸收。

水样呈碱性（pH≥11）时，可加酚酞指示剂，滴加磷酸溶液至红色消失。水样有颜色或悬浮物时，加氢氧化铝悬浮液并过滤。

本法适用于饮用水、地面水、生活污水、工业废水中亚硝酸盐的测定，最低检出浓度为 0.003 mg/L，测定上限为 0.20 mg/L。

三、实验仪器

（1）分光光度计。

（2）G-3 玻璃砂心漏斗。

四、实验试剂

（1）显色剂：于 500 mL 烧杯中加入 250 mL 水和 50 mL 磷酸，加入 20.0 g 对氨基苯磺酰胺，再将 1.00 g N-(1-萘基)-乙二胺二盐酸盐溶于上述溶液中，转移至 500 mL 容量瓶中，用水稀释至标线。

（2）磷酸（ρ=1.70 g/mL）。

（3）高锰酸钾标准溶液（1/5 $KMnO_4$，0.050 mol/L）：溶解 1.6 g 高锰酸钾于 1 200 mL 水中，煮沸 0.5～1 h，使体积减少到 1 000 mL 左右放置过夜，用 G-3 玻璃砂心漏斗过滤后，贮于棕色试剂瓶中避光保存，待标定。

(4) 草酸钠标准溶液($1/2\ Na_2C_2O_4$，0.050 0 mol/L)：溶解经 105 ℃烘干 2 h 的优级纯无水草酸钠 3.350 g 于 750 mL 水中，移入 1 000 mL 容量瓶中，稀释至标线。

(5) 亚硝酸盐氮标准贮备液：称取 1.232 g 亚硝酸钠溶于 150 mL 水中，移至 1 000 mL 容量瓶中，稀释到标线。每毫升约含 0.25 mg 亚硝酸盐氮。该溶液加入 1 mL 三氯甲烷，保存一个月。

标定：在 300 mL 具塞锥形瓶中，移入 50.00 mL 0.050 mol/L 高锰酸钾溶液，5 mL 浓硫酸，插入高锰酸钾液面下加入 50.00 mL 亚硝酸钠标准贮备液，轻轻摇匀，在水浴上加热至 70～80 ℃，按每次 10.00 mL 的量加入足够的草酸钠标准溶液，使红色褪去并过量，记录草酸钠标液的用量(V_2)。然后用高锰酸钾标液滴定过量的草酸钠至溶液呈微红色，记录高锰酸钾标液的总用量(V_1)。

用 50 mL 水代替亚硝酸盐氮标准贮备液，如上操作，用草酸钠标液标定高锰酸钾的浓度(C_1，mol/L)：

$$C_{\frac{1}{5}KMnO_4}=\frac{0.0500\times V_4}{V_3}$$

亚硝酸盐氮的浓度(C，mg/L)

$$C(\mathrm{N},\ \mathrm{mg/L})=\frac{(V_1C_1-0.0500\times V_2)\times 7.00\times 1000}{50.00}=140V_1C_1-7.00\times V_2$$

式中：C_1——经标定的高锰酸钾溶液的浓度，mol/L；

V_1——滴定亚硝酸盐氮贮备液时，加入的高锰酸钾溶液的总量，mL；

V_2——滴定亚硝酸盐氮贮备液时，加入的草酸钠溶液的量，mL；

V_3——滴定水时，加入的高锰酸钾标液的总量，mL；

V_4——滴定水时，加入的草酸钠标液的总量，mL；

7.00——亚硝酸盐氮(1/2 N)的摩尔质量，g/mol；

50.00——亚硝酸盐标准贮备液用量，mL；

0.050 0——草酸钠标准溶液的浓度，$1/2\ Na_2C_2O_4$，mol/L。

(6) 亚硝酸盐氮标准中间液：分别取适量亚硝酸盐标准贮备液(含 12.5 mg 亚硝酸盐氮)，置于 250 mL 棕色容量瓶中，稀释至标线，可保存一周。此溶液每毫升含 50 微克亚硝酸盐氮。

(7) 亚硝酸盐氮标准使用液：取 10.00 mL 中间液，置于 500 mL 容量瓶中，稀释至标线。每毫升含 1.00 微克亚硝酸盐氮。

(8) 氢氧化铝悬浮液：溶解 125 g 硫酸铝钾($KAl(SO_4)_2\cdot 12H_2O$)于 1 000 mL 水中，加热至 60 ℃，在不断搅拌下，徐徐加入 55 mL 氨水，放置约 1 h 后，移入 1 000 mL 的量筒中，用水反复洗涤沉淀数次，澄清后，把上清液全部倾出，只留稠的悬浮物，最后加入 300 mL 水，使用前振荡混匀。

五、测定步骤

1. 校准曲线的绘制

在一组6支50 mL的比色管中，分别加入0、1.00 mL、3.00 mL、5.00 mL、7.00 mL和10.0 mL亚硝酸盐标准使用液，用水稀释至标线，加入1.0 mL显色剂，密塞混匀。静置20 min后，在2 h内，于波长540 nm处，用光程长10 mm的比色皿，以水为参比，测量吸光度。

测定的吸光度减去空白吸光度后获得校正吸光度，根据回归方程（$y=bx+a$）绘制校准曲线。

2. 水样的测定

当水样pH≥11时，加入1滴酚酞指示剂，边搅拌边逐滴加入（1+9）磷酸溶液，至红色消失。

水样如有颜色或悬浮物，可向每100 mL水中加入2 mL氢氧化铝悬浮液，搅拌，静置，过滤弃去25 mL初滤液。

取适量水样按校准曲线绘制的相同步骤测量吸光度。

六、实验数据处理

计算亚硝酸盐氮的含量：

$$C(\mathrm{mg/L})=\frac{(A-A_0-a)}{b\times V}\times d$$

式中：A——水样的吸光度；

A_0——空白吸光度；

a——截距；

b——斜率；

d——稀释倍数；

V——取样体积，mL。

七、注意事项

（1）显色剂有毒，避免与皮肤接触或吸入体内。

（2）测得的水样的吸光度值，不得大于校准曲线的最大吸光度值，否则水样要预先进行稀释。

实验十　硝酸盐氮的测定——酚二磺酸光度法

一、实验目的

（1）掌握水中氮的存在形态及其转化；

（2）掌握硝酸盐氮的酚二磺酸光度法的测定方法及注意事项。

二、实验原理

水中硝酸盐氮是在有氧环境下各种形态含氮化合物中最稳定的氮化合物，亦是含氮有机物经无机物作用的最终分解产物。亚硝酸盐经过氧化生成硝酸盐，硝酸盐在无氧条件下，亦可受微生物作用还原为亚硝酸盐。

硝酸盐在无水情况下与酚二磺酸反应，生成硝基二磺酸酚，在碱性溶液中生成黄色化合物，进行定量测定。

水中的氯化物、亚硝酸盐、铵盐、有机物和碳酸盐可产生干扰，测定前应做预处理。

本法适用于饮用水、地下水和清洁地面水中的硝酸盐氮，最低检出浓度为 0.02 mg/L，测定上限为 2.0 mg/L。

三、实验仪器

(1) 分光光度计。

(2) 瓷蒸发皿(75～100 mL)。

四、实验试剂

(1) 酚二磺酸：称取 25 g 苯酚(C_6H_5OH)置于 500 mL 锥形瓶中，加 150 mL 浓硫酸使之溶解，再加 75 mL(含 13%SO_3)的发烟硫酸，充分混合。瓶口插一漏斗，小心置瓶于沸水浴中加热 2 h，得淡棕色稠液，贮于棕色瓶中，密塞保存(发烟硫酸亦可用浓硫酸代替，增加沸水浴至 6 h)。

(2) 氨水。

(3) 硝酸盐标准贮备液：称取 0.721 8 g 经 105～110 ℃干燥 2 h 的硝酸钾溶于水，移入 1 000 mL 容量瓶中，稀释至标线，混匀。加 2 mL 三氯甲烷作保存剂，每毫升含 0.100 mg 硝酸盐氮。

(4) 硝酸盐标准使用液：吸取 50.00 mL 贮备液，置蒸发皿内，加 0.1 mol/L 氢氧化钠溶液，调节 pH 为 8，在水浴上蒸发至干。加 2 mL 酚二磺酸，用玻璃棒研磨蒸发皿内壁，使残渣与试剂充分混合，放置片刻，再研磨一次。放置 10 min，加入少量水，移入 500 mL 棕色容量瓶中，稀释至标线。可保存 6 个月。每毫升含 0.010 mg 硝酸盐氮。

(5) 硫酸银溶液：称取 4.397 g 硫酸银溶于水，移至 1 000 mL 容量瓶中，稀释至标线。1.00 mL 溶液可去除 1.00 mg 氯离子。

(6) 氢氧化铝悬浮液：制备同亚硝酸盐氮实验。

(7) 高锰酸钾溶液：称取 3.16 g 高锰酸钾溶于水，稀至 1 L。

五、测定步骤

1. 校准曲线的绘制

于 10 支 50 mL 比色管中，按表 3-4 所示加入硝酸盐氮标准使用液，加水至约 40 mL，加入 3 mL 氨水使之成碱性，稀释至标线，混匀。在波长 410 nm 处，选用不同的比色皿，以水为参比，测量吸光度。分别计算不同比色皿光程长的吸光度对硝酸盐氮含量的校准曲线。

表 3-4　硝酸盐氮含量与比色皿光程长的关系

标液体积/mL	硝酸盐氮含量/μg	比色皿光程长/mm
0	0	10 或 30
0.10	1.00	30
0.30	3.00	30
0.50	5.00	30
0.70	7.00	30
1.00	10.0	10 或 30
3.00	30.0	10
5.00	50.00	10
7.00	70.0	10
10.0	100.0	10

2. 水样的测定

1）干扰的消除

(1) 水样浑浊或带色时，可在 100 mL 水样中加入 2 mL 氢氧化铝悬浮液，密塞振摇，静置数分钟，弃去 20 mL 初滤液。

(2) 若含有氯离子，可向水样中滴加硫酸银溶液，充分混合，至不再出现沉淀为止，过滤，弃去 20 mL 初滤液。

(3) 亚硝酸盐的干扰：当亚硝酸盐氮含量超过 0.2 mg/L 时，向 100 mL 水样中加入 1 mL 0.5mol/L 硫酸，混匀后，滴加高锰酸钾至淡红色保持 15 min 不褪为止。

2）测定

取 50.0 mL 水样于蒸发皿中，调节至微碱性(pH=8)，置水浴上蒸发至干。加入 1.0 mL 酚二磺酸，用玻璃棒研磨，使试剂与蒸发皿充分接触，放置片刻，再研磨一次。放置 10 min，加入约 10 mL 水。

边搅拌边加入 3～4 mL 氨水，使颜色最深，将溶液移入 50 mL 比色管中，稀释至标线，混匀。在波长 410 nm 处，选用 10 mm 或 30 mm 的比色皿，以水为参比，测量吸光度。

六、实验数据处理

根据校准曲线的回归方程，计算含量：

$$C(\mathrm{mg/L})=\frac{(A-A_0-a)}{b\times V}\times d$$

式中：A——水样的吸光度；

A_0——空白吸光度；

a——截距；

b——斜率；

d——稀释倍数；

V——取样体积，mL。

实验十一　总氮(TN)的测定

一、实验目的

(1) 掌握水中氮的存在形态及其转化；

(2) 掌握总氮的测定方法及注意事项。

二、实验原理

氮类可以引起水体中生物和微生物大量繁殖，消耗水中的溶解氧，使水体恶化，出现富营养化。总氮是衡量水质的重要指标之一，测定常用方法为过硫酸钾氧化—紫外分光光度法。

水样在 60 ℃以上的水溶液中按下式反应，生成氢离子和氧。

$$K_2S_2O_8 + H_2O \rightarrow 2KHSO_4 + \frac{1}{2}O_2$$

$$KHSO_4 \rightarrow K^+ + HSO_4^-$$

$$HSO_4^- \rightarrow H^+ + SO_4^{2-}$$

加入氢氧化钠用以中和氢离子，使过硫酸钾分解完全。

在 120～124 ℃的碱性介质中，用过硫酸钾作氧化剂，不仅可将水中的氨氮和亚硝酸盐氮转化为硝酸盐，同时也将大部分有机氮转化为硝酸盐，而后用紫外分光光度计分别于波长 220 nm 和 275 nm 处测吸光度，从而计算总氮的含量。

$$A = A_{220} - 2A_{275}$$

三、实验仪器

(1) 紫外分光光度计。

(2) 压力蒸汽消毒器或家用压力锅。

(3) 25 mL 具塞磨口比色管。

四、实验试剂

(1) 碱性过硫酸钾：称取 40 g 过硫酸钾，15 g 氢氧化钠，溶于水中，稀释至 1 000 mL。贮于聚乙烯瓶中，可保存一周。

(2) (1+9)盐酸。

(3) 硝酸钾标准贮备液：称取 0.721 8 g 经 105～110 ℃烘干 4 h 的硝酸钾溶于水中，移入 1 000 mL 容量瓶中，定容。此溶液每毫升含 100 μg 硝酸盐氮。加入 2 mL 三氯甲烷为保护剂，可稳定保存 6 个月。

(4) 硝酸钾标准使用液：吸取 10 mL 贮备液定容至 100 mL 即得。此溶液每毫升含 10 μg 硝酸盐氮。

五、测定步骤

1. 校准曲线的绘制

(1) 分别吸取 0 mL、0.50 mL、1.00 mL、2.00 mL、3.00 mL、5.00 mL、7.00 mL、8.00 mL 硝酸钾标准使用液于 25 mL 比色管中，稀释至 10 mL。

(2) 加入 5 mL 碱性过硫酸钾溶液，塞紧磨口塞，用纱布扎住，以防塞子蹦出。

(3) 将比色管放入蒸汽压力消毒器内或家用压力锅中，加热半小时，放气，使压力指针回零，然后升温至 120～124 ℃，开始计时，半小时后关闭(家用压力锅在顶压阀放气时计时)。

(4) 自然冷却，开阀放气，移去外盖，取出比色管放冷。

(5) 加入(1+9)盐酸 1 mL，稀释至 25 mL。

(6) 在紫外分光光度计上，以水为参比，用 10 mm 石英比色皿分别在 220 nm 和 275 nm 波长处测吸光度，绘制校准曲线。

2. 水样的测定

取适量水样于 25 mL 比色管中，按与校准曲线绘制步骤(2)～(6)相同的操作，测得吸光度。

六、实验数据处理

按曲线方程($y=bx+a$)计算总氮含量。

$$\text{总氮(mg/L)}=\frac{(A_{220}-2A_{275}-A_0-a)}{b\times V}\times d$$

式中：a——截距；

b——斜率；

A_0——空白吸光度；

d——稀释倍数。

七、注意事项

(1) $A_{275}/A_{220}\times100\%$应小于 20%，否则予以鉴别。

(2) 玻璃器皿可用 10%盐酸浸泡，然后用蒸馏水冲洗。

(3) 过硫酸钾氧化后可能出现沉淀，可取上清液进行比色。

(4) 使用民用高压锅时，在顶压阀放气后，注意把火焰调低。如用电炉加热，则电炉功率应 1 000～2 000 W 之间。

实验十二　磷(总磷、磷酸盐)的测定

一、实验目的

(1) 掌握水中磷的存在形态及其转化;

(2) 掌握总磷、磷酸盐的测定方法及注意事项。

二、实验原理

磷几乎都以磷酸盐的形式存在,分为正磷酸盐、缩合磷酸盐(焦磷酸盐、偏磷酸盐和多磷酸盐)和有机结合的磷酸盐。

水中磷酸盐的测定主要用钼锑抗分光光度法。在酸性条件下,正磷酸盐与钼酸铵、酒石酸锑氧钾反应,生成磷钼杂多酸,被还原剂抗坏血酸还原,变成蓝色络合物,称磷钼蓝。水中总磷的测定需要对水样进行消解,而磷酸盐的测定则不需要。

该方法适用于地面水、生活污水及日化、磷肥、农药等工业废水中磷酸盐的测定,最低检出浓度为 0.01 mg/L,测定上限为 0.6 mg/L。

三、实验仪器

(1) 分光光度计。

(2) 医用手提式高压蒸汽消毒器(1～1.5 kg/m^3)(带调压器)或民用压力锅。

(3) 50 mL 比色管、纱布、细绳。

四、实验试剂

(1) 5%(m/V)过硫酸钾溶液:溶解 5 g 过硫酸钾于水中,稀释至 100 mL。

(2) (1+1)硫酸。

(3) 10%抗坏血酸溶液:溶解 10 g 抗坏血酸于水中,稀释至 100 mL。贮于棕色瓶中,冷处存放。如颜色变黄,弃去重配。

(4) 钼酸盐溶液:溶解 13 g 钼酸铵($(NH_4)_6Mo_7O_{24}\cdot 4H_2O$)于 100 mL 水中;溶解 0.35 g 酒石酸锑氧钾[$K(SbO)C_4H_4O_6\cdot 1/2H_2O$]于 100 mL 水中。

边搅拌边将钼酸铵溶液缓缓倒入 300 mL(1+1)硫酸中,再加入酒石酸锑钾溶液混合均匀。

试剂贮存在棕色瓶中,可稳定保存 2 个月。

(5) 磷酸盐贮备液:称取在 110 ℃干燥 2 h 的磷酸二氢钾 0.217 g 溶于水,移入 1 000 mL 容量瓶中,加(1+1)硫酸 5 mL,用水稀释至标线。此溶液每毫升含 50.0 μg 磷。

(6) 磷酸盐标准使用液:吸取 10.00 mL 贮备液于 250 mL 容量瓶中,用水稀释至标线。此溶液每毫升含 2.00 μg 磷。

五、实验步骤

(1) 消解:于 50 mL 比色管中,取适量水样,加水至 25 mL,加入 4 mL 过硫酸钾溶液,加塞后用纱布扎紧，将比色管放入高压消毒器中。待放气阀放气时，关闭放气阀，待锅内压力达到 1.1 kg/m^2(相应温度为 120 ℃)时，调节调压器保持此压力 30 min。停止加热，待指针回零后，取出放冷。

(2) 校准曲线的绘制：

① 取 7 支 50 mL 的比色管，分别加入磷酸盐标准使用液 0.50 mL、1.00 mL、3.00 mL、5.00 mL、10.0 mL、15.0 mL。如果测总磷，则加水至 25 mL，加 4 mL 过硫酸钾进行消解，取出放冷后，稀释至50 mL；如果测定磷酸盐，则直接稀释至 50 mL。

② 显色：向比色管中加入 1 mL 抗坏血酸，30 s 后加入 2 mL 钼酸盐溶液混匀，放置 15 min。

③ 测量：用 10 mm 或 30 mm 的比色皿，于波长 700 nm 处，以水为参比，测量吸光度。

(3) 样品的测定：取适量水样，以与校准曲线绘制相同的步骤进行测定。

六、实验数据处理

根据曲线方程 $y=bx+a$ 计算：

$$\text{总磷}(\text{P},\ \text{mg/L})=\frac{(A-A_0-a)}{b\times V}\times d$$

式中：a——截距；

b——斜率；

A_0——空白吸光度；

d——稀释倍数。

七、注意事项

(1) 水样如用酸固定，则加入过硫酸钾前应将水样调至中性。

(2) 使用民用压力锅，在顶压阀冒气时，锅内温度约为 120 ℃。

(3) 操作用的玻璃仪器，可用(1+5)盐酸浸泡 2 h。

(4) 比色皿用后可用稀硝酸或铬酸洗液浸泡片刻，以除去吸附的钼蓝呈色物。

第四章　水处理工程实验

本实验的主要任务是通过一定的处理方法去除水中杂质，使之符合不同用途或达标排放要求的目标水质。水处理方法应根据原水水质和出水水质要求来确定，可分为物理处理、化学处理、生物处理三大类。每类方法又有很多种单元工艺，在工艺选择对应根据每种单元工艺特征和适用性合理选用。为了达到某一处理目的，往往需选择多种单元处理工艺。本章列出了给水处理及污水处理，常见工艺单元实验，目的在于通过实验操作，使学生掌握各种单元工艺特征、参数、适用性，满足未来从事水处理工作需求。

根据水处理教学实验要求，结合给水排水科学与工程专业指导委员会实验教学要求，将水处理工程实验分为基本操作实验（必做实验）、选做实验（开放实验）以及水处理单元工艺演示实验（原理演示）三个层次。

第一节　水处理基础实验

实验一　混凝试验

一、实验目的

（1）通过实验观察混凝现象，加深对混凝理论的理解；

（2）选择和确定最佳混凝工艺条件；

（3）了解影响混凝条件的相关因素。

二、实验原理

混凝阶段所处理的对象，主要是水中悬浮物和胶体杂质。混凝过程的效能对后续处理，如沉淀、过滤影响很大，所以，它是水处理工艺中十分重要的一个环节。我们知道，天然水中存在着大量悬浮物，悬浮物的形态各不相同，大颗粒悬浮物可在自身重力作用下沉降；而胶体颗粒，是使水产生浑浊的一个重要原因，靠自然沉降是不能除去的，因为水中的胶体颗粒主要是带负电的黏土颗粒，胶粒间存在的静电斥力、胶粒的布朗运动、胶粒表面的水化作用，使胶粒具有分散稳定性。三者中以静电斥力影响最大，向水中投加的混凝剂能提供大量的正离子，能加速胶体的凝结和沉降。压缩胶团的扩散层，使电位转变为不稳定因素，也有利于胶粒的吸附凝聚。水化膜中的水分子与胶粒有固定联系，具有弹性较高的黏度，把这些水分子排挤出去需要克服特殊的阻力，正是这种阻力阻碍胶粒直接接触。有些水化膜的存在决定于双电层状态，若投加混凝剂降低 ξ 电位，有可能使水化作用减弱，混凝剂水解后形成的高分子物质（直接加入水中的高分子物质一般具有链状结构），在胶粒与胶粒之间起了吸附架桥作用，即使 ξ 电位没有降低或降低不多，胶粒不能相互接触，通过高分子链状物吸附胶粒，也能形成絮凝体。

消除或降低胶体颗粒稳定因素的过程叫脱稳。脱稳后的胶粒，在一定的水力条件下，才能形成较大的絮凝体，俗称矾花，直径较大且较密的矾花容易下沉。投加混凝剂直至形成矾花的过程叫混凝。

混凝过程最关键的是确定最佳混凝工艺条件，因混凝剂的种类较多，主要有有机混凝剂、无机混凝剂、人工合成混凝剂（阴离子型、阳离子型、非离子型）、天然高分子混凝剂（淀粉、树胶、动物胶）等，所以，混凝条件需根据混凝剂确定。此外，要确定某种混凝剂的投加量，还需考虑 pH 等因素的影响，如 pH 过低（小于 4）则所投的混凝剂的水解受到限制，其主要产物中没有足够的羟基进行桥联作用，也就不容易生成高分子物质，絮凝作用较差；如果 pH 过高（大于 9 时），又会溶解生成带负电荷的络合离子而不能很好地发挥混凝效能。

三、实验装置及仪器

（1）六联搅拌器（1 台），如图 4-1 所示。

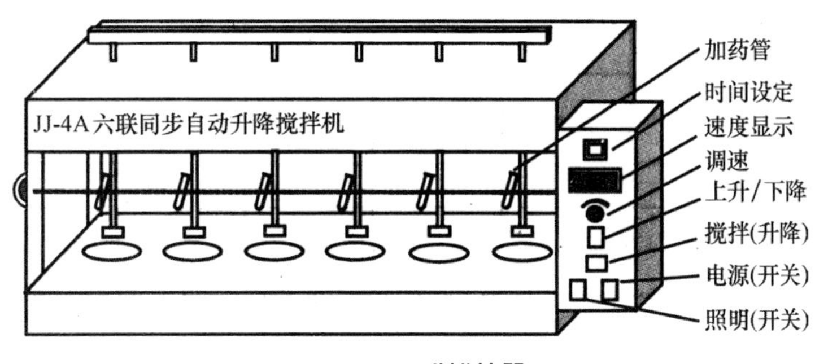

图 4-1　六联搅拌器

（2）光电浊度仪（1 台）。

（3）酸度计（1 台）。

（4）烧杯（1 000 mL，500 mL，200 mL 各 6 个）。

（5）烧杯（500 mL，3 个）。

（6）移液管（1 mL，2 mL，5 mL，10 mL 各 4 支）。

（7）注射针筒（50 mL，2 支）。

（8）温度计（1 支）。

四、实验试剂

（1）硫酸铝溶液 $Al_2(SO_4)_3 \cdot 18H_2O$（10 g/L）。

(2) 三氯化铁溶液 $FeCl_3 \cdot 6H_2O$ (10 g/L)。

(3) 盐酸 HCl(质量分数 10%)。

(4) 氢氧化钠 NaOH(质量分数 10%)。

(5) 聚丙烯酰胺(1 mg/L)。

五、实验步骤

1. 混凝剂的确定

在硫酸铝、三氯化铁、聚丙烯酰胺三种混凝剂中,确定一种混凝效果最佳的混凝剂。

(1) 确定原水特征,即测定原水的浊度、温度、pH,记录在表 4-1 中。

(2) 用 3 支 500 mL 的烧杯,分别取 200 mL 原水,将装有水样的烧杯置于六联搅拌器上。

(3) 分别向 3 支烧杯中加入 $FeCl_3$、$Al_2(SO_4)_3$、聚丙烯酰胺,每次加 1.0 mL,同时进行搅拌(中速 150 r/min,5 min)。直到其中一个试样出现矾花,记录下这时每个试样中混凝剂的投加量,并记录在表 4-1 中。

(4) 停止搅拌,静止 10 min。

(5) 用 50 mL 注射针筒抽取上清液,共抽 3 次,用浊度仪测出三个水样的浊度,记录在表 4-1 中。

(6) 根据测得的浊度确定出最佳混凝剂。

2. 确定混凝剂的最佳投量

(1) 用 6 个 1 000 mL 烧杯,分别取 800 mL 原水,将装有水样的烧杯置于混凝搅拌仪上。

(2) 采用实验 1 中选定的最佳混凝剂,利用均分法确定此组实验的 6 个水样的混凝剂投加量,按 25%～100%的剂量分别加入到 800 mL 原水样中,记录在表 4-2 中。

(3) 启动搅拌机,快速搅拌约 300 r/min,0.5 min,中速搅拌约 150 r/min,5 min,慢速搅拌约 70 r/min,10 min。搅拌过程中,注意观察"矾花"的形成过程。

(4) 停止搅拌,静止沉淀 10 min,然后用 50 mL 注射针筒分别抽出 6 个烧杯中的上清液,共抽 3 次,同时用浊度仪测定水的剩余浊度,记录在表 4-2 中。

3. 最佳 pH 的影响

(1) 用 6 只 1 000 mL 的烧杯,分别取 800 mL 原水,将装有水样的烧杯置于混凝仪上。

(2) 调整原水 pH,用移液管依次向 1#,2#,3#装有原水的烧杯中,分别加入 2.5 mL,1.5 mL,1.0 mL HCl,再向 4#,5#,6#装有原水的烧杯中,分别加入 0.2 mL,0.7 mL,1.2 mL NaOH。

(3) 启动搅拌机,快速搅拌 300 r/min,0.5 min,随后停机,从每只烧杯中取 50 mL 水样,依次用 pH 仪测定各水样的 pH,记录在表 4-3 中。

(4) 用移液管依次向装有原水烧杯中加入相同剂量的混凝剂,投加剂量按照最佳投药量实验中得出的最佳投加量确定。

(5) 启动搅拌机，快速搅拌 300 r/min，0.5 min，中速搅拌 150 r/min，10 min，慢速搅拌 70 r/min，10 min，停机。

(6) 静置 10 min，用 50 mL 注射针筒抽出烧杯中的上清液（共抽 3 次，约 150 mL）放入 200 mL 烧杯中，同时用浊度仪测定剩余水的浊度，每个水样测 3 次，记录在表 4-3 中。

六、实验结果记录

表 4-1　原始数据及三种混凝剂浊度测定记录表

原水浊度	原水温度					原水 pH			
混凝剂名称	$Al_2(SO_4)_3$			$FeCl_3$			聚丙烯酰胺		
矾花形成时 混凝剂投加量/mL									
剩余浑浊度	1			1			1		
	2			2			2		
	3			3			3		
	均			均			均		

表 4-2　某一种混凝剂投加量的最佳选择

水样编号		1	2	3	4	5	6	7	8	9	10
混凝剂投加量/mL											
剩余浑浊度	1										
	2										
	3										
	4										

表 4-3　pH 最佳值的选择

水样编号		1	2	3	4	5	6
投加质量分数 10%的 HCl/mL		2.5	1.5	1.0			
投加质量分数 10%的 NaOH/mL					0.2	0.7	1.2
pH							
混凝剂投加量/mL							
剩余浑浊度	1						
	2						
	3						
	4						

➡ 思考题

(1) 根据实验结果以及实验中所观察到的现象,简述影响混凝的主要因素。

(2) 为什么投加最大药量时,混凝效果不一定好?

(3) 实验结果与水处理实际设备比较有哪些差别?如何改进?

(4) pH 对剩余浊度有什么影响?

实验二　颗粒自由沉淀实验

一、实验目的

(1) 通过实验加深对自由沉淀概念、特点、规律的理解;

(2) 掌握颗粒自由沉淀实验方法,熟练进行实验数据分析、整理、计算。

二、实验原理

颗粒的自由沉淀指的是颗粒在沉淀的过程中,颗粒之间不互相干扰、碰撞,呈单颗粒状态,各自独立的完成的沉淀过程。自由沉淀有两个含义:① 颗粒沉淀过程中不受器壁干扰影响;② 颗粒沉降时,不受其他颗粒的影响。当颗粒与器壁的距离大于 $50d$(d 为颗粒的直径)时就不受器壁的干扰。当污泥浓度小于 5 000 mg/L 时就可假设颗粒之间不会产生干扰。

颗粒在沉砂池中的沉淀以及低浓度污水在初沉池中的沉降过程均是自由沉淀。自由沉淀过程可以由斯托克斯公式(Stokes)进行描述,即:

$$u=\frac{1}{18}\frac{\rho_g-\rho}{\mu}gd^2$$

式中:u——颗粒的沉速;

ρ_g——颗粒的密度;

ρ——液体的密度;

μ——液体的黏滞系数;

g——重力加速度;

d——颗粒的直径。

但由于水中颗粒的复杂性,公式中的一些参数(如粒径,密度等)很难准确确定,因而对沉淀的效果、特性的研究,通常要通过沉淀实验来实现。实验可以在沉淀柱中进行。

取一定直径、一定高度的沉淀柱,在沉淀柱中下部设有取样口,如图 4-2 所示。

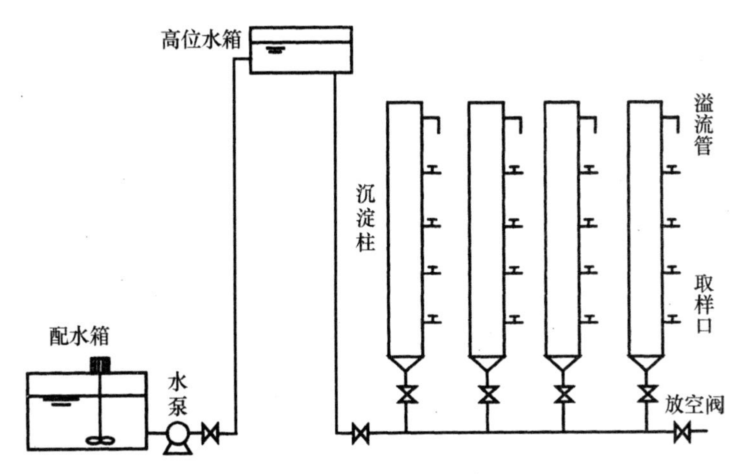

图 4-2 自由沉淀实验装置

将已知悬浮物浓度 C_n 的水样注入沉淀柱，取样口上水深（即取样口与液面间的高度）为 h_0，在搅拌均匀后开始沉淀实验，并开始计时，经沉淀时间 t_1，t_2…，t_i 从取样口取一定体积水样，分别计下取样口高度 h_0，分析各水样的悬浮物浓度 C_1，C_2，…，C_i，从而计算颗粒的去除百分率：

$$\eta=\frac{C_0-C_i}{C_0}\times 100\%$$

式中：η——颗粒去除百分率；

C_0——原水悬浮物的浓度，mg/L；

C_i——t_i 时刻悬浮物质量浓度，mg/L。

同时计算悬浮颗粒剩余百分数：

$$P=\frac{C_i}{C_0}\times 100\%$$

式中：P——悬浮颗粒剩余百分数。

计算沉淀速率：

$$u=\frac{h_0\times 10}{t_i\times 60}$$

式中：u——沉淀速率，mm/s；

h_o——取样口高度，cm；

t_i——沉淀时间，min。

通过以上方法进行实验要注意几点问题：

(1) 每从管中取一次水样，管中水面就会下降一定高度，所以，在求沉淀速度时要按实际的取样口上水深来计算。为了尽量减小由此产生的误差，使数据更可靠，应尽量选用有较大断面面积的沉淀柱。

(2) 实际上，在经过时间 t_i 后，取样口上 h 高水深内的颗粒沉到取样口下，应由两个部分组成，即 $u\geqslant u_0=h/t_i$ 的颗粒，经时间 t_i 后将全部被去除，而 h 高水深内不再包含 $u\geqslant u_0$ 这部分颗粒；$u<u_0=h/t_i$ 的颗粒也会有一部分颗粒沉淀到取样口以下，这是因为 $u<u_0$ 的颗粒并不都在水面上，而是均匀地分布在高度为 h 的水深内，因此，只要它们沉淀到取样口以

下所用的时间小于或等于具有 u_0 沉速颗粒所用的时间，在时间 t_i 内它们就可以被去除。但是以上实验方法并未包含 $u<u_0$ 的颗粒中被去除的部分，所以存在一定误差。

(3) 从取样口取出水样测得的悬浮固体浓度 $C_1, C_2, \cdots, C_i$ 等，只表示取样口断面处原水经沉淀时间 $t_1, t_2, \cdots, t_i$ 后的悬浮固体浓度，而不代表整个 h 水深中经相应沉淀时间后的悬浮固体浓度。

三、实验装置及仪器

(1) 沉淀装置(沉淀柱，储水箱，水泵，空压机)。

(2) 计时用秒表。

(3) 分析天平(1 台)。

(4) 恒温烘箱。

(5) 干燥器。

(6) 具塞称量瓶(10 个)。

(7) 量筒(100 mL,10 个)。

(8) 定量滤纸。

(9) 漏斗(10 个)。

(10) 漏斗架(2 个)。

四、实验步骤

(1) 将水样注入沉淀柱，并用空压机向沉淀柱中压缩空气，将水样搅拌均匀。

(2) 用量筒取样 100 mL，测量原水悬浮物浓度并记为 C。

(3) 用秒表计时，当时间为 1 min，5 min，10 min，15 min，20 min，40 min，60 min，120 min 时，在取样口取出 100 mL 水样，在每次取样后(或取样前)读出取样口上水面高 h。

(4) 测出每次水样的悬浮物浓度。

记录实验原始数据，将数据填入表 4-4 中。

表 4-4 颗粒自由沉淀实验

静沉时间/min	称量瓶号	称量瓶+滤纸/g	取样体积/mL	称量瓶+滤纸+SS 重/g	水样 SS 重/g	悬浮物浓/($mg \cdot L^{-1}$)	取样口高度/cm

五、实验结果与数据处理

(1) 计算悬浮物去除率 η、剩余率 P 及沉淀速度 μ，并将数据填入表 4-5。

表 4-5　剩余率及沉淀速度数据

静沉时间/min	悬浮物去除率/%	悬浮物剩余率/%	沉淀速度/($mm \cdot s^{-1}$)
1			
5			
10			
15			
20			
40			
60			
120			

(2) 绘制 $\eta - T$(去除率-沉淀历时)、$\eta - \mu$(去除率-沉淀速度)、$T - \mu$(剩余率-沉淀速度)曲线。

➡ 思考题

(1) 自由沉淀中颗粒沉速与絮凝沉淀中颗粒沉速有什么区别?

(2) 简述绘制自由沉淀曲线的方法及意义。

(3) 自由沉淀的测定是否还有其他方法? 与本书所应用的方法有何区别?

实验三　过滤及反冲洗

一、实验目的

(1) 了解模型及设备的组成与构造;

(2) 观察过滤及反冲洗现象，进一步了解过滤及反冲洗原理;

(3) 掌握实验的操作方法;

(4) 掌握滤池工作中主要技术参数的测定方法。

二、实验原理

1. 过滤与反冲洗模型

过滤及反冲洗实验装置是由进水箱、流量计、过滤柱及水位计组成(图 4-3)。

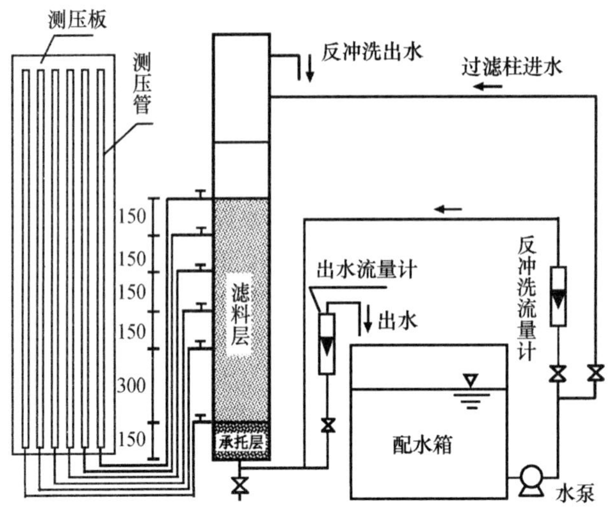

图 4-3　过滤及反冲洗装置示意图

2. 过滤原理

水的过滤是根据地下水通过地层过滤形成清洁井水的原理而创造的处理浑浊水的方法。在处理过程中，过滤一般是指以石英砂等颗粒状滤料层截留水中悬浮杂质，从而使水达到澄清的工艺过程。过滤是水中悬浮颗粒与滤料颗粒间黏附作用的结果。黏附作用主要取决于滤料和水中颗粒的表面物理化学性质，当水中颗粒迁移到滤料表面上时，在范德华引力、静电引力以及某些化学键和特殊的化学吸附力作用下，它们被黏附到滤料颗粒的表面。某些絮凝颗粒的架桥作用也同时存在。经研究表明，过滤主要是悬浮颗粒与滤料颗粒经过迁移和黏附两个过程来完成去除水中杂质的过程。

3. 过滤过程

随着过滤时间的增加，滤层中悬浮颗粒的量也会不断增加，这就必然会导致过滤过程水力条件的改变。当滤料粒径、形状、滤层级配和厚度及水位已定时，如果孔隙率减小，则在水头损失不变的情况下，将引起滤速减小；反之，在滤速保持不变时，将引起水头损失的增加。就整个滤料层而言，由于上层滤料截污量多，越往下层截污量越小，因而水头损失增值也由上而下逐渐减小。此外，影响过滤的因素还有很多，诸如水质、水温、滤速、滤料尺寸、滤料形状、滤料级配，以及悬浮物的表面性质、尺寸和强度等等。

4. 滤料层的反冲洗

过滤时，随着滤层中杂质截留量的增加，当水头损失增至一定程度时，导致滤池产生水量锐减，或出于滤后水质不符合要求时，滤池必须停止过滤，并进行反冲洗。反冲洗的目的是消除滤层中的污物，使滤池恢复过滤能力。滤池冲洗通常采用自下而上的水流进行反冲洗。反冲洗时，滤料层膨胀起来，截留于滤层中的污物，在滤层孔隙中的水流剪力，以及滤料颗粒碰撞摩擦的作用下，从滤层表面脱落下来，然后被冲洗水流带出滤池。反冲洗效果主要取决于滤层孔隙和水流剪力。该剪力既与冲洗流速有关，又与滤层膨胀有关。冲洗流速小，水流剪力小；冲洗流速大，使滤层膨胀度大，滤层孔隙中水流剪力又会降低，因此，冲洗流速应控制适当。高速水流反冲洗是最常用的一种形式，反冲洗效果通常由滤层膨胀率 e 来控制：

$$e=\frac{L-L_0}{L}\times 100\%$$

式中：L——滤层膨胀后的厚度，cm；

L_0——滤层膨胀前的厚度，cm。

三、实验设备及试剂

(1) 过滤与反冲洗的实验装置(1 套)。

(2) 酸度计(1 台)。

(3) 浊度仪(1 台)。

(4) 烧杯(200 mL)。

(5) 三氧化铁(质量分数 1%)。

四、实验步骤

(1) 原水配制。在备用水箱中将黏土在自来水中搅拌分散后静置沉淀(此部分工作可由实验人员提前一天准备)。

(2) 熟悉实验装置、构造及操作。

(3) 测定不同滤速时的清洁床水头损失。在过滤水箱中装入自来水，打开水泵原水进水阀，开启水泵，打开过滤水箱循环水管道上的阀门，调节流量计的进水阀，利用转子流量计控制滤速为 10 m/h 左右，正常运行(调整好流量后约 2 min)后测定清洁床水头损失，然后依次改变滤速为 15 m/h 和 20 m/h，每次待稳定后测定清洁床水头损失，然后关闭水泵、原水进水阀、流量计的进水阀和循环管道上的阀门。

(4) 测定和绘制过滤层水头损失与过滤时间的关系曲线。从备用水箱中取出沉淀水上清液，倒进配水箱中，然后稀释至 15°左右作为实验原水。投加混凝剂三氯化铁，浓度为 2～5 mg/L，搅拌均匀。开启水泵过滤，利用转子流量计控制滤速为 10 m/h，运行 60 min，每隔 15 min 测定进、出水浊度。记录各测压管中的水位高，即可得到各测压点水头损失值 $H=H_0+\Delta H$。

(5) 自上而下依次从分层取样口 A、B、C、D、E、F 取出适当体积水样，分别测定其浊度值，当水样浊度大于 3°时，说明该段厚度的滤层已被穿透；若水样浊度小于 3°时，说明滤层还可以继续进行过滤。

(6) 测定不同膨胀率的反冲洗强度。将水箱中的水换为清洁自来水，反冲洗滤层膨胀率 e 值选取 10%、30%、50%。首先在水位刻度上读出滤层膨胀前的厚度 L_0，根据膨胀率 e 的计算式分别计算出膨胀率 e 值选取 10%、30%、50%时滤层膨胀后的厚度 L。打开反冲洗水泵，调整流量，待滤层上升到事前所确定的膨胀厚度时(滤层厚度应稳定 1 min)，从反冲洗水流量计分别读取流量数值，计算出反冲洗强度。

五、实验结果与数据处理

(1) 填写记录表格并计算整理(表 4-6、表 4-7,表 4-8)。
(2) 绘制清洁床水头损失与滤速的关系曲线。
(3) 绘制过滤层水头损失与过滤时间的关系曲线。
(4) 绘制冲洗强度与滤层膨胀率的关系曲线。
(5) 绘制水质(浊度)随滤层厚度变化的关系曲线。
(6) 对上述各部分实验结果进行必要的分析、解释和讨论。

表 4-6　不同滤速时的清洁床水头损失

滤速/(m/h)	10	15	20
清洁床水头损失			

表 4-7　过滤实验记录

进水流量__________L/h　滤速__________m/h

运行时间/min	浊度/度		池内水位/m	水头测定管中水位/cm					
	进水	出水		滤层A点	滤层B点	滤层C点	滤层D点	滤层E点	滤层F点

表 4-8　反冲洗记录

水温________℃　滤层膨胀前的厚度 L_0 ________cm

实验次数	滤层膨胀率 e	滤层膨胀后的厚度 L/cm	反冲洗流量/(L/h)	反冲洗强度/[L/(s·m^2)]

六、注意事项

(1) 反冲洗过滤时，进水阀门开启度不要过大，应缓慢打开，以防滤料冲出柱外。

(2) 在过滤实验前，滤层中应保持一定水位，不要把水放空，以免过滤实验时测压管中积有空气。

(3) 反冲洗时，为了准确地量出滤层厚度，一定要在砂面稳定后再测量，并在每一个反冲洗流量下连续测量 3 次。

➡ 思考题

(1) 冲洗强度过大或者过小有什么影响？

(2) 根据试验中的观察和感受，总结叙述气、水反冲洗各有什么优缺点？

(3) 为什么初滤水的浊度比较高？当原水浊度一定，可采取哪些措施，降低初滤出水的浊度？

实验四　曝气充氧实验

一、实验目的

(1) 掌握表面曝气叶轮的氧总传质系数、充氧性能及修正系数的测定方法；

(2) 加深对曝气充氧机理及影响因素的理解；

(3) 了解各种测试方法和数据整理方法的特点。

二、实验原理

常用的曝气设备可分为机械曝气和鼓风曝气两大类。曝气的机理有若干传质理论可加以解释，但最简单和最经典的是刘易斯(Lewis)和惠特曼(Whitman)1923 年创立的双膜理论，如图 4-4 所示。

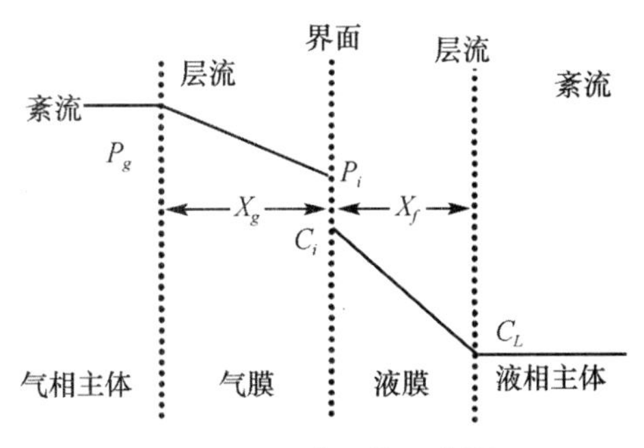

图 4-4　双膜理论示意图

双膜理论认为：当气、液两相做相对运动时，在接触界面上存在着气—液边界层(气膜和液膜)。膜内呈层流状态，膜外呈紊流状态。氧转移在膜内进行分子扩散，在膜外进行对流扩散。由于分子扩散的阻力比对流扩散的阻力大得多，传质的阻力集中在双膜上。在气膜中存在着氧的分压梯度，在液膜中存在着氧的浓度梯度，这是氧转移的推动力。对于难溶解于水的氧来说，转移的决定性阻力又集中在液膜上。因此，氧在液膜中的转移速率是氧扩散转移全过程的控制速率。氧转移的基本方程式为：

$$\frac{\mathrm{d}\rho}{\mathrm{d}t}=K_{La}(\rho_s-\rho)$$

式中：$\frac{\mathrm{d}\rho}{\mathrm{d}t}$——氧转移速率，mg/(L·h)；

K_{La}——氧的总传质系数，h；

ρ_s——实验条件下自来水（或污水）的溶解氧饱和浓度，mg/L；

ρ——对应于某一时刻 t 的溶解氧浓度，mg/L。

式中 K_{La} 可以认为是混合系数，它的倒数表示使水中的溶解氧由 0 变到 ρ_s 所需要的时间，是气液界面阻力和界面面积的函数。

1. 充氧性能的指标

(1) 充氧能力(O_c)：单位时间内转移到液体中的氧量，kg/h。

鼓风曝气时：$O_c=K_{La(20)}\rho_{s(平均)}V$

表面曝气时：$O_c=K_{La(20)}\rho_{s(标)}V$

(2) 充氧动力效率(E_p)：每消耗 1 kW·h 电能转移到液体中的氧量，kg/(kW·h)。

$$E_p=\frac{O_c}{N}$$

式中：N——理论功率，即不计管路损失、风机和电机的效率，只计算曝气充氧所耗的有用功，采用叶轮的输出功率（轴功率）。

(3) 氧转移功率（利用率，E_A）：单位时间内转移到液体中的氧量与供给的氧量之比。

$$E_A=\frac{O_c}{S}\times 100\%$$

$$O_c=G_s\times 21\%\times 1.33=0.28G_s$$

式中：G_s——供气量，m^3/h；

21%——氧在空气中所占比例（体积分数）；

1.33——氧在标准状态下的密度，kg/m^3；

S——供氧量，kg/h。

2. 修正系数 α、β

由于氧的转移受到水中溶解性有机物、无机物等的影响，同一曝气设备在相同的曝气条件下在清水中与在污水中的氧转移速率和水中氧的饱和浓度不同，而曝气设备充氧性能的指标均为清水中测定的值，为此引入两个小于 1 的修正系数 α、β：

$$\alpha=\frac{K_{La(污水)}}{K_{La(清水)}}$$

$$\beta=\frac{\rho_{s(污水)}}{\rho_{s(清水)}}$$

测定 α、β 时，应用同一曝气设备在相同的条件下测定清水和污水中充氧的氧总传质系数和饱和溶解氧值。生活污水的α约为0.4～0.5，城市污水处理厂出水的α约为0.9～1.0；生活污水的β为0.9～0.95，混合液的β为0.9～0.97。比较曝气设备充氧性能时，一般用清水进行试验比较好。

三、实验装置及仪器

曝气充氧实验装置(图4-5)，溶解氧测定仪，药用天平，秒表，无水亚硫酸钠，氯化钴。

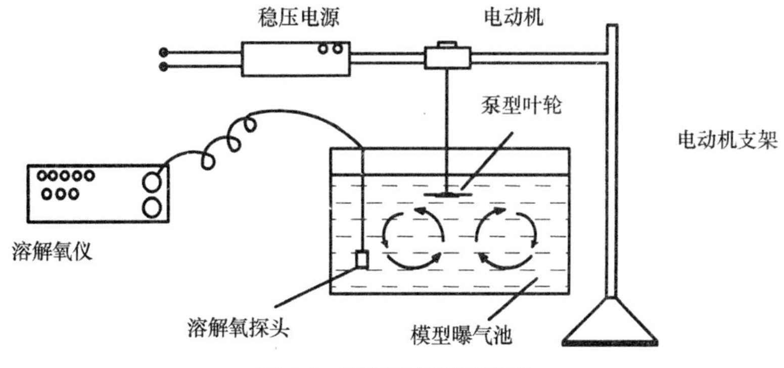

图4-5　曝气充氧实验装置

四、实验步骤

(1) 向模型曝气池注入自来水至曝气池一半高度以上某处，使水位高出叶轮平板1～5 cm，测出模型曝气池内水容积(L)并记录。

(2) 校正溶解氧测定仪，并将探头固定在模型曝气池内水下1/2处。

(3) 用溶氧仪测定自来水水温和水中溶解氧值(ρ'，mg/L)并记录。

(4) 根据ρ'计算试验所需要的消氧剂Na_2SO_3和催化剂$CoCl_2$的量。

$$Na_2SO_3+\frac{1}{2}O_2\xrightarrow{CoCl_2}Na_2SO_4$$

从上面反应式可以知道，每去除1 mg溶解氧，需要投加7.9 mg Na_2SO_3。根据池子的容积和自来水(或污水)的溶解氧浓度，可以算出Na_2SO_3的理论需要量。实际投加量应为理论值的150%～200%。

$$W_1=V\times\rho'\times7.9\times(150\%\sim200\%)$$

式中：W_1——Na_2SO_3的实际投加量，kg或g。

催化剂$CoCl_2$的投加量以维持池子中钴离子浓度在0.05～0.5 mg/L为宜(用温克尔法测定溶解氧时建议用下限)。

$$W_2=V\times0.5\times\frac{129.9}{58.9}$$

式中：W_2——$CoCl_2$的投加量，kg或g。

(5) 将Na_2SO_3和$CoCl_2$用水样溶解后投放至曝气池内(不要搅动)。

(6) 待溶解氧读数为零时(或长时间稳定在0.2 mg/L以下)，启动鼓风机，进行曝气充氧，定期(0.5～1 min)读出溶解氧值(ρ)并记录，直至溶解氧值不变时，即试验条件下的ρ_s，停止试验。

五、实验结果与数据处理

(1) 记录不稳定状态下充氧实验测得的溶解氧值(表 4-9),并进行数据整理。

表 4-9　不稳定状态下充氧实验记录

t/min	
ρ/(mg/L) ρ_s-ρ/(mg/L)	

(2) 以溶解氧浓度 ρ 为纵坐标、时间 t 为横坐标,用表 4-9 中的数据描点作 ρ 与 t 的关系曲线。

(3) 根据 ρ-t 实验曲线计算对应于不同 ρ 值的 $\mathrm{d}\rho/\mathrm{d}t$,记录于表 4-10。

表 4-10　不同 ρ 值的 $\frac{\mathrm{d}\rho}{\mathrm{d}t}$

ρ/(mg/L)	
$\mathrm{d}\rho/\mathrm{d}t$/(mg/L)	

(4) 分别以 $\ln(\rho_s-\rho)$ 和 $\mathrm{d}\rho/\mathrm{d}t$ 为纵坐标、时间 t 和 ρ 为横坐标,绘制出两条实验曲线。

(5) 计算 K_{La}、α、β、充氧能力、动力效率和氧利用率。

➡ 思考题

(1) 稳定和非稳定实验方法哪一种较好?为什么?

(2) 比较两种数据整理方法,哪一种方法误差较小?各有何特点?

(3) ρ_s 偏大或偏小,对实验结果会造成什么样的影响?

(4) 试考虑如何测定推流式曝气池内曝气设备的 K_{La}?

实验五　废水可生化性测定实验

一、实验目的

(1) 了解工业污水可生化性的含义;

(2) 掌握测定工业污水可生化性的实验方法。

二、实验原理

某些工业污水在进行生物处理时,由于含有生物难降解的有机物,抑制或毒害微生物生长的物质,缺少微生物所需要的营养物质和环境条件,使得生物处理不能正常进行,因此需要通过实验来考察这些污水生物处理的可能性,研究某些组分对生物处理可能产生的影响,确定进入生物处理设备的允许浓度。

如果污水中的组分对微生物生长无毒害、抑制作用，微生物与污水混合后会立即大量摄取有机物，合成新细胞，同时消耗水中的溶解氧。如果污水中的一种或几种组分对微生物生长有毒害、抑制作用，微生物与污水混合后，其降解利用有机物的速率便会减慢甚至停止。可以通过实验测定活性污泥的呼吸速率，用氧吸收量累计值与时间的关系曲线、呼吸速率与时间的关系曲线来判断某种污水生物处理的可能性及某种有毒有害物质进入生物处理设备的最大允许浓度。

三、实验仪器及试剂

(1) 溶解氧测定仪；

(2) 曝气池活性污泥；

(3) 间甲酚；

(4) 磁力搅拌器。

四、实验步骤

(1) 从城市污水处理厂曝气池出口处取回活性污泥混合液，搅拌均匀后，在 6 个反应器内分别加约 1.3 L 混合液，再加自来水约 3 L，使每个反应器内污泥浓度为 1～2 g/L。

(2) 开启充氧泵曝气 1～2 h，使微生物处于内源呼吸状态。

(3) 除欲测内源呼吸速率的 1 号反应器外，其他 5 个反应器都停止曝气。

(4) 静置沉淀，待反应器内污泥沉淀后用虹吸去除上层清液。

(5) 2～6 号反应器均加入从污水处理厂初次沉淀池出口处取回的城市污水至虹吸前水位，测量反应器内水容积。

(6) 继续曝气，并按表 4-11 计算和投加间甲酚。

表 4-11　各生化反应器内间甲酚浓度

生化反应器序号	1	2	3	4	5	6
间甲酚质量浓度/(mg·L)	0	0	100	300	600	1 000

(7) 混合均匀后用溶氧仪测定反应器内溶解氧浓度。当溶解氧浓度大于 6～7 mg/L 时，立即取样测定呼吸速率(dO/dt)。以后每隔 30 min 测定一次呼吸速率，3 h 后改为每隔 1 h 测定一次，5～6 h 后结束实验。

呼吸速率测定方法：用 250 mL 的广口瓶取反应器内混合液 1 瓶，迅速用装有溶解氧探头的橡皮塞塞紧瓶口(不能有气泡或漏气)，将瓶子放在电磁搅拌器上，启动搅拌器，定期测定溶解氧浓度 ρ(0.5～1 min)并做记录。测定 10 min。然后作 ρ-t 图，所得直线的斜率即微生物的呼吸速率。

五、实验结果与数据处理

(1) 测定 dO/dt 的实验记录可参考表 4-12。

表 4-12　溶解氧测定值

时间 t/min	1	2	3	4	5	6	7	8	9
溶解氧测定仪读数/(mg·L)									

（2）以溶解氧测定值为纵坐标，以时间 t 为横坐标作图，所得直线斜率即 dO/dt（做 5 h，测定可得到 9 个 dO/dt）值。

（3）以呼吸速率 dO/dt 为纵坐标，以时间 t 为横坐标作图，得 dO/dt 与 t 的关系曲线。

（4）根据 dO/dt 与 t 的关系曲线，参考表 4-13 计算氧吸收量累计值 Q_u 表中 dO/dt 和 Q_u 可参考下列公式计算：

$$dO/dt=[(dO/dt)_n+(dO/dt)_{n-1}]\times(t_n-t_{n-1})/2$$
$$(Q_u)_n=(Q_u)_{n-1}+(dO/dt\times t)_n \qquad (n=2,3,4,\cdots)$$

表 4-13　氧吸收量累计值

序号	1	2	3	4		$n-1$	n
时间 t/h							
dO/dt/[mg/(L·min)]							
$dO/dt\times t$/(mg/L)							
Q_u/(mg/L)							

（5）以氧吸收量累计值 Q_u 为纵坐标，以时间 t 为横坐标作图，得到间甲酚对微生物氧吸收过程的影响曲线。

思考题

（1）什么叫工业污水的可生化性？

（2）什么叫内源呼吸？什么叫生物耗氧？

（3）有毒有害物质对生物的抑制或毒害作用与哪些因素有关？

实验六　活性污泥性质测定实验

一、实验目的

（1）掌握表示活性污泥数量的评价指标混合液悬浮固体（MLSS）浓度的测定和计算方法；

（2）掌握表示活性污泥的沉降与浓缩性能的评价指标污泥沉降比（SV%）、污泥指数（SVI）的测定和计算方法；

（3）明确沉降比、污泥体积指数和污泥浓度三者之间的关系，以及它们对活性污泥法处理系统设计和运行控制的重要意义。

二、实验原理

活性污泥是活性污泥处理系统中的主体作用物质。在活性污泥上栖息着具有强大生命力的微生物群体。在微生物群体新陈代谢功能的作用下，活性污泥具有将有机污染物转化为稳定的无机物质的活力。

通过显微镜镜检，观察菌胶团形成状况、活性污泥原生动物的生物相，是对活性污泥质量评价的重要手段之一。同时还可用一些简单、快速、直观的测定方法对活性污泥的数量（混合液悬浮物固体浓度 MLSS）和沉降性能、浓缩性能（污泥沉降比 SV%，污泥指数 SVI）进行评价。

在工程上常用 MLSS 指标表示活性污泥微生物数量的相对值。SV%在一定程度上反映了活性污泥的沉降性能，特别当污泥浓度变化不大时，用 SV%可快速反映出活性污泥的沉降性能以及污泥膨胀等异常情况。但当处理系统水质、水量发生变化或受到有毒物质的冲击影响或环境因素发生变化时，曝气池中的混合液浓度或污泥指数都可能发生较大的变化，单纯地用 SV%作为沉降性能的评价指标则很不充分，因为 SV%中并不包括污泥浓度的因素。这时，常采用 SVI 来判定系统的运行情况，它能客观地评价活性污泥的松散程度和絮凝、沉淀性能，及时地反映出是否有污泥膨胀的倾向或已经发生污泥膨胀。SVI 越低，沉降性能越好。对城市污水，一般认为：

SVI＜100　　　　污泥沉降性能好
100＜SVI＜200　　污泥沉降性能一般
200＜SVI＜300　　污泥沉降性能较差
SVI＞300　　　　污泥膨胀

正常情况下，城市污水 SVI 值在 100～150 之间。此外，SVI 大小还与水质有关，当工业废水中溶解性有机物含量高时，正常的 SVI 值偏高；而当无机物含量高时，正常的 SVI 值可能偏低。影响 SVI 值的因素还有温度、污泥负荷等。从微生物组成方面看，活性污泥中固着型纤毛类原生动物（如钟虫、盖纤虫等）和菌胶团细菌占优势时，吸附氧化能力较强，出水有机物浓度较低，污泥比较容易凝聚，相应的 SVI 值也较低。

三、实验装置及仪器

（1）漏斗，烧杯，洗瓶，玻璃棒，滤纸等。

（2）干燥箱，天平等。

（3）50 mL，100 mL 量筒各一个。

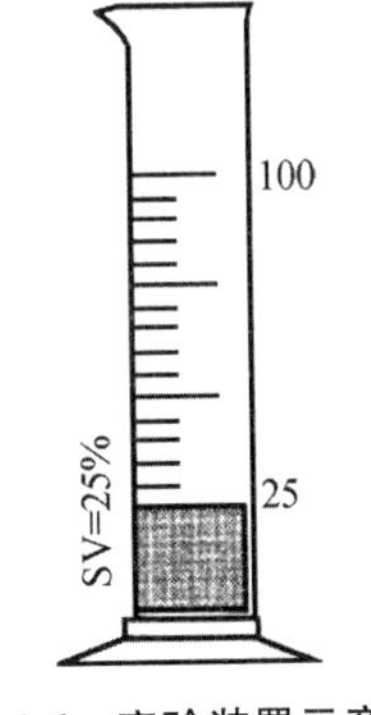

图 4-6　实验装置示意图

四、实验步骤

（1）混合液悬浮固体浓度（MLSS）的测定。

① 将放有一张滤纸的烧杯置于 103～105 ℃的干燥箱中烘干 2 h 后取出，放入干燥皿中，冷却后称至恒重为止（两次称重相差不超出 0.005 g）。

② 用100 mL量筒准确量取一定体积的混合液进行过滤(视污泥的浓度决定取样的体积),并用蒸馏水冲洗滤纸上的悬浮固体2～3次。

③ 过滤完毕,小心取下滤纸,放入原烧杯中置于103～105 ℃的干燥箱中烘干2 h后取出,放入干燥皿中,冷却后称至恒重为止。

$$\mathrm{MLSS(mg/L)}=\frac{(A-B)\times 1\,000\times 1\,000}{V}$$

式中:A——过滤干燥后悬浮固体+烧杯+滤纸重量,g;

B——过滤干燥前烧杯+滤纸重量,g;

V——混合液取样体积,mL。

(2) 污泥沉降比(SV%)的测定。准确量取100 mL均匀的混合液于100 mL量筒内静置,观察活性污泥絮凝和沉淀的过程和特点,在第30 min时记录污泥界面以下的污泥容积。

$$\mathrm{SV\%}=\frac{\text{混合液在量筒内静沉 30 min 形成的活性污泥容积}}{\text{混合液的取样体积}}\times 100\%$$

(3) 污泥体积指数(SVI)的计算。

$$\mathrm{SVI(mg/L)}=\frac{\text{混合液(1 L)静沉 30 min 形成的活性污泥容积(mL)}}{\text{混合液(1 L)中悬浮固体重量(g)}}=\frac{\mathrm{SV}}{\mathrm{MLSS}}$$

SVI值一般只标数值,习惯把单位省略。

五、实验结果与数据处理

通过所测得的混合液悬浮固体浓度、污泥沉降比和污泥指数,对实验所用活性污泥进行评价。

➡ 思考题

(1) 分析影响活性污泥吸附性能的因素。

(2) 污泥沉降比和污泥容积指数两者有什么区别与联系?

(3) 如何评价活性污泥的活性和沉降性能?

(4) 当曝气池中MLSS一定时,如发现SVI大于200,应采取什么措施?为什么?

(5) 对于城市污水来说,SVI大于200和小于50各说明什么问题?

实验七　活性炭废水吸附实验

一、实验目的

(1) 通过实验进一步了解活性炭的吸附工艺及性能,并熟悉整个实验过程的操作;

(2) 掌握用“间歇法”“连续流”法确定活性炭处理污水的设计参数的方法。

二、实验原理

活性炭吸附是目前国内外应用比较多的一种水处理手段。由于活性炭对水中大部分污染物都有较好的吸附作用,因此,活性炭吸附应用于水处理时往往具有出水水质稳定,适用于多种污水的优点。活性炭吸附常用来处理某些工业用水，也用于给水深度处理。

活性炭吸附利用活性炭的固体表面对水中一种或多种物质的吸附作用，达到净化水质的目的。活性炭的吸附作用产生于两个方面，一是物理吸附，指的是活性炭表面的分子受到不平衡的力，而使其他分子吸附于其表面上；另一个是化学吸附，指活性炭与被吸附物质之间的化学作用。活性炭的吸附是上述二种吸附综合作用的结果。当活性炭在溶液中的吸附和解析处于动态平衡状态时称为吸附平衡，此时，被吸附物质在溶液中的浓度和在活性炭表面的浓度均不再变化，此时被吸附物质在溶液中的浓度称为平衡浓度，活性炭的吸附能力以吸附量 q 表示为：

$$q=\frac{V(C_0-C)}{M}$$

式中：q——活性炭吸附量，即单位质量的吸附剂所吸附的物质量，g/g；

V——污水体积，L；

C_0，C——吸附前原水及吸附平衡时污水中的物质的质量浓度，g/L；

M——活性炭投加量，g。

在温度一定的条件下，活性炭的吸附量 q 与吸附平衡时的质量浓度 C 之间的关系曲线称为吸附等温线。在水处理工艺中，通常用 Freundlich（费兰德利希）吸附等温线来表示活性炭吸附性能。其数学表示式为：

$$q=K\cdot C^{\frac{1}{n}}$$

式中：K——与吸附比表面积、温度有关的系数；

n——与温度有关的常数。

将上式取对数后变换得：

$$\lg q=D\lg K+\frac{1}{n}\lg C$$

通过间歇式活性炭吸附实验测得 q，C 相应之值并绘在双对数坐标上，所得直线斜率为 $1/n$，截距为 K。

由于间歇式静态吸附法处理能力低，设备多，故在工程中多采用连续流活性炭吸附法，即活性炭吸附法。

连续流活性炭吸附性能可用 Bohart-Adam 关系式表达，即：

$$\ln\left[\frac{C_0}{C}-1\right]=\ln\left[\exp\left(\frac{KN_0D}{V}\right)-1\right]-KC_0t$$

$$t=\frac{N_0}{C_0v}\left[D-\frac{V}{KN_0}\ln\left(\frac{C_0}{C_B}-1\right)\right]$$

式中：t——工作时间，h；

v——流速，m/h；

D——活性炭层厚度，m；

K——流速常数，$m^3/(mg\cdot h)$ 或 $L/(mg\cdot h)$；

N_0——吸附容量，即达到饱和时被吸附物质的吸附量，mg/L；

C_0——入流溶质浓度，mol/m^3 或(mg/L)；

C_B——允许流出溶质浓度，mol/m^3 或(mg/L)。

在工作时间为零的时候能保持出流溶质浓度不超过 C_B 的炭层理论浓度称为活性炭层的临界深度。其值取上述方程 $t=0$ 时进行计算，即：

$$D_0=\frac{v}{KN_0}\ln\left(\frac{C_0}{C_B}-1\right)$$

在实验时，如果取工作时间为 t，原水样溶质浓度为 C_{01}，用三个活性炭柱串联(图 4-7)，则第一个柱子出水浓度为 C_{B1}，即为第二个活性炭柱的进水 C_{02}，第二个活性炭柱的出水浓度为 C_{B2}，即为第三个活性炭柱的进水 C_{03}。由各柱不同的进出水浓度 C_0，C_B 可求出流速常数 K 及吸附容量 N。

三、实验装置及仪器

1. 间歇式活性炭吸附装置

间歇式吸附用三角烧杯，在振荡器中震荡吸附。

2. 连续式活性炭吸附装置

连续式吸附采用有机玻璃柱，柱内放置 3 mm 粒径玻璃珠 50 mm，上、下两端均用单孔橡皮塞封牢。各柱下端设取样口。炭柱选 d25 mm×1 000 mm，里面装填 500～750 mm 高活性炭，装置具体结构如图 4-7 所示。

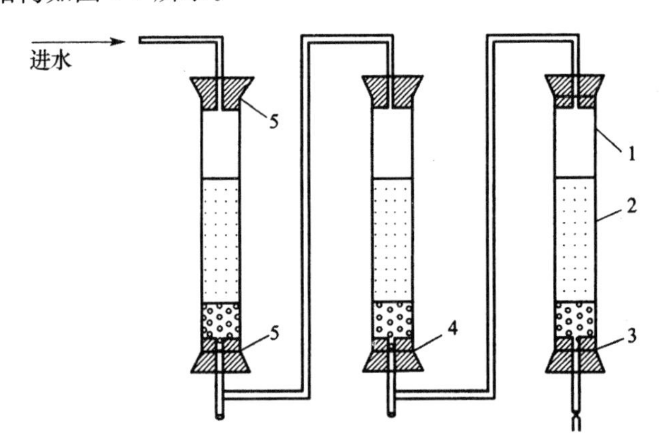

图 4-7　活性炭柱串联工作示意图

1—有机玻璃；2—活性炭层；3—承托层；4—隔板隔网；5—活塞

3. 间歇与连续流实验所需其他仪器与试剂

(1) 振荡器(1 台)。

(2) 有机玻璃柱(3 根)。

(3) 活性炭。

(4) 三角烧杯(500 mL，12 个)。

(5) COD 测定装置。

(6) 配水及投配系统。

(7) 酸度计(1 台)。

(8) 温度计(1 只)。

(9) 玻璃漏斗(6 个)及漏斗等。

(10) 定量滤纸。

四、实验步骤

1. 间歇式吸附实验

(1) 将活性炭放在蒸馏水中浸 24 h,然后在 105 ℃烘箱内烘 24 h,再将烘干的活性炭研碎成能通过 270 目筛子(0.053 mm 孔眼)的粉状炭。

(2) 测定预先配制的废水的 COD。

(3) 在 6 个三角烧杯中分别加入 0 mg,100 mg,200 mg,300 mg,400 mg,500 mg 粉状活性炭。

(4) 在每个烧杯中分别加入同体积的废水进行搅拌。一般规定,烧杯中废水的 COD(mg/L)与活性炭浓度(mg/L)的比值为 0.5～5.0,但根据废水的 COD 不同,这一比值也是可以变动的。

(5) 测定水温。将上述 6 个三角烧杯放在振荡器上振荡,当达到吸附平衡时即可停止振荡(振荡时间一般为 30 min 以上)。

(6) 过滤各三角烧杯中废水,并测定 COD 值。

2. 连续流吸附实验

(1) 配制水样,使原水样中含 COD 约 100 mg/L,测定 COD、pH、水温等数值。

(2) 打开进水阀门,使原水进入活性炭柱,并控制其流量为 100 L/min 左右。

(3) 运行稳定 5 min 后测定各活性炭柱出水 COD 值。

(4) 连续运行 23 h,每隔 30 min 取样测定各活性炭柱出水 COD 值一次。

3. 实验时应注意下列问题

(1) 间歇式吸附实验时所求得的 q 如出现负值,则说明活性炭明显地吸附了溶剂,此时,应调换活性炭或原水样。

(2) 连续流吸附实验时,如果第一个活性炭柱出水的 COD 值很小(小于 20 mg/L),则可增大流量或停止第二个吸附柱进水,只用一个吸附柱,依次类推。反之,如果第一个吸附柱出水的 COD 与进水浓度相差无几,可减少进水量。

五、实验结果及数据处理

1. 间歇式吸附实验

(1) 把测定结果填入表 4-14 中。

(2) 以 $\lg[(C_0-C_B)/M]$为纵坐标,$\lg C_B$ 为横坐标作出 Freundlich(费兰德利希)吸附等温线性图,该线的截距为 $\lg K$,斜率为 $1/n$。

(3) 求出 K,n 值,代入 Freundlich 吸附等温线,则:

$$q=\frac{C_0-C}{M}=KC^{\frac{1}{n}}$$

表 4-14 间歇式吸附实验记录

杯号	原水样特征				出水特征		活性炭投加量/g
	水样体积/mL	COD 浓度/($mg\cdot L^{-1}$)	温度/℃	pH	出水 COD 浓度/($mg\cdot L^{-1}$)	pH	
1							
2							
3							
4							
5							

2. 连续式吸附实验

(1) 把实验测定结果填入表 4-15。

原水 COD 浓度 C_0=________mg/L；水温________℃；pH ________；活性炭吸附容量 N_0=________g 活性炭。

表 4-15 连续流吸附实验记录

工作时间 t/min	1#柱			2#柱			出水 C_B/($mg\cdot h^{-1}$)
	C_{01}/($mg\cdot h^{-1}$)	D_1/m	V_1/($m\cdot h^{-1}$)	C_{02}/($mg\cdot h^{-1}$)	D_2/m	V_2/($m\cdot h^{-1}$)	
0							
5							
30							
60							
90							
120							
150							

(2) 由 t-D 关系直线的截距值，应用：

$$\frac{1}{KC_0}\ln\left(\frac{C_0}{C_B}-1\right)$$

求出 K 值。然后推算出 C_B=10 mg/L 时活性炭柱的工作时间。

(3) 根据间歇式吸附实验所求得的 q(即 N 值)，把 C_0，V 代入式中得：

$$t=\frac{N_0}{C_0V}D-\frac{1}{KC_0}\ln\left(\frac{C_0}{C_B}-1\right)$$

➡ 思考题

(1) 吸附等温线有什么现实意义？作吸附等温线时为什么要用粉状炭？

（2）间歇式吸附与连续式吸附相比，吸附容量 q 是否一样？为什么？

实验八　离子交换软化实验

一、实验目的

（1）加深对离子交换基本理论的理解；

（2）用 Na^+ 型阳离子交换树脂对含 Ca^{2+}，Mg^{2+} 的水进行软化，测定树脂的工作交换容量；

（3）进一步熟悉水的硬度的测定方法。

二、实验原理

离子交换是目前常用的水软化方法。离子交换树脂是由空间网状结构骨架（即母体）与附属在骨架上的许多活性基团所构成的不溶性高分子化合物。根据其活性基团的酸碱性可分为阳离子交换树脂和阴离子交换树脂。活性基团遇水电离，分成固定部分与活动部分。其中，固定部分仍与骨架牢固结合，不能自由移动，构成固定离子；活动部分能在一定空间内自由移动，并与其周围溶液中的其他同性离子进行交换反应，称为可交换离子或反离子。离子交换的实质是不溶性的电解质（树脂）与溶液中的另一种电解质所进行的化学反应。

这一化学反应可以是中和反应、中性盐分解反应或复分解反应。

$$R-SO_3H+NaOH=R-SO_3Na+H_2O\text{（中和反应）}$$

$$R-SO_3H+NaCl=R-SO_3Na+HCl\text{（中性盐分解反应）}$$

$$2R-SO_3Na+CaCl_2=(R-SO_3)_2Ca+2NaCl\text{（复分解反应）}$$

交换容量是树脂最重要的性能，它定量地表示树脂交换能力的大小。交换容量可分为全交换容量与工作交换容量。全交换容量指一定量树脂所具有的活性基团或可交换离子的总数量，工作交换容量指树脂在给定工作条件下实际上可利用的交换能力。树脂工作交换容量与实际运行条件有关，如再生方式、原水含盐量及其组成、树脂层高度、水流速度、再生剂用量等。树脂工作交换容量可由模拟试验确定。当树脂的交换容量耗尽后（即穿透），必须进行再生。

实验采用装有 Na^+ 型阳离子交换树脂的简易交换器对含有钙盐及镁盐的硬水进行软化。当含有多种阳离子的水流经钠型离子交换层时，水中的 Ca^{2+}、Mg^{2+} 等与树脂中的可交换离子 Na^+ 发生交换，使水中的 Ca^{2+}、Mg^{2+} 含量降低或基本上全部去除而软化，根据树脂体积、原水硬度、软化水水量及软化工作时间等求出树脂的工作交换容量。

$$2RNa^++Ca^{2+}+Mg^{2+}=R_2Ca(Mg)+2Na^+$$

离子交换器的物料衡算关系式如下：

$$Fhq=QTH$$

式中：F——离子交换器截面积，m^2；

h——树脂层高度，m；

q——树脂工作交换容量，mmol/L；

Q——软化水水量，m^3/h；

T——软化工作时间，即从软化开始到出现硬度泄漏的时间，h；

H——原水硬度(以 $C(1/2Ca^{2+}+1/2Mg^{2+})$表示)，mmol/L。

上式等号左边表示交换器在给定工作条件下具有的实际交换能力，等号右边表示树脂吸着的硬度总量。

三、实验设备与试剂

(1) 离子交换装置。于酸性滴定管中装入一定高度的已预处理的阳离子交换树脂，自制简易交换装置(滴定管底部装少量纱布防止树脂流失)。

(2) NH_3-NH_4Cl 缓冲溶液：pH=10。称取 67 g NH_4Cl 溶于水，加 500 mL 氨水后，用 pH 试纸检查，调节 pH=10，稀释至 1 L。

(3) 铬黑 T 指示剂：称取 1 g 铬黑 T，加入 NaCl 进行研磨。

(4) Ca^{2+} 标准溶液：10 mmol/L。称取 0.2～0.25 g $CaCO_3$ 于 250 mL 烧杯中，先用少量水润湿，盖上表面皿，滴加 6 mol/L HCl 10 mL，加热溶解。溶解后用少量水洗表面皿及烧杯壁，冷却后，将溶液定量转移至 250 mL 容量瓶中，用水稀释至刻度，摇匀。

(5) EDTA 标准溶液：10 mmol/L。称取 4 g EDTA 溶于水，稀释至 1 000 mL，以基准 $CaCO_3$ 标定其准确浓度。标定方法如下：

用移液管平行移取 25.00 mL 10 mmol/L Ca^{2+} 标准溶液 3 份分别置于 3 个 250 mL 锥形瓶中，加 1 滴甲基红指示剂，用氨水(1+2)调至由红色变为淡黄色，加入 20 mL 水，加氨缓冲溶液10 mL，一小勺铬黑 T 指示剂，摇匀，用 EDTA 溶液滴定至由紫红色变为纯蓝色即为终点。记录用量，计算 EDTA 溶液的量浓度：

$$C_{EDTA}=\frac{c_1V_1}{V}$$

式中：C_{EDTA}——EDTA 标准溶液的量浓度，mmol/L；

V——消耗 EDTA 标准溶液的体积，mL；

c_1——钙标准溶液的量浓度，mmol/L；

V_1——钙标准溶液的体积，mL。

四、实验步骤

(1) 测量交换器内径、树脂层高度。

(2) 测定原水硬度。取 20 mL 原水于锥形瓶中，用 EDTA 络合滴定法测定其硬度。

(3) 离子交换。打开进水管阀门，使含 Ca^{2+}、Mg^{2+} 的原水通过树脂交换层，同时用烧杯接取交换水，控制流速约 15 mL/min。每隔 5 min 记录交换水的体积，并取 20 mL 测定硬度，当出水硬度达到原水硬度时停止交换。

五、实验结果与数据处理

(1) 实验数据记录于表 4-16。

表 4-16　实验数据记录

原水硬度/($mmol \cdot L^{-1}$)	交换器内径/cm		树脂高度/cm		软化工作时间/h	
时间/min						
水量/mL						
EDTA/mL						
硬度/($mmol \cdot L^{-1}$)						
工作交换容量 q/($mmol \cdot L^{-1}$)						

(2) 计算树脂工作交换容量。

(3) 绘制硬度泄漏曲线(软化水剩余硬度-出水量)。

六、注意事项

(1) 离子交换时注意控制流速,流速不宜太大,以免影响交换效果。

(2) 测定硬度时注意滴定终点把握,以减少测定误差。

(3) Na^+ 型阳离子交换树脂失效(穿透)后须用 10%的 NaCl 溶液再生。

➡ 思考题

(1) 树脂的工作交换容量与哪些因素有关?

(2) 简述离子交换机理。

(3) 离子交换树脂为什么要进行再生?

第二节　水处理选做实验*

实验一　ξ电位测定

一、实验目的

(1) 通过电泳实验了解胶体粒子带电的特性及其在水中较稳定存在的原因;

(2) 掌握电泳法测定 $Fe(OH)_3$ 溶胶 ξ 电位的原理和方法。

二、实验原理

水中污染物质按其存在形态不同可分为悬浮的、胶体的和溶解的三种。地表水常含有大量能使水体产生浊度和色度的胶体物质,颗粒粒径大小在 1～100 nm。胶体颗粒体积很

* 此部分实验为开放性选做实验,每个实验给出的实验方法和步骤仅供参考,实际中学生可在教师指导下自己设计完成。

小，能通过一般的滤料空隙；另外，胶体物质具有动力稳定性和聚集稳定性。其中，动力稳定性是由于胶体粒子很小，剧烈的布朗运动足以对抗重力作用影响，故能长期悬浮在水中。聚集稳定性是指胶体粒子之间不能相互碰撞聚集在一起的特性，这主要是由于胶体物质吸附某些离子后形成双电层结构，表面具有动电位（即ξ电位），带同种电荷相斥。若将胶体粒子的表面电荷消除或降低到一定值，便失去聚集稳定性，小颗粒就可以聚集成大的颗粒，使动力学稳定性遭到破坏，产生沉淀现象。在胶体溶液中加入大量电解质，使得与胶粒电荷相反的带电离子进入胶粒双电层，降低胶粒间的排斥势能等，都可使胶粒聚沉，特别是加入具有高价反离子的电解质，效果更显著。水处理过程中加入混凝剂压缩双电层，可将ξ电位降到一定程度。

由于胶粒表面吸附了一些与胶体结构相类似的带电离子，有些胶粒带正电，有些带负电，因此在外加静电场的作用下，可观察到胶体溶液做定向运动，称为电泳。通过实验可以计算出胶体双电层的ξ电位。ξ电位的数值可根据亥姆霍兹方程式计算：

$$\xi=\frac{K\pi\eta uL}{\varepsilon E}\times 9\times 10^4=\frac{K\pi\eta u}{\varepsilon w}\times 9\times 10^4\,(\mathrm{V})$$

式中：K——与胶粒形状有关的常数（球形胶粒$K=6$，棒形胶粒$K=4$，实验中均按棒形胶粒计算）；

ξ——胶体的电动电位；

η——介质（水）黏度，$\eta=0.010\,05$ Pa·s（20 ℃），$\eta=0.008\,94$ Pa·s（25 ℃）。

水的黏度可按下式：

$$\eta=0.017\,79/(1+0.033\,68T+0.000\,221\,0T^2)$$

式中：T——摄氏温度，℃；

u——电泳速度，即迁移速率，cm/s；

w——电位梯度，$w=E/L$；

ε——介质的介电常数，考虑温度校正，$\ln\varepsilon_T=4.474\,226\times 10^{-3}-4.544\,26\times 10^{-3}T$，℃；

E——外加电场的电压，V；

L——两极间的距离（不是水平横距离，而是U形管的导电距离），cm。

对于一定溶胶而言，若固定E和L，测得胶粒的电泳速度（$u=d/t$，d为胶粒移动的距离，t为通电时间），就可以求算出ξ电位。

三、实验仪器及试剂

（1）电泳测定管（1套）。

（2）烧杯（100 mL，2个）。

（3）直流稳压器（1台）。

（4）$FeCl_3$液（10%）。

（5）秒表（1块）。

（6）稀 NaCl 溶液。

(7) 铂电极(或铜电极)(2 根)。

(8) 稀 HNO_3 溶液。

(9) 量筒(100 mL,1 个)。

(10) 刻度移液管(10 mL,1 个)。

(11) KCl 溶液。

四、实验步骤

(1) 将电极浸入稀 HNO_3 溶液中数秒,然后用蒸馏水、稀 NaCl 溶液依次洗净,滤纸拭干后备用。

(2) $Fe(OH)_3$ 溶胶的制备。用水解法制备 $Fe(OH)_3$ 溶胶:在 100 mL 烧杯中加 80 mL 蒸馏水,加热至沸腾,逐滴加入 10 mL 10%的 $FeCl_3$ 溶液,并不断搅拌,加完后继续沸腾 5 min,由水解得红棕色 $Fe(OH)_3$ 溶胶,冷却后即可使用。若有条件可用火棉胶制备半透膜纯化 $Fe(OH)_3$ 溶胶。制得的 $Fe(OH)_3$ 的结构式如下:

$$\{[Fe(OH)_3]_m \cdot nFeO^+ (n-x)Cl^- \}^{x+} \cdot xCl^-$$

(3) $Fe(OH)_3$ 溶胶电泳的定性观察和 ξ 电位的测定。

① 用电导率仪在 50 mL 烧杯中测量实验制备的 $Fe(OH)_3$ 溶胶的电导率,其值小于 0.8×10^4 μS/cm 即可。将测好的 $Fe(OH)_3$ 溶胶从电泳仪(图 4-8)的中间管子慢慢加入,直至液面在电泳仪立管的 1/4 高度。在另一干净的50 mL烧杯中,配制 KCl 溶液,使其电导率与 $Fe(OH)_3$ 溶胶完全一样。用滴管吸取配制好的 KCl 溶液,小心地从电泳仪两边立管贴管内壁慢慢流入,使 KCl 溶液与溶胶之间始终保持清晰界面,并使两边立管中的溶胶界面近似保持在同一水平面上。

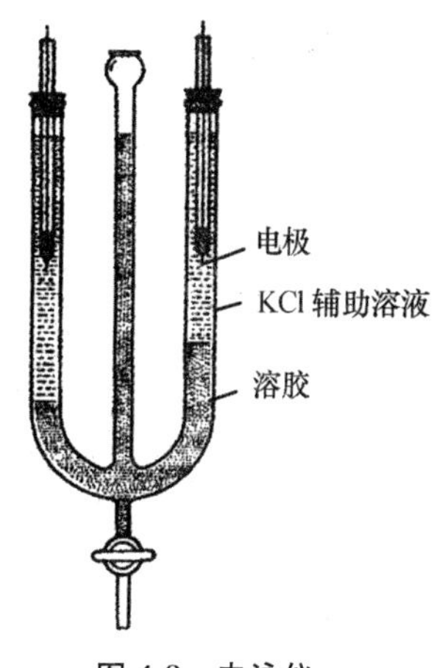

图 4-8　电泳仪

将铂电极分别插入电泳仪两边立管溶液中约 1 cm 处,准确记录界面的刻度,然后接通电泳仪直流电源,调节电压,使其保持在 20～50 V 的某个确定值,观察界面位置的变化,记下准确的通电时间 t(s)和溶胶面上升的距离 d(cm),从伏特计上读取电压 E(V),沿 U 形管中线量出两电极间的距离 L(cm)(此数值测量 5～6 次,取平均值)。用 pH 试纸测量电泳前后两立管中 HCl 溶液酸度的变化,并解释此现象。

② 实验结束后,拆除线路。用自来水洗电泳管多次,最后用蒸馏水洗一次。

③ 将数据代入公式中计算 ξ 电位。

五、注意事项

(1) 利用公式求 ξ 电位时,除电压单位外,其他各物理量的单位都需用 cm・g・s 制(厘米・克・秒制)。

(2) 电泳测定管须洗净,以免其他离子干扰。

(3) 制备 $Fe(OH)_3$ 溶胶时,$FeCl_3$ 一定要逐滴加入,并不断搅拌。

(4) 电泳时,加辅助溶液一定要小心,务必保持界面清晰。

(5) 量取两电极的距离时,要沿电泳管的中心线量取。

思考题

(1) 地表水常存在的大量胶体物质为什么不能自然沉淀?

(2) $Fe(OH)_3$ 溶胶胶粒带何种符号的电荷?为什么它会带此种符号的电荷?

实验二　强酸性阳离子交换树脂主要性能和交换容量的测定

一、实验目的

(1) 加深离子交换基本理论及特性的理解;

(2) 了解离子交换树脂的类型,并掌握树脂的鉴别方法;

(3) 学会强酸性阳离子交换树脂总交换容量(E_t 和 E_{op})及工作交换容量的测定。

二、实验原理

离子交换是一类特殊的固体吸附过程,它是由离子交换剂在电解质溶液中进行的。一般的离子交换树脂是一种不溶于水的固体颗粒状物质,是人工合成的有机高分子电解质凝胶,其骨架是由高分子电解质和横键交联物质组成的不规则的空间网状物,上面结合着相当数量的活性离子交换基团(图 4-9)。它能够从电解质溶液中吸附某种阳离子或者阴离子,而把本身所含的另外一种相同电性符号的离子等量地交换并释放到溶液中去。这就是离子交换树脂的特性。离子交换树脂按照所交换离子的种类可分为阳离子交换树脂和阴离子交换树脂两种。

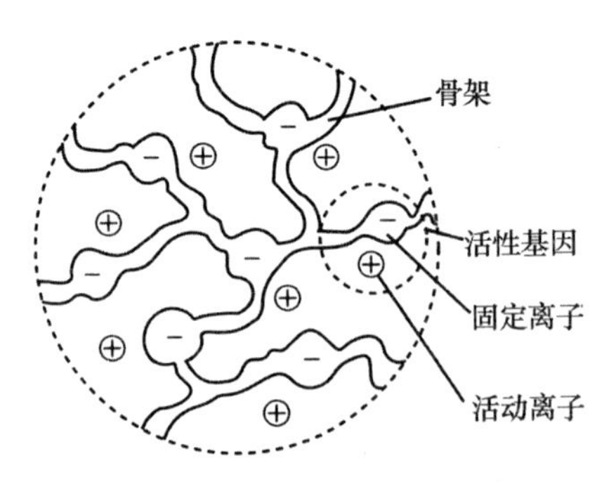

图 4-9　离子交换树脂结构示意图

离子交换树脂按照其离子基团的性质可分为:

(1) 阳离子交换树脂,呈酸性,可以分为强酸型($R—SO_2—H^+$)、弱酸型($R—COO—H^+$)。

(2) 阴离子交换树脂,呈碱性,可分为强碱型($R\equiv N+OH^-$)和弱碱型($R\equiv NH+OH^-$、$R\equiv NH_2+OH^-$、$R\equiv NH_3+OH^-$)。

我们把离子交换树脂看成某种特殊的固体的高价电解质,有助于理解其基本特性规律和交换作用机理(图 4-10)。

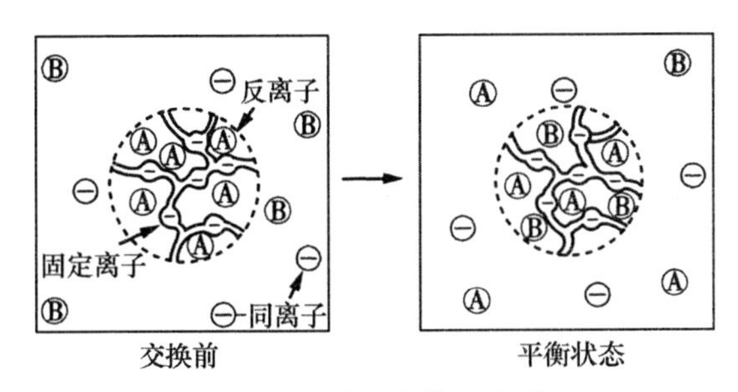

图 4-10　离子交换示意图

离子交换是一种可逆过程,上述反应都可逆向进行。实际反应方向视具体条件而定。离子交换树脂的交换能力有一定的限度,称为离子交换容量。离子交换容量又分为总离子交换容量和工作交换容量。

总离子交换容量(E_t)是单位质量或单位体积树脂内的 H^+ 的物质的量,是树脂主要性能之一,它对交换柱的工况有很大影响,是工业给水设计、科研和运转操作的基本参数。出厂树脂的质量是由总交换容量决定的,验收合格时方能使用。

工作交换容量(E_{op})是指树脂在不同条件下总交换容量 E_t 中能利用的部分。一般占总交换容量 60%～70%。工作交换容量是设计运行的主要参数,它能直接反应设备是否正常运行。

在实验中,针对离子交换树脂做以下三个内容的测定:(1) 离子交换树脂类型的鉴定;(2) 强酸性阳离子交换树脂总交换容量的测定,即求 E_t;(3) 强酸性阳离子交换树脂工作交换容量的测定,即求 E_{op}。

三、实验仪器

(1) 三角烧瓶(250 mL,1 000 mL,各 1 支)。
(2) 容量瓶(1 000 mL,1 支)。
(3) 碱式滴定管(250 mL,1 支)。
(4) 酸式滴定管(2 500 mL,1 支)。
(5) 滴定台(1 套)。
(6) 移液管(20 mL,25 mL,50 mL,各 1 支)。
(7) 量筒(20 mL,1 支)。
(8) 玻璃漏斗(8—12 mm)。
(9) 烧杯(1 000 mL)。
(10) 细口瓶(500 mL,1 000 mL,各 1 支)。
(11) 培养皿、药勺。
(12) 纱布、药棉、滤纸。
(13) 试管(30 mL,12 支)。
(14) 12 孔试管架。

四、实验试剂

(1) $CuSO_4$(10%)。

(2) HCl(1 mol/L)。

(3) NH_4OH(5 mol/L)。

(4) $CaCl_2$(0.5 mol/L)。

(5) NaOH(0.05 mol/L,1 mol/L)。

(6) EDTA 标准溶液(0.05 mol/L)。

(7) pH=10 缓冲溶液(NH_4Cl+NH_4OH)(0.05 mol/L)。

(8) 铬里 T 指示剂。

(9) 甲基红(0.1%)。

(10) 酚酞指示剂(0.1%)。

(11) 广泛 pH 试纸。

(12) 阴、阳树脂。

五、实验步骤

1. 离子交换树脂的鉴定

1) 阳离子交换树脂与阴离子交换树脂的分辨

取 2 支试管(编号 1#,2#),取阳离子交换树脂和阴离子交换树脂各 2~3 mL 放在试管中,弃掉树脂上附着的水,向两支试管中各加 1 mol/L HCl 15 mL,振荡 1~2 min 后,弃掉上清液,重复操作 2~3 次。用清水洗 2~3 次,再向 1#,2#号试管中加入 10%$CuSO_4$ 溶液 5 mL,振荡 1~2 min 后,弃掉上清液,重复操作 2~3 次。用纯水洗 2~3 次。最后对 1#,2# 试管进行观察,看颜色是否有变化,记录颜色的变化于表 4-17 中,浅绿色为阳树脂。

2) 强酸性阳离子交换树脂和弱酸性阳离子交换树脂的分辨

经过第(1)步处理后,向树脂变色(浅绿色为阳离子交换树脂)的试管加入 5 mol/L NH_4OH 溶液2 mL,振荡 1~2 min,弃掉上清液,重复操作 2~3 次,然后用纯水充分洗涤 2~3 次。如树脂颜色加深(深蓝色),则为强酸性阳离子交换树脂。如不变色,则为弱碱性阴离子交换树脂,记录颜色变化于表 4-17 中。

3) 强碱性阴离子交换树脂和弱碱性阴离子交换树脂的分辨

经过第(1)步处理后,向树脂不变色的试管加入 1 mol/L NaOH 溶液 5 mL。振荡1 min,弃掉上清液,重复操作 2~3 次,然后用纯水洗涤 2~3 次,加 0.1%酚酞 5 滴,振荡 1~2 min,经洗涤后观察,若树脂呈粉红色,则为强碱性阴离子交换树脂,记录颜色变化于表4-17 中。

4) 弱碱性阴离子交换树脂与非离子交换树脂的分辨

如果(3)中鉴定的树脂不变色,这时继续加入 1 mol/L HCl 溶液 5 mL,振荡 1~2 min,弃掉上清液,重复操作 2~3 次,然后用纯水洗涤 2~3 次,加 0.1%甲基指示剂 3~5 滴,振荡 2~3 min,洗涤后比色,如树脂呈红色则为弱碱性阴离子交换树脂;如仍不变色,则无离子交换能力,不是离子交换树脂,记录颜色变化于表 4-17 中。

表 4-17　四种离子交换树脂及非离子交换树脂的鉴别记录表

离子交换树脂的名称	离子交换树脂的颜色变化
强酸性阳离子交换树脂	
弱酸性阳离子交换树脂	
强碱性阴离子交换树脂	
弱碱性阴离子交换树脂	
非离子交换树脂	

2. 强酸性阳离子交换树脂总交换容量的测定

(1) 精确称取干燥强酸性阳离子交换树脂 5 g,放在漏斗滤纸内,将漏斗插在 1 L 的三角烧瓶内。

(2) 将 1 mol/L HCl 溶液 600 mL 缓慢倒入漏斗内进行过滤(或动态交换),使树脂都转成 H 型。

(3) 用纯水清洗树脂及滤纸,并用 pH 试纸检验,直到滤下液 pH=7 为止。

(4) 将漏斗移到另一个用清水洗过的 1 L 容量瓶内。

(5) 将 0.5 mol/L$CaCl_2$ 溶液 600～800 mL 缓慢加入漏斗内进行过滤交换,将全部 H^+ 置换到滤下液中,并用 pH 试纸检查滤液酸度,直到滤下液 pH=7 为止。

(6) 加纯水至 1 L,充分混合。

(7) 用三角烧杯量取 50 mL 混合液,以酚酞为指示剂,用 0.05 mol/L NaOH 溶液进行中和滴定,重复滴定 3～5 次取平均值,并记下所用碱的毫升数 V,填入表 4-18 中。

表 4-18　实验记录

树脂质量干重/g	NaOH 用量第一次	NaOH 用量第二次	NaOH 用量第三次	平均值
树脂质量湿重/g				

3. 强酸性阳离子交换树脂工作交换容量的测定

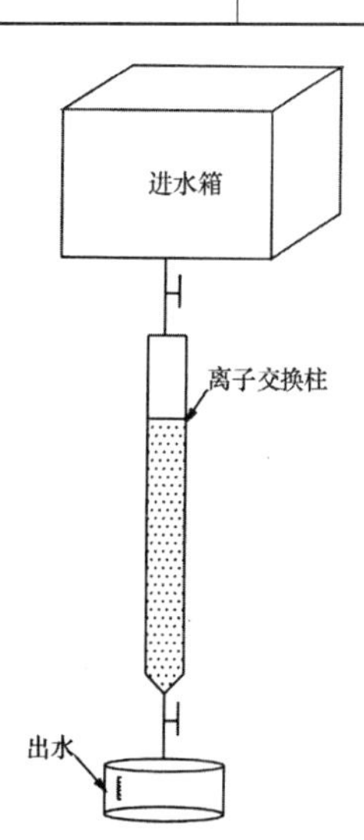

图 4-11　工作交换容量示意图

实验装置如图 4-11 所示,过滤柱为有机玻璃管,下部以石棉网为垫层,上部装有厚度为 h 的树脂工作层,此树脂应为新树脂。

(1) 在交换柱内装入一定量纯水,然后将新树脂装入柱内达到 h 高度,要求称量准确。

(2) 加入清水调整旋钮,使树脂层上保持一定水深 h,并使液面基本保持不变,使滤速 $V=V_0$,调好后旋钮不能再动。

(3) 换用原水(硬度为 H_0)继续过滤,以原水开始流出时为 T_0,每隔 5 min 测定一次出水硬度值,记录在表 4-19 中。

(4) 实验时一边过滤一边测定出水硬度,直到发现软化水有硬度开始拽漏,$\Delta H \geqslant 0.03$ mg-mol/L 时记下 T_1, Q_1。每隔

10 min 测定一次出水硬度，直到进、出水硬度相等时为止。

六、实验结果与数据处理

1. 强酸性阳离子交换树脂的总交换容量的计算

$$E_t=\frac{V_1C_1\times 1\ 000}{W} \quad 或 \quad E_t=\frac{V_1C_1\times 1\ 000}{W_t(1-r)}$$

式中：V_1——0. 05 mol/L NaOH 用量，mL；

C_1——0. 05 mol/L NaOH 溶液的浓度，moL/L；

W——树脂干重，g；

W_t——树脂湿重，g；

E_t——每克强酸性阳干树脂交换容量，mol/g；

r——树脂含水率，%。

2. 强酸性阳树脂的工作交换容量

$$E_{op}=\frac{(H_0-\Delta H)Q_iT_i}{W}$$

式中：H_0——原水硬度，mg-mol/L；

ΔH——软化水残余硬度，一般小于 0. 03，mg-mol/L；

E_{op}——强酸性阳树脂的交换容量，mg-mol/L；

Q_i——软化水流量，mL/min；

T_i——软化水流时间，min；

W——湿树脂体积，mL。

$$原水硬度\ H_0=\frac{V_1C_1\times 1\ 000}{V_2}$$

式中：C_1——EDTA 标液浓度，mol/L；

V_1——滴定时消耗 EDTA 标准溶液的体积，mL；

V_2——水样体积，mL；

H_0——原水硬度，mg-mol/L。

表 4-19　实验记录

过滤时间 T/min							
流量 Q/(mL·min^{-1})							
滴定液的刻度	末/mL						
	始/mL						
EDTA 用量/mL							
软化水硬度/(mg-mol/L)							

➡ 思考题

(1) 离子交换树脂有什么特性？

(2) 为什么要检测离子交换树脂的总交换容量和工作交换容量?

(3) 影响 E_{op} 大小的因素是什么?

实验三　气浮实验

一、实验目的

(1) 加深对基本概念及实验原理的理解;

(2) 掌握加压溶气气浮实验方法,并能熟练操作各种仪器;

(3) 通过实验系统的运行,掌握加压溶气气浮的工艺流程。

二、实验原理

气浮法是目前水处理工程中应用日益广泛的一种方法。该法主要用于处理水中相对密度小于或接近1的悬浮杂质,如乳化油、羊毛脂、纤维以及其他各种有机的悬浮絮体等。气浮法的净水原理是:使空气以微气泡的形式出现在水中,并自下而上慢慢上浮,在上浮过程中使气泡与水中污染物质充分接触相互黏附,形成相对密度小于水的气、水结合物上升到水面,使污染物质以浮渣的形式从水中分离,从而达到去除污染物质的目的。

要产生相对密度小于水的气、水结合物,应满足以下条件:

(1) 水中污染物质具有足够的憎水性。

(2) 水中污染物质相对密度小于或接近1。

(3) 微气泡的平均直径在50～100 μm。

(4) 气泡与水中污染物质的接触时间足够长。

气浮净水法按照水中气浮气泡产生的方法可分为电解气浮法、散气气浮法和溶气气浮法几种。溶气气浮又可分为加压溶气气浮和真空溶气气浮。由于散气气浮一般气泡直径较大,气浮效果较差,电解气浮气泡直径虽然远小于散气气浮和溶气气浮气泡直径,但耗电较多,故在目前国内外的实际工程中,加压气浮法应用最广泛。

加压溶气气浮法就是使空气在一定压力的作用下溶解于水中至饱和状态,然后突然把水面压力降到常压,此时溶解于水中的空气便会以微气泡的形式从水中逸出。加压气浮装置由空气饱和设备、空气释放设备和气浮池等组成。其基本工艺流程有全容器流程、部分溶气流程和回流加压溶气流程。目前工程中广泛采用有回流系统的加压容器气浮法,这种气浮法将部分废水进行回流加压,然后直接进入气浮池。

加压溶气气浮的影响因素很多,有水中空气的溶解量、气泡直径、气浮时间、气浮池有效水深、原水水质、药剂种类及其加药量等。因此,采用气浮净水法进行水处理时,常要通过实验测定一些有关的设计运行参数。

加压溶气气浮实验装置如图4-12所示。

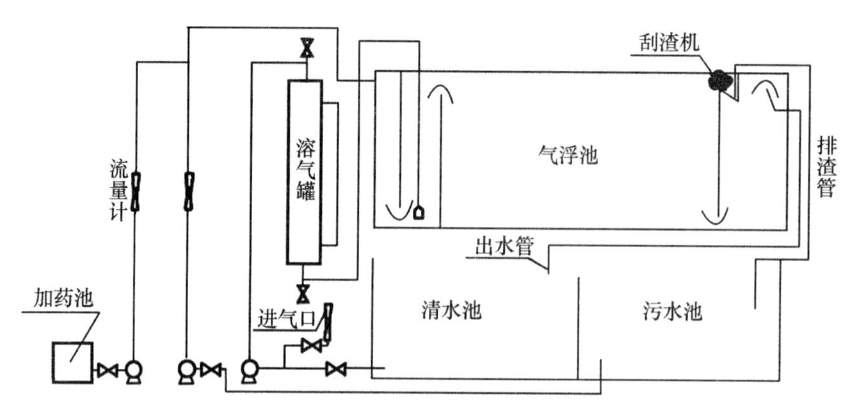

图 4-12　加压溶气气浮实验装置示意图

三、实验仪器与试剂

硫酸铝、废水、水质(SS)分析所需的器材及试剂(参见第三章)。

四、实验步骤

(1) 检查气浮实验装置是否完好。

(2) 把自来水加到回流加压水箱与气浮池中至有效水深的 90%。

(3) 将含有悬浮物或胶体的废水加到废水配水箱中,投加硫酸铝等混凝剂后搅拌混合。

(4) 开启加压水泵加压至 0.3～0.5 MPa。

(5) 待溶气罐中的水位升至液位计中间高度,缓慢地打开溶气水出水阀门,使溶气罐的液位保持基本不变,液体流量在 2～4 L/min 范围内。

(6) 待空气在气浮池中释放并形成大量微小气泡时,再打开废水配水箱,废水进水量可按 4～6 L/min 控制。

(7) 开启射流器加压至 0.3 MPa(并开启加压水泵),其空气流量可先按 0.1～0.2 L/min 控制,考虑到加压溶气罐及管道中难免漏气,其空气流量可按保持水面在溶气罐内的中间位置进行控制,多余的气可以通过溶气罐顶部的排气阀排除。

(8) 测定废水与处理后的出水水质(SS)。

(9) 改变进水量、溶气罐内的压力、加压水量等,重复步骤(4)～(8),测定水的 SS。

五、实验结果与数据处理

计算不同运行条件下废水中污染物(以悬浮物表示)的去除率。以去除率为纵坐标,以某一运行参数(如溶气罐的压力、气浮时间或气固比等)为横坐标,画出污染物去除率与运行参数之间的定量关系曲线。

➡ 思考题

(1) 气浮一般适用于什么样的污水处理?

(2) 观察实验装置运行是否正常,气浮池内的气泡是否很微小?若不正常,是什么原因？如何解决？

实验四　污泥比阻测定实验

一、实验目的

（1）加深理解污泥比阻的概念；

（2）掌握污泥脱水性能的评价方法；

（3）学会确定污泥脱水的药剂种类、浓度、投药量。

二、实验原理

污泥经重力浓缩或消化后，含水率在97%左右，体积大而不便于运输，因此多采用机械脱水，以减小污泥体积。常用的脱水方法有真空过滤、压滤、离心等方法。

污泥机械脱水以过滤介质两面的压力作为动力，从而达到泥水分离、污泥浓缩的目的。根据压力差来源的不同，污泥脱水方法一般分为真空过滤法（抽真空造成介质两面压力差）和压缩法（在介质的一面加压，造成两面压力差）。影响污泥脱水的因素较多，主要有：

（1）原污泥浓度。

（2）污泥性质、含水率。

（3）污泥预处理方法。

（4）压力差大小。

（5）过滤介质的种类、性质等。

经过实验推导出过滤基本方程式如下：

$$\frac{t}{V}=\frac{\mu\omega r}{2pA^2}$$

式中：t——过滤时间，s；

V——滤液体积，m^3；

p——真空度，Pa；

A——过滤面积，m^2；

μ——滤液的动力黏滞度，$N\cdot s/m^2$（$Pa\cdot s$）；

ω——滤过单位体积的滤液在过滤介质上截流的固体重量，kg/m^3；

r——污泥比阻，m/kg。

公式给出了在压力一定的条件下过滤滤液的体积V与时间t的函数关系，指出了过滤面积A、压力p、污泥性能μ、r等对过滤的影响。

污泥比阻r是表征污泥过滤特征的综合指标，其物理意义是：单位重量的污泥在一定压力下过滤时，单位过滤面积上的阻力，即单位过滤面积上滤饼单位干重所具有的阻力。其大小根据过滤基本方程有：

$$r=\frac{2pA^2}{\mu}\cdot\frac{b}{\omega}$$

由此可见，污泥比阻是反映污泥脱水性能的重要指标。但由于上式是由实验推导得来，

参数 b,ω 均要通过实验测定，不能用公式直接计算。而 b 为过滤基本方程式中 $t/V-V$ 直线的斜率：

$$b=\frac{\mu\omega r}{2pA^2}$$

故以定压抽滤实验为基础测定一系列的 $t-V$ 数据，即测定不同过滤时间 t 时的滤液量 V，并以滤液量 V 为横坐标，以 t/V 为纵坐标，得到直线斜率 b。

根据定义，可按下式求得 ω：

$$\omega=\frac{Q_0-Q_y}{Q_y}\times C_b$$

式中：Q_0——过滤污泥量，mL；

Q_y——滤液量，mL；

C_b——滤饼浓度，g/mL。

一般认为比阻为 $10^{10}\sim10^{11}$ m/g 的污泥为难过滤的；比阻在（0.5～0.9）$\times10^{10}$ m/g 的污泥为比较好过滤的；比阻小于 0.4$\times10^{9}$ m/g 的污泥为易过滤的。

在污泥脱水中往往要进行化学调节，即采用往污泥中投加混凝剂的方法降低污泥比阻 r 达到改善污泥脱水性能的目的。影响化学调节的因素除污泥本身的性质外，一般还有混凝剂的种类、浓度、药物投加量和化学反应时间。在相同实验条件下，药剂、浓度、投加量、反应时间可以通过污泥比阻实验确定。

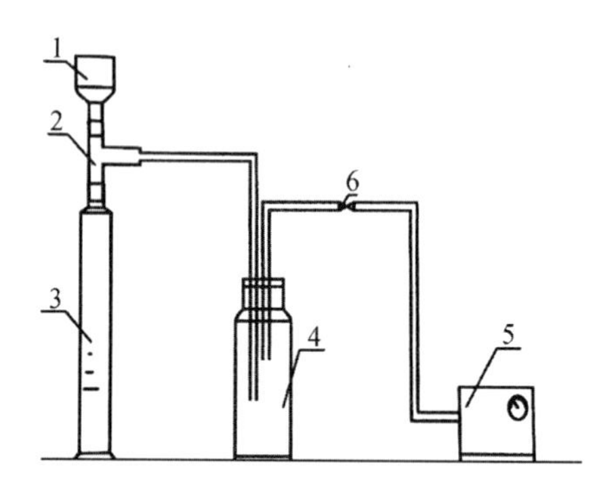

图 4-13　比阻实验装置

1—布氏漏斗；2—三通；3—100 mL 磨口量筒；4—缓冲瓶；5—真空泵；6—调节阀

三、实验仪器与试剂

（1）秒表、滤纸、烘箱。

（2）$FeCl_3$、$Al_2(SO_4)_3$、聚丙烯酰胺混凝剂。

四、实验步骤

（1）按表 4-20 进行污泥比阻实验。

表 4-20　测定某消化污泥比阻实验安排表

序号	药剂	加药体积/mL
1	硫酸铝(10%)	5
2	硫酸铝(10%)、PAM(0.05%)	各 2.5
3	氯化铁(10%)	5
4	氯化铁(10%)、PAM(0.05%)	各 2.5

(2) 先测不加药剂的消化污泥的比阻,然后再按表 4-20 给出的实验内容进行污泥比阻测定(表 4-21,表 4-22)。

① 测定污泥含水率,求其浓度。

② 布氏漏斗中放置滤纸,用水润湿。开动真空泵,使量筒中呈负压,滤纸紧贴漏斗。调节压力至 0.035 MPa,关闭真空泵。

③ 把 100 mL 调节好的泥样倒入漏斗,使其依靠重力过滤 1 min,记下此时量筒内的滤液体积 V。开动真空泵,启动秒表。在整个实验过程中,仔细调节真空调节阀以保持实验压力恒定,并记录不同过滤时间 t 对应的滤液体积 V。开始过滤时,可每隔 10 s 或 15 s 记录一次,滤速减慢后,可每隔 30 s 或 1 min 记录一次。

④ 记录泥面出现龟裂,或滤液达到 85 mL 所需要的时间 t。此指标可以用作衡量污泥过滤性能的好坏。

⑤ 测定滤饼厚度及固体浓度。

表 4-21　污泥比阻实验记录(不加药剂)

时间 t(s)	量管内滤液体积 V_1/mL	滤液量/mL $V=(V_1-V_2)$	t/(s/mL)

表 4-22　污泥比阻实验记录(添加药剂)

时间 t(s)	量管内滤液体积 V_1/mL	滤液量/mL $V=(V_1-V_2)$	t/(s/mL)

五、实验结果与数据处理

(1) 将实验记录进行整理。

(2) 以 V 为横坐标,t/V 为纵坐标绘图,求得 b,或利用线性回归法解得 b 值。

(3) 求 ω。

$$\omega=\frac{Q_0-Q_y}{Q_y}\times C_b$$

式中:Q_0——过滤污泥量,mL;

Q_y——滤液量,mL;

C_b——滤饼浓度,g/mL。

(4) 按公式求得各组污泥比阻值。

(5) 对正交实验结果进行直观分析与方差分析,找出影响结果的主要因素和最佳条件。

➡ 思考题

(1) 污泥比阻的大小与污泥固体浓度是否有关?有怎样的关系?

(2) 比较生化污泥、消化污泥的脱水性能,分析差异的原因。

实验五　曝气池混合液比耗氧速率测定实验

一、实验目的

(1) 加深理解活性污泥耗氧速率的内涵;

(2) 掌握通过耗氧速率测定方法评价废水可生化性及毒性的原理及方法;

(3) 掌握活性污泥耗氧速率测定方法。

二、实验原理

微生物降解有机污染物的物质代谢过程消耗的氧包括两部分:一部分用于氧化有机物使其分解成为 CO_2、H_2O、NH_3,为合成新细胞提供能量;另外一部分用于微生物内源呼吸,使细胞质氧化分解。

生物污泥在分解有机质的过程中要消耗氧气,因此单位时间内的污泥耗氧量即活性污泥耗氧速率(OUR)可用来评价活性污泥微生物代谢活性。当污水中没有底物,微生物直接进入内源呼吸,其累积耗氧曲线是一条通过原点的直线如图 4-14 中的曲线 1 所示;当污水中底物为可生物降解的有机物时,累积耗氧曲线如图 4-14 中的曲线 2 所示,开始时由于有机物浓度高,微生物呼吸耗氧速率较快,随着反应器中有机物浓度的减少,氧耗速率逐渐降低,直至最后等于内源呼吸速率;如果污水中的某一种或几种组分对微生物的生长有毒害抑制作用,微生物与污水混合后,氧耗速率便会减慢,氧耗曲线如图 4-14 中曲线 3 所示。

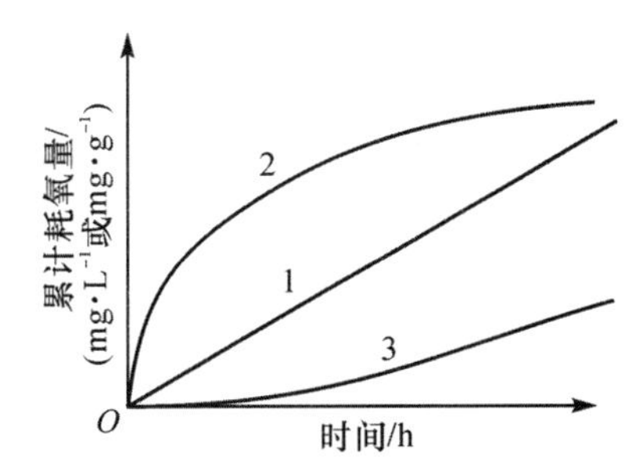

图 4-14　微生物累计耗氧量随时间变化

如果氧耗曲线在内源呼吸曲线以上,说明污水中的底物可以被微生物氧化分解,曲线间距越大,污水的可生化性越好;当累积耗氧曲线与内源呼吸曲线重合时,说明污水中的底物不能够被微生物分解,但对微生物的生命活动无抑制作用;当累积耗氧曲线在内源呼吸曲线的下方时,表明污水中的底物对微生物产生了严重的毒害抑制作用,有机物的毒性程度不同,微生物对其利用的程度也有所不同,其相对耗氧速率变化随底物浓度变化。日常运行中,污泥 OUR 值的大小及其变化趋势可显示处理系统负荷的变化情况,并可以以此来控制剩余污泥的排放。活性污泥的 OUR 值若大大高于正常值,往往提示污泥负荷过高,此时出水水质较差,残留有机物较多,处理效果较差。若污泥 OUR 值长期低于正常值(这种情况往往在活性污泥低负荷的延时曝气处理系统中出现),这时出水中残存有机物的数量较少,处理完全,但如果长期运行,也会使污泥因缺乏营养而解絮。处理系统在遭受毒物冲击,导致污泥中毒时,污泥的 OUR 值会突然下降,这往往是最为灵敏的早期警报(图 4-15)。

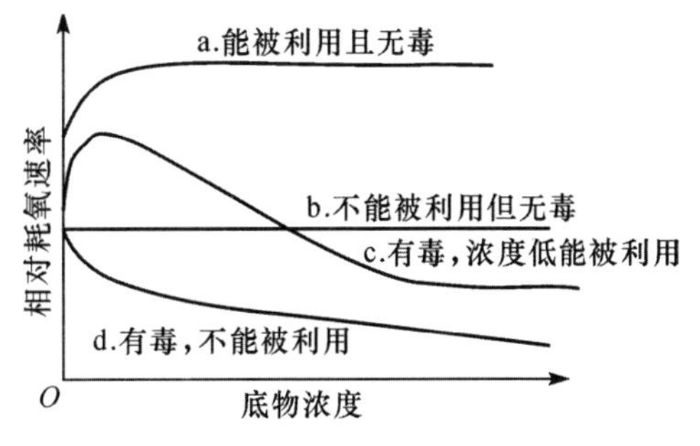

图 4-15　相对耗氧速率随底物浓度变化

三、实验仪器

(1) 电极式溶解氧测定仪。

(2) 电磁搅拌器、充气泵、离心机。

(3) 恒温室或恒温水箱。

(4) BOD 测定瓶。

四、实验步骤

(1) 从曝气池中取出一定量的活性污泥混合液,空曝 2 h 后,静止沉淀分离,弃去上清液。

(2) 取沉淀污泥放入离心管中,加入磷酸盐缓冲溶液,充分搅拌混合后置于离心机中,以 3 000 r/min 转速离心 10 min,弃去上清液。

(3) 再次按照步骤(2)对污泥进行洗涤离心,以洗去污泥上黏附的有机物。

(4) 将洗涤后的活性污泥转到烧杯内,加入磷酸盐缓冲溶液,将其配成浓度为 2~3 g/L 的浓污泥混合液。

(5) 取一定量的浓污泥混合液到 BOD 测定瓶中,并以磷酸盐缓冲溶液补充瓶内剩余体积,将 BOD 测定瓶置于 20 ℃恒温水中,并开动电磁搅拌器,调解温度至 20 ℃。

(6) 向 BOD 测定瓶内曝气充氧至饱和,迅速塞上安有溶解氧电极探头的橡皮塞,注意瓶中不要有气泡。

(7) 记录过程溶解氧数据,一般每隔 1 min 读 1 次数。

(8) 待 DO 降至 1 mg/L 以下时即停止整个实验,注意整个实验过程控制在 10~30 min 为宜,应尽量使污泥每小时耗氧量在 5~40 mg/L,若 DO 值下降过快,可将污泥适当稀释后测定,按照步骤(5)~(8)测定的结果即为活性污泥内源呼吸速率。

(9) 测定反应瓶中挥发性活性污泥浓度。

(10) 在步骤(5)中加入一定体积的葡萄糖溶液,使反应瓶中葡萄糖最终浓度约为 100 mg/L,测定活性污泥对易降解基质葡萄糖的耗氧曲线。

(11) 在步骤(5)中加入少量苯酚储备液,使苯酚最终浓度约为 100 mg/L,测定活性污泥对有毒有害物质苯酚的耗氧曲线。

耗氧速率测定实验装置如图 4-16 所示。

磷酸盐缓冲溶液配置方法:称取 KH_2PO_4 2.65 g,Na_2HPO_4 9.59 g,溶于 1 L 蒸馏水中,即成浓度为 0.5 mol/L,pH 为 7 的磷酸盐缓冲溶液,储存备用。使用前将缓冲溶液以蒸馏水稀释 20 倍,即成 0.025 mol/L,pH 为 7 的磷酸盐缓冲溶液。

五、实验结果与数据处理

(1) 实验数据记录(表 4-23)。

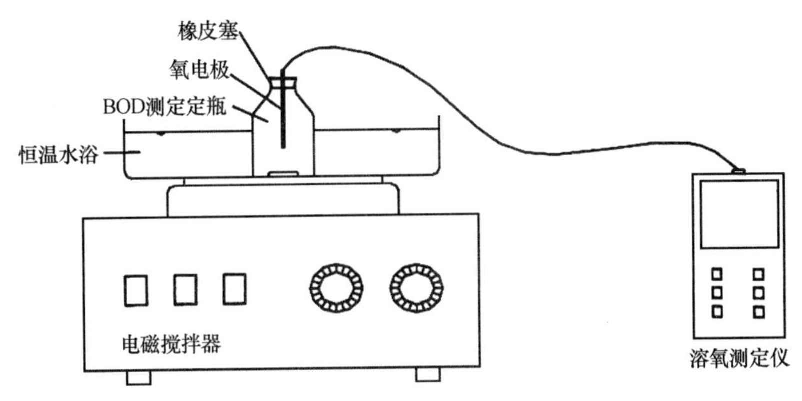

图 4-16　耗氧速率测定实验装置

表 4-23　溶解氧测定值

			备注
无基质	时间 t/min		
	DO/(mg/L)		污泥浓度
葡萄糖	时间 t/min		
	DO/(mg/L)		葡萄糖浓度
苯酚	时间 t/min		苯酚浓度
	DO/(mg/L)		

(2) 活性污泥耗氧速率的计算。

根据活性污泥的浓度、反应时间和反应瓶内溶解氧变化率求得污泥的耗氧速率 OUR：

$$\mathrm{OUR}=\frac{(DO_0-DO_t)}{t\times \mathrm{MLVSS}}$$

式中：DO_0——初始时的 DO 值；

DO_t——测定结束时的 DO 值。

(3) 以 DO 为纵坐标，以时间 t 为横坐标绘制累计耗氧曲线，以耗氧速率为纵坐标，以时间 t 为横坐标绘制污泥耗氧速率曲线。

➡ **思考题**

(1) 污泥耗氧速率与哪些因素有关？

(2) 如何通过活性污泥耗氧速率来评价有机物的降解性？

实验六　完全混合式生化反应动力学系数测定实验

一、实验目的

(1) 加深对完全混合式活性污泥系统结构及运行特点的认识；

(2) 掌握控制活性污泥系统运行参数的方法，进一步理解污泥负荷、污泥龄、溶解氧浓度等控制参数在实际运行中的作用。

二、实验原理

活性污泥法是当前应用最为广泛的污水生物处理技术之一。了解和掌握活性污泥系统特点、运行规律以及实验方法是非常重要的。完全混合式活性污泥系统曝气池内各点处于完全混合状态，水质均匀，需氧速率均衡，污泥负荷相等，微生物组成相近。有效控制运行参数是使完全混合式活性污泥系统正常运行的前提。需要控制的参数有污泥负荷、污水停留时间、曝气池中溶解氧、污泥排放量等。

完全混合式活性污泥法曝气沉淀装置见图 4-17。

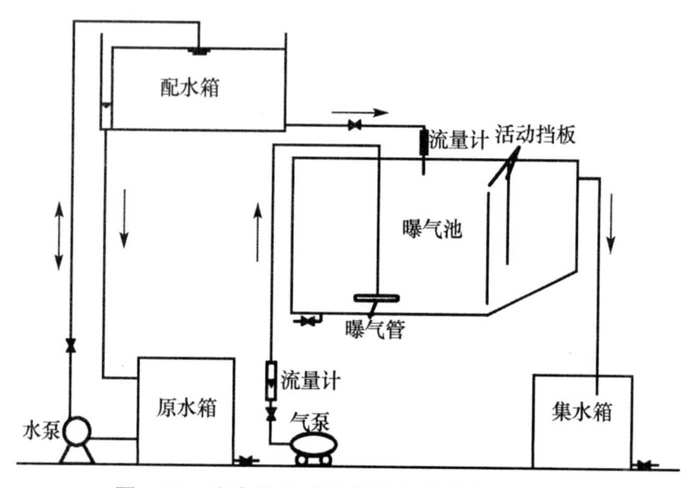

图 4-17　完全混合式活性污泥法曝气沉淀装置

1. 污泥负荷(N_s)

污泥负荷是活性污泥生物处理系统设计及运行最重要的一项参数，它表示曝气池内单位质量(kg)的活性污泥在单位时间(d)内能够接受并将其降解到预定程度的有机污染物量(COD)。它是决定有机污染物降解速度、活性污泥增长速度以及溶解氧被利用程度的最重要的因素。它同时也对污泥凝聚、吸附性能产生影响。污泥负荷的计算公式为：

$$\frac{F}{M}=N_s=\frac{QS_a}{XV}$$

式中：N_s——污泥负荷，kg COD/(kg 污泥・d)；

F——有机物量，kg；

M——微生物量，kg；

Q——污水流量，m^3/d；

S_a——原污水中有机污染物(COD)的质量浓度，mg/L；

X——混合液悬浮固体(MLSS)质量浓度，mg/L；

V——曝气池有效容积，m^3。

污泥负荷具有很高的工程应用价值，选择适宜的污泥负荷不论从工艺角度还是从经济角度都具有很重要的意义。在本次实验中，污泥负荷 N_s 应控制在 0.1～0.4 kg/(kg・d)。

2. 污泥龄(θ_c)

污泥龄是曝气池内活性污泥总量与每日排放污泥量之比，它表示活性污泥在曝气池内的平均停留时间，也称为“生物固体平均停留时间”。污泥龄一般控制在 2～10 d。计算式为：

$$\theta_c=\frac{VX}{Q_wX_r+(Q-Q_w)X_e}$$

式中：θ_c——污泥龄，d；

V——曝气池有效容积，m^3；

X——曝气池内污泥质量浓度，MLSS，kg/m^3；

Q_w——剩余污泥排放的流量，m^3/d；

X_r——剩余污泥的质量浓度，kg/m^3；

Q——污水流量，m^3/d；

X_e——排放处理水中的悬浮固体质量浓度，kg/m^3。

3. 溶解氧浓度(DO)

对于好氧生物处理系统，溶解氧浓度会直接影响微生物生理活性和对污染物的降解过程，DO 一般控制在 1.0～2.5 mg/L。

三、实验仪器

(1) 完全混合式活性污泥实验装置。

(2) 溶解氧测定仪。

(3) COD 测定仪。

(4) 烘箱。

(5) 酸度计或 pH 试纸。

四、实验步骤

(1) 活性污泥的培养和驯化。有条件的情况下最好从已运行的活性污泥池中接种，若没有条件也可以自己培养。

(2) 将待处理污水注入水箱，将培养好的活性污泥装入曝气池内，调解污泥回流缝大小和挡板高度。

(3) 用容积法调节进水流量，使流量介于 0.5～0.7 mL/s。

(4) 打开空压机，调节好气量(便于有机污染物与活性污泥絮体充分接触)，向混合液曝气，观察曝气池中的气、水混合过程，污泥在二沉池中的沉淀过程，以及污泥从二沉池向曝气池回流的情况。注意：若池中混合不好，可以稍微加大曝气量；若二沉池中污泥沉淀不理想，应稍微减小污泥的回流量；若回流污泥不畅，应适当增大回流缝高度。

(5) 测定曝气池内的水温、pH、DO 及 MLSS。

(6) 反应器运行一段时间后取进、出水水样，测定其 COD 值。

(7) 测定剩余污泥浓度。

五、实验结果与数据处理

（1）实验数据记录（表 4-24）。

表 4-24　完全混合式活性污泥处理废水实验记录

水温	pH	进水流量/(mL/s)	曝气池 DO/(mg/L)	进水 COD/(mg/L)	出水 COD/(mg/L)	曝气池 MLSS/(mg/L)	剩余污泥浓度/(mg/L)

（2）计算在实验控制条件下的污泥负荷（N_s）、污泥龄（θ_c）和有机物去除率。

➡ 思考题

（1）活性污泥处理系统控制参数主要有哪些？一般如何控制？
（2）完全混合式活性污泥法有哪些特点？
（3）实验装置中调节挡板的作用是什么？

实验七　酸性废水过滤中和实验

一、实验目的

（1）了解滤速与酸性废水浓度、出水 pH 的关系；
（2）掌握酸性废水中和的原理及工艺。

二、实验原理

许多工业废水呈酸性，在排放水体或进行生物处理、化学处理之前，必须进行中和，使废水 pH 为 6.5～8.5。目前常用的中和方法有酸碱废水中和、药剂中和及过滤中和 3 种，过滤中和具有设备简单、造价便宜、不需投加药剂、耐冲击负荷等优点，故在生产中应用很多。过滤中和与废水在滤池中的停留时间、滤速及废水中酸的种类、浓度有关，需要通过实验来确定滤速、滤料消耗量等参数，以便为工艺设计和运行管理提供依据。对于酸碱物质浓度高达 3%～5%的工业废水，应首先考虑回收，回收采用的主要方法有真空浓缩结晶法、薄膜蒸发法、加铁屑生产硫酸亚铁法（对含硫酸工业废水）等。

过滤中和法常用石灰石、白云石或大理石为滤料，适用于处理含硫酸浓度不大于 3 g/L 的酸性废水。但当废水中含有大量悬浮物、油脂、重金属盐和其他毒物时，则不宜采用过滤中和法。

在工程实际中，中和滤池主要有四种类型：普通中和滤池、恒流速升流式膨胀滤池、变流速升流式膨胀滤池、滚筒式中和滤池。过滤中和法操作简单，沉渣少，出水 pH 稳定，不影响环境卫生。但它只能处理低浓度的酸性废水，需定期倒床，劳动强度较大。

酸性废水按酸性强弱分为三类。

（1）含强酸（HCl、HNO_3），其钙盐易溶于水。

(2) 含强酸(H_2SO_4),其钙盐难溶于水。

(3) 含弱酸(H_2CO_3、CH_3COOH)。

对不同酸性废水可选用不同的滤料,目前常用的滤料有石灰石、白云石、大理石等。

第一类酸性废水用三种滤料均可,以石灰石为例:

$$2HCl+CaCO_3 \rightarrow CaCl_2+H_2O+2CO_2\uparrow$$

第二类酸性废水,因其钙盐难溶于水,会减慢反应速度,故一般用白云石做滤料。

$$2H_2SO_4+CaCO_3 \cdot MgCO_3 \rightarrow CaSO_4\downarrow+MgSO_4+2H_2O+2CO_2\uparrow$$

第三类酸性废水,因反应较慢,故应调小滤速。

三、实验设备

吸水池、耐酸泵、中和柱等。

四、实验步骤

(1) 将粒径一定的滤料装入中和柱,高约 0.8 m。

(2) 用工业盐酸配置 0.1%~0.4%浓度范围的废水,因水池容积为 0.125 m^3,故各组分别取 125 mL、250 mL、375 mL、500 mL 即可。

(3) 将取好的盐酸倒入吸水池搅匀,用酸度计测 pH 并计算酸度。

(4) 开启水泵,将酸性废水提升至中和柱中反应,并观察现象。

(5) 分别调节流量为 400 L/h、300 L/h、200 L/h、100 L/h,每个流量下让水泵运行 5 分钟后测出水的 pH($pH=-\lg[H^+]$)及酸度。

注意:每种滤速实验完后都要放空中和柱内的水再进行下一组滤速实验。

五、实验结果与数据整理

(1) 基本参数:中和柱直径 $d=15$ cm,截面面积 $A=706.5$ cm,滤料 $h=0.8$ m,酸性废水浓度 $c_0=0.0275$ mmol/L,pH=1.56。

(2) 记录实验数据(表 4-25)。

表 4-25　实验数据整理记录表

时间 t/min	5	5	5	5
流量 Q/(L/h)	400	300	200	100
滤速 $v=\frac{Q}{A}$/m/h				
出水 pH				
出水 c_i/(mmol/L)				
中和效率$(c_0-c_i)/c_i$				

➡ 思考题

(1) 根据实验结果说明影响过滤中和法处理效果的因素有哪些?

(2) 在实际工程应用中，由于废水 pH 和水量均会有波动，如何采取措施确保中和后出水 pH 的稳定？

实验八　臭氧处理有色废水

一、实验目的

(1) 了解用臭氧处理水的实验方法和装置；

(2) 测定染色废水用臭氧脱色的效果；

(3) 简单了解臭氧制备的工艺流程和臭氧发生器的操作方法。

二、实验原理

臭氧是一种强氧化剂，其氧化能力仅次于氟，比氧、氯及高锰酸钾等常用的氧化剂都强。臭氧氧化法在废水处理中主要是使污染物氧化分解，用于降低 BOD、COD、脱色、除臭、除味、杀菌、杀藻、除铁、锰、氰、酚等。

臭氧氧化法处理染料废水，主要用来脱色。一般认为染料的颜色是由于染料分子中有不饱和原子团存在，能吸收一部分可见光的缘故。这些不饱和的原子团称为发色基团。重要的发色基团有乙烯基、偶氮基、氧化偶氮基、羰基、硫羰基、硝基、亚硝基等，它们都有不饱和键，臭氧能将不饱和键打开，最后生成有机酸和醛类等分子较小的物质，使之失去显色能力。臭氧氧化烯烃类双键化合物的反应式为：

$$R_2C=CR_2+O_3 \rightarrow R_2C\begin{cases}-OOH\\-G\end{cases}+R_2C=O$$

式中：G——OH、OCH_3 等基团。

采用臭氧氧化法脱色，能将含活性染料、阳离子染料、酸性染料、直接染料等水溶性染料的废水几乎完全脱色，对不溶于水的分散染料也有良好的脱色效果，但对硫化、还原、涂料等不溶于水的染料脱色效果差。

臭氧容易分解，不能贮存与运输，必须在使用现场制备。臭氧的制备方法有无声放电法、放射法、紫外线法、等离子射流法和电解法等。水处理中常用的是无声放电法。无声放电生产臭氧的原理如图 4-18 所示。在两平行的高压电极之间隔以一层介电体（又称诱电体，通常是特种玻璃材料）并保持一定的放电间隙。当通入高压交流电后，在放电间隙形成均匀的蓝紫色电晕并放电，空气或氧气通过放电间隙时，氧分子受高能电子激发获得能量，并相互发生弹性碰撞，聚合形成臭氧分子：

$$O_2+e \rightarrow 2O+e$$

$$O+O_2 \leftrightarrow O_3$$

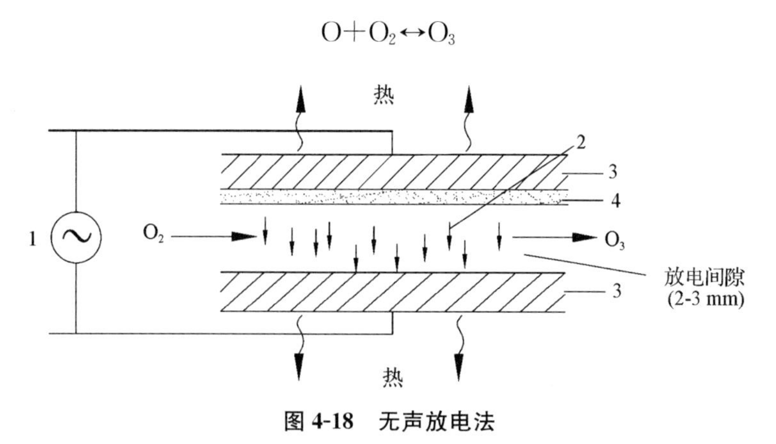

图 4-18　无声放电法

1—交流电源；2—脉冲电子流；3—电极；4—介电体

从上式的逆反应可知，生成的臭氧会分解为氧原子和氧气。当臭氧发生器的散热不良时，分解更迅速。因此，通过放电区域的氧，只有一部分能生成臭氧。当空气通过放电区域时，生成的臭氧只占总量的 0.6%～1.2%(体积比)。因此，产生的臭氧通常含有一定浓度的空气，称为臭氧化空气：

$$3O_2 \rightarrow 2O_3 - 288.9\ \text{kJ}$$

从上式可知，在放电间隙将产生大量热量，会使臭氧加速分解而影响产量。因此，采用适当的冷却措施，及时排出这些热量是提高产量及臭氧浓度，降低电耗的关键。

三、实验装置

实验装置如图 4-19 所示。

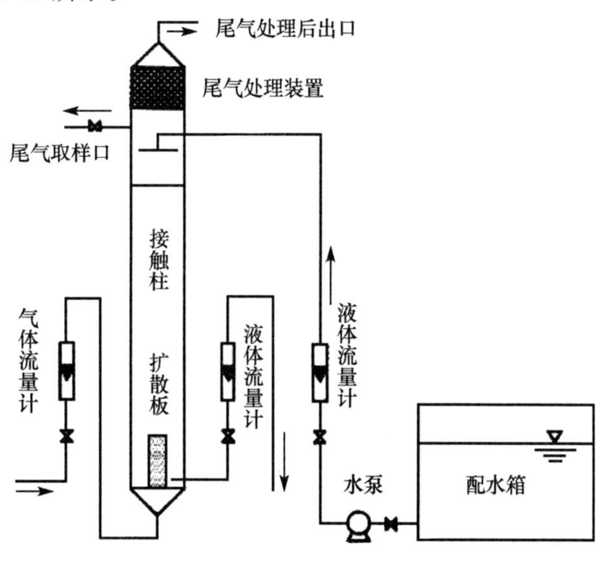

图 4-19　臭氧化气体脱色实验装置

四、实验步骤

(1) 熟悉实验装置流程,掌握仪器使用方法。

(2) 用染料配制一种或多种不同色度的实验用水样。

(3) 用泵输送水样到接触反应柱中,调节转子流量计并记录流量(L/h),使水样保持一定的高度。

(4) 将臭氧的输出口接到装置上,取样出口接到取样分析装置上。

(5) 按臭氧发生器装置的操作说明启动发生器。

(6) 用转子流量计控制进入接触反应柱中的臭氧投加量(L/h),待反应柱稳定工作数分钟后,测定进、出水色度,进柱臭氧和尾气臭氧的浓度,注意观察接触反应柱内水样颜色的变化情况。

(7) 改变进、出水流量(使接触反应柱的水位保持一定的高度)或原水浓度,测定表4-26所列项目。

表 4-26 臭氧处理有色废水实验记录

水样编号	染料品种	水样染料浓度/(mg/L)	水样色度* A_1	进水流量/(L/min)	进气流量/(L/min)	进气压力/Pa	臭氧浓度/(mg/L)		臭氧投量/(mg/L)	出水色度* A_2	接触柱内水深/cm	接触柱内内径/cm	水样达到脱色要求所需时间/min	初级电压/V	电流/A	脱色效果/%	臭氧利用系数/%
							进气 C_1	尾气 C_2									

* 色度按稀释倍数计

(8) 实验完毕,按臭氧发生器装置操作要求停机。

五、实验结果与数据处理

接触时间

$$T=V/Q(\text{min})$$

水样体积

$$V=\pi\cdot d^2\cdot H/4\,000(\text{L})$$

流速

$$u=0.6H/T(\mathrm{m/h})$$

式中：Q——有色水流量，L/min；

H——水柱高度，cm；

d——接触柱内径，cm。

六、注意事项

因本实验的臭氧发生器部分电压高，实验装置又较多，同时要防止臭氧泄漏，因此必须做到：

(1) 实验前熟悉实验讲义和实验装置。

(2) 通电后不得随意乱动臭氧发生器上的各种开关和旋钮，并注意观察有无漏气现象。

(3) 实验过程中，不得擅离岗位，若有异常情况发生，必须立即找辅导实验的老师处理。

➡ *思考题*

(1) 简述臭氧处理印染有色废水的实验工艺流程。

(2) 臭氧化气体在水处理上还有哪些用途？

(3) 对输送臭氧化气体的管道材料有什么要求？

(4) 臭氧氧化能力与其他常见氧化剂氧化能力相比如何？

实验九　电渗析除盐实验

一、实验目的

(1) 了解电渗析装置的构造及工作原理；

(2) 掌握电渗析法除盐技术，会计算脱盐率及电流放率；

(3) 通过实验加深理解电渗析除盐的工作原理。

二、实验原理

电渗析法的工作原理是在外加直流电场作用下，利用离子交换膜的选择透过性(即阳膜只允许阳离子透过，阴膜只允许阴离子透过)，使水中阴、阳离子做定向迁移，从而达到离子从水中分离的目的。

电渗析装置(图 4-20)是由许多只允许阳离子通过的阳离子交换膜 C 及只允许阴离子通过的阴离子交换膜 A 组成的。在阴极与阳极之间将阳膜与阴膜交替排列，并用特制的隔板将两种膜隔开，隔板内有水流的通道，进入淡室的含盐水，在两端电极接通直流电源后，即开始了电渗析过程，水中阳离子不断透过阳膜向阴极方向迁移，阴离子不断透过阴膜向阳极方向迁移，结果是含盐水逐渐变成淡化水。而进入浓室的含盐水由于阳离子在向阴极方向迁移中不能透过阴膜，阴离子在向阳极方向迁移中不能透过阳膜，于是，含盐水中不断增加由邻近淡室迁移透过的离子而变成浓盐水。这样，在电渗析装置中，就形成了淡水和浓水两个

系统。与此同时，在电极和溶液的界面上，通过氧化还原反应，发生电子与离子之间的转换，即电极反应。以食盐水溶液为例，

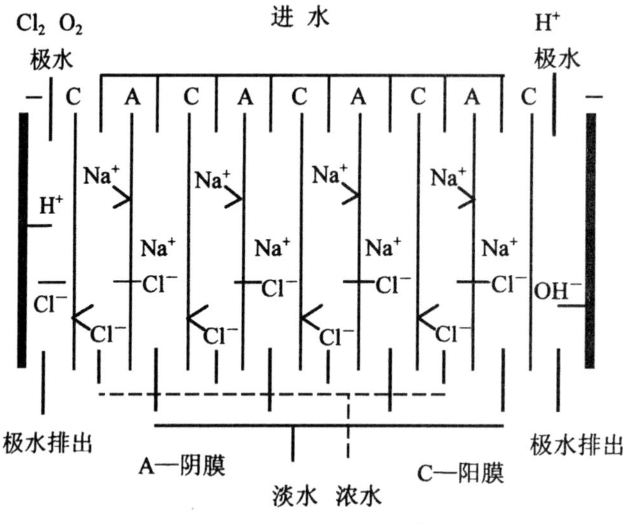

图 4-20 电渗析原理示意图

阴极还原反应为：

$$H_2O \rightarrow H^+ + OH^-$$

$$2H^+ + 2e^- \rightarrow H_2 \uparrow$$

阳极氧化反应为：

$$H_2O \rightarrow H^+ + OH^-$$

$$4OH^- \rightarrow O_2 \uparrow + 2H_2O + 4e^- \text{ 或 } 2Cl^- \rightarrow Cl_2 \uparrow + 2e^-$$

所以，在阴极不断排出氢气，在阳极则不断排出氧气或氯气。阴极室溶液呈碱性，当水中有 Ca^{2+}，Mg^{2+}，HCO_3^- 等离子时，会生成 $CaCO_3$ 和 $Mg(OH)_2$ 水垢，集结在阴极上；而阳极室溶液则呈酸性，对电极造成强烈的腐蚀。在电渗析过程中，电能的消耗主要用来克服电流通过溶液、膜所受到的阻力以及进行电极反应。运行时，进水分别流经浓室、淡室、极室。淡室出水即为淡化水，浓室出水即为浓盐水，极室出水可不断排出电极过程的反应物质，以保证渗析的正常进行。

三、实验装置及仪器

(1) 电渗析装置：压板、电极托板、电极、极框、阴膜、阳膜、浓水隔板、淡水隔板等。

(2) 整流器(1 台)。

(3) 电导仪(1 台)。

(4) 酸槽(PVC)。

(5) 泵(1 台)。

(6) 原水水槽(1 个)。

(7) 恒温烘箱(1 台)。

(8) 陶瓷蒸发皿(10 个)。

(9) 分析天平(1 台)。

四、实验试剂

氯化钠 NaCl (0.1 mol/L)。

五、实验步骤

1. 电渗析装置运行前的准备工作

用原水浸泡阴、阳膜，使膜充分伸胀(一般泡 48 h 以上)，待尺寸稳定后洗净膜面杂质。然后清洗隔板及其他部件，组装好电渗析装置(图 4-21)。

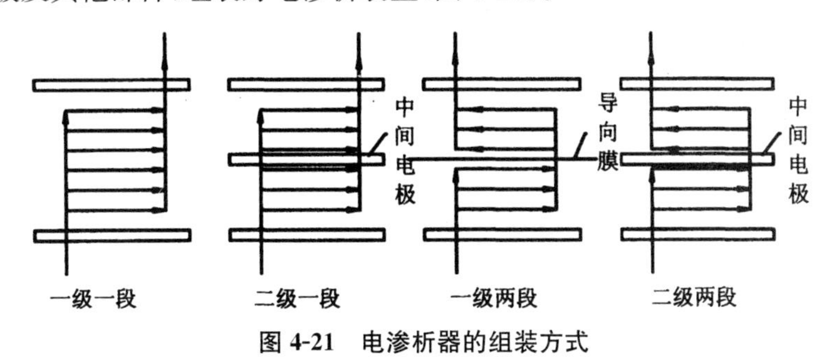

图 4-21　电渗析器的组装方式

2. 开启电渗析装置及其工作过程

(1) 打开电渗析进水流量计前的排放阀，打开水泵的回流阀，关闭流量计前的淡、浓、极水阀，打开淡水出口的放空阀，开动水泵。

(2) 同步缓缓地开启流量计前的浓、淡、极水阀，关闭水泵回流阀，关闭流量计前的排放阀，调节流量(记录 Q)并保证压力均衡。

(3) 待流量稳之后，开启整流器使之在某相运行并调到相应的控制电压值。

(4) 测定淡水进、出口水质，待水质合格后，打开淡水池阀门，然后关闭淡水出口排水阀。

(5) 每隔 10 min 用重量法测定淡水进出口的含盐量(共计要取 5 个样品)。

3. 水中含盐量的分析(重量法测定水中含盐量)

(1) 将 2 个陶瓷的蒸发皿在 105 ℃的恒温烘箱中烘干，然后取出放在干燥器内冷却至室温，冷却后称重(以至达到恒重)，记录其重量 W_0。

(2) 取一定体积的水样(100 mL)放在称量过的蒸发皿中，在烘箱内(105 ℃)继续烘干、冷却、称重，记录 W。

4. 停止电渗析装置

(1) 打开淡水出口的放空阀，并关闭淡水进水池的阀门，将电压调至零，切断整流器电源。

(2) 打开水泵回流阀，打开流量计前的排放阀，同步关闭流量计前的浓、淡、极水阀门，停泵，关闭流量计前的排放阀，关闭水泵回流阀。

5. 手动倒换电极

(1) 打开淡水排放阀，关闭淡水进水池的阀门，将电压调零后停电。

(2) 对浓水循环系统，须将进水阀门换向，并调整好流量。

(3) 将整流器换相送电，并将电压调至控制值。注意，此时浓水、淡水的出水正好与原先相反。

(4) 过 3～5 min 后，检查淡水水质，确认合格后，打开此时的淡水进水管阀门，关闭此时的淡水出水口排放阀门。

六、实验结果与数据整理

1. 水中含盐量

$$含盐量/(mg\cdot L^{-1})=\frac{W-W_0}{V}\times 10^6$$

式中：W——蒸发皿及残渣的总质量，g；

W_0——蒸发皿质量，g；

V——水样体积，mL。

2. 脱盐率

$$脱盐率=\frac{C_1-C_2}{C_1}\times 100\%$$

式中：C_1——进口食盐量，mg/L；

C_2——出口含盐量，mg/L。

3. 电流效率

$$电流效率=\frac{q(C_1-C_2)F}{1\,000I}\times 100\%$$

式中：q——一个淡水室(相当于一对膜)的出水量，L/s；

F——法氏常数，96 500，C/mol；

I——电渗析装置的实际操作电流，A。

➡ **思考题**

(1) 水中的阴、阳离子是怎样迁移的？

(2) 阴极室的溶液中离子怎样变化？

(3) 电渗析装置包括哪些部分？

第三节　水处理单元工艺模型演示实验*

实验一　斜板(斜管)沉淀池实验

一、实验目的

(1) 通过模型的模拟试验进一步了解斜板沉淀池的构造及工作原理；

(2) 掌握斜板沉淀池的运行操作方法；

(3) 了解斜板沉淀池运行的影响因素。

* 该部分实验主要通过模型演示帮助学生掌握常见工艺单元的运行方式和基本操作，指导教师根据情况选做。

二、实验原理

斜板沉淀池是将放置于沉淀池中与水平面成一定角度(一般 60°左右)的众多斜板构成的,水流方向或从下向上或从上向下或水平方向,颗粒沉淀于斜板底部,当累积到一定程度时,便自动滑下。

斜板沉淀池在不改变有效容积的情况下,可以增加沉淀面积,提高颗粒的去除效率,将板与水平面呈一定角度放置有利于排泥,因而斜板沉淀池在生产实践中有较高的应用价值。

按照斜板沉淀池中的水流方向,斜板沉淀池可分为以下四种类型。

1. 异向流斜板沉淀池

水流方向与污泥沉降方向不同,水流向上流动,污泥向下滑,异向流斜板沉淀池是最为常用的方法之一。

2. 同向流斜板沉淀池

水流方向与污泥沉降方向相同。与异向流相比,同向流斜板沉淀池由于水流方向与沉降方向相同,因而有利于污泥的下滑,但其结构较复杂,应用不多。

3. 横向流斜板沉淀池

斜板沉淀池在长度方向布置斜板,水流沿池长方向横向流过,沉淀物沿斜板滑落,其沉淀过程与平流式沉淀池类似。

4. 双向流斜板沉淀池

在沉淀池中,既有同向流斜板又有异向流斜板。

斜板沉淀池的构造及工作原理如图 4-22 所示。

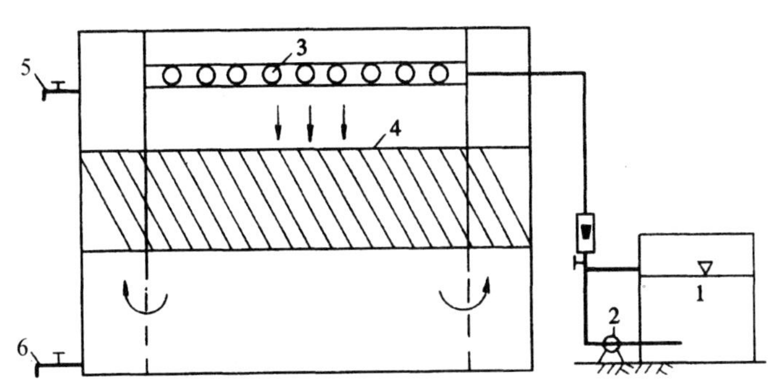

图 4-22　斜板沉淀池装置示意图

1—水箱;2—水泵;3—配水管;4—斜板;5—出水管阀门;6—排泥管阀门

斜板沉淀池一般由清水区(集水分流)、斜板区、配水区、积沉区几个部分组成,在工艺方面有以下特征:① 沉淀效率高;② 停留时间短;③ 占地面积省;④ 建设费用较高。

本实验采用双向流斜板沉淀模型装置。斜板沉淀池在运行时,首先开启水泵,原水流入进水管,接着进入斜板沉淀池顶部中间的穿孔配水管,然后向下流穿过一组斜板到达沉淀池底部的连通空间,流向沉淀池的两侧,随后向上分别流经两侧的斜板区。污泥在斜板上沉积后滑入池底,通过穿孔排泥管定期排放,清水则在沉淀池顶部的穿孔集水槽汇集,然后由出水管输出。

三、实验装置及仪器

(1) 斜板沉淀池模型。

(2) 水泵(1 台)。

(3) 浊度计(1 支)。

(4) 酸度计(1 台)。

(5) 投药设备(1 台)。

(6) 温度计(1 支)。

(7) 烧杯(200 mL,3～5 个)。

四、实验试剂

混凝剂:$FeCl_3 \cdot 6H_2O$;$Al_2(SO_4)_3 \cdot 18H_2O$。

五、实验步骤

(1) 用清水注满沉淀池,检查是否漏水,水泵与阀门等是否正常完好。

(2) 一切正常后,测量原水的 pH、温度、浊度并记录。

(3) 然后将混凝剂投入原水,使水出现矾花。

(4) 打开电源,启动水泵电机,将原水样打入机械反应斜板(斜管)沉淀池,并调整流量。流量要适当,过大会降低沉淀效果,具体选择视水质而定。

(5) 根据实验情况,加大和减小进水流量,测定不同负荷下进、出水的浊度,并计算去除率。

(6) 定期从污泥斗排泥。

(7) 测定不同原水或混凝剂,以及不同投加量的混凝剂的浊度,计算去除率。

六、实验结果与数据整理

(1) 根据测得的进、出水浊度计算去除率。

(2) 将实验中测得的各技术指标填入表 4-27 中。

表 4-27 实验记录

序号	原水		投药		浊度		
	水温/℃	流量/($L \cdot h^{-1}$)	名称	投药量/($mg \cdot L^{-1}$)	进水	出水	去除率/%
1							
2							
3							
4							
5							
6							

➡ 思考题

(1) 斜板沉淀池与其他沉淀池相比有什么样的优点?

(2) 双向流斜板沉淀池的运行方式是怎样的?

实验二 脉冲澄清池

一、实验目的

(1) 通过模型演示,了解脉冲澄清池的构造及工作原理;

(2) 观察矾花悬浮层的作用和特点;

(3) 掌握脉冲澄清池使用方法及注意事项。

二、实验原理

澄清池是目前给水处理中常用的处理装置,常用于去除水中粒径较小、比重较轻(但大于1)的悬浮物质。澄清池的种类很多,一般常用的有机械加速澄清池、水力循环澄清池、脉冲澄清池等。被处理水在进入澄清池之前先要投加混凝剂。澄清池具有处理效果好,生产效率高,占地面积小,以及节省药剂等优点。但也存在进水水质变化较大时出水水质不稳定,池子结构较复杂等缺点。

澄清池是利用悬浮层中的矾花与原水中悬浮颗粒的接触发生絮凝作用,来去除原水中的悬浮杂质。接触絮凝的机理包括矾花与矾花、矾花与原水中悬浮杂质之间的碰撞作用,矾花对原水悬浮颗粒及其他杂质的吸附作用等。在完成接触絮凝作用后,矾花从原水中分离出来进入集泥斗。在澄清池这一个构筑物中就完成了混合、反应、沉淀分离等过程,使原水得到澄清。由于较好地利用了有吸附絮凝能力的矾花来处理原水,所以提高了生产率,并节约了混凝剂的用量。

三、运行方式

原水经泵通过转子流量计流入进水室后,进水室水位上升,当上升到一定高度时,钟罩脉冲虹吸发生器发生脉冲虹吸作用(即一段时间内澄清池内进水,一段时间内澄清池内澄清,交替运行),使进水室中的原水以脉冲的方式大量流入中央管井并快速从配水管的孔口中喷出,经稳流板稳流后,以较慢的速度上升,原水的上升能量使澄清池底部的悬浮矾花与原水混合搅拌,完成矾花与悬浮物质的碰撞与吸附作用。同时原水的进入也使得澄清池内的水位上升,把澄清池内已澄清的水顶入出水渠道中排出。过剩的矾花则从集泥斗定时排放。由于活性悬浮矾花层会随脉冲水流有规律地上下运动,使矾花分布更均匀,避免了一般悬浮澄清池易于局部穿透的缺点,加强了矾花的接触絮凝作用。脉冲澄清池的构造及布置如图4-23所示。

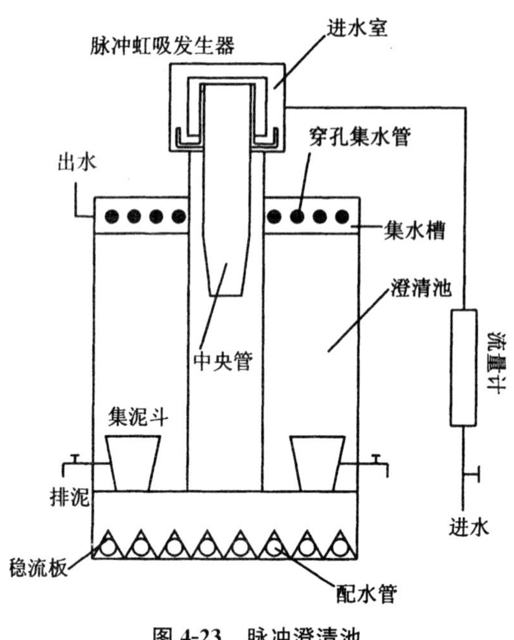

图 4-23　脉冲澄清池

四、实验装置及仪器

(1) 有机玻璃脉冲澄清池 1 套。

(2) 光电浊度仪 1 台。

(3) pH 酸度计 2 台。

(4) 投药设备 1 套。

(5) 温度计 1 支。

(6) 200 mL 烧杯 2 个。

五、实验步骤

(1) 对照模型熟悉脉冲澄清池的构造及工艺流程。

(2) 启泵,用清水试运行一次,检查各部件是否正常,掌握各阀门的使用方法。

(3) 参考混凝实验的最佳投药量的结果,向原水箱内投加混凝剂,搅拌均匀后重新启泵运行。

(4) 启泵的同时调整转子流量计以调节流量。

(5) 当矾花悬浮层形成并能正常运行时,选几个流量运行。

(6) 分别测定出各流量下的进、出水浊度,计算出去除率。

(7) 当集泥斗中泥位升高或澄清池内泥位升高时应及时排泥。

实验结果记录于表 4-28 中。

表 4-28　实验记录

序号	原水			投药		浊度			观察矾花悬浮层变化情况
	pH	水温/℃	流量/（$L \cdot h^{-1}$）	名称	投药量/（$mg \cdot L^{-1}$）	进水	出水	去除率/%	
1									
2									
3									
4									
5									

注：在流量选定时，以清水区上升流速不超过 1.1 mm/s 为宜。如上升流速过大，效果不好。

六、思考与讨论

（1）虹吸发生器脉冲虹吸作用发生的原理是什么？

（2）简述脉冲澄清池的运行特点。矾花悬浮层的作用是什么？

实验三　机械搅拌澄清池

一、实验目的

（1）了解并掌握机械搅拌澄清池的组成及操作使用方法；

（2）通过实验加深对机械搅拌澄清池工作原理的理解。

二、实验原理

机械搅拌澄清池属于泥渣循环型澄清池。与水力循环澄清池不同，机械搅拌澄清池是借助机械抽升使池内泥渣得以循环回流。其特点是池内安装搅拌设备，一方面，提升叶轮将回流水从第一絮凝室提升到第二絮凝室，使回流水中的泥渣不断在池内循环；另一方面，搅拌桨使第一絮凝室内的水体和进水迅速混合，泥渣随水流处于悬浮和环流状态。搅拌设备使原水在第一、第二絮凝室内充分接触絮凝。

机械搅拌澄清池主要由第一絮凝池、第二絮凝池及分离室组成。池体整体上部是圆筒形状，下部是截头圆锥状。加过药剂的原水在第一絮凝室和第二絮凝室与高浓度的回流泥渣相接触，达到较好的絮凝效果，结成大而重的絮凝体，在分离室进行分离。

机械搅拌澄清池的构造如图 4-24 所示。其工作原理如下：原水（投加混凝剂后）由进水管通过环形三角配水槽的缝隙均匀流入第一絮凝室，在搅拌设备的作用下，在第一絮凝室与回流泥渣充分混合，经提升叶轮与第一絮凝室的缝隙被提升至第二絮凝室。第二絮凝室设有导流板，用以消除叶轮提升时引起的水的旋转，使水流平稳地经导流室进入分离室。分离室中下部为泥渣层，上部为清水层，清水向上经集水槽流至出水槽。向下沉降的泥渣一部分沿锥底的回流缝再进入第一絮凝室，重新参加絮凝，一部分泥渣自动排入泥渣浓缩室进行浓缩,至适当浓度后经排泥管排除。澄清池底部设有放空管,以备放空检修之用。当泥渣浓缩室排泥不能消除泥渣上浮时,也可用放空管排泥。

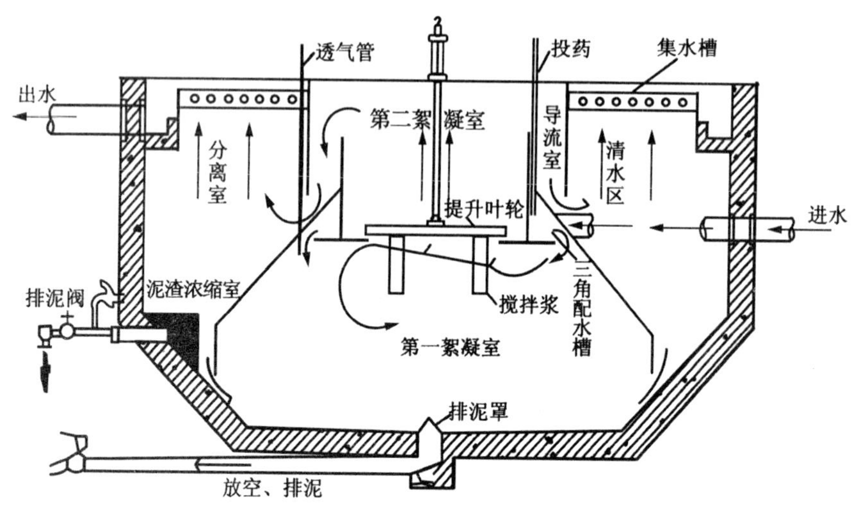

图 4-24　机械搅拌澄清池

三、实验装置及仪器

(1) 机械搅拌澄清池(1 套)。

(2) 浊度计(1 台)。

(3) pH 计(1 台)。

(4) 温度计(1 支)。

(5) 500 mL 烧杯(若干)。

(6) 高岭土。

(7) 硫酸铝。

四、实验步骤

(1) 对照模型熟悉机械搅拌澄清池的构造及工艺流程。

(2) 开启水泵,用清水试运行一次,检查各部件是否正常,熟悉各阀门的使用方法。

(3) 测定原水的 pH、水温、浊度。

(4) 向原水箱中投加混凝剂(参考混凝实验的混凝剂最佳剂量),搅拌均匀后重新启动水泵运行。

(5) 当矾花悬浮层形成并能正常运行时,设定不同的流量,分别测定不同流量下运行的进、出水浊度,计算去除率。

(6) 当澄清池内泥位升高时应及时排泥。

五、实验结果

将实验数据填入表 4-29 中。

表 4-29　机械搅拌澄清池数据记录

序号	流量/(L/h)	投药量/(mg/L)	剩余浊度/NTU	去除率/%	现象描述
1					
2					
3					
4					
5					
备注	原水 pH=	水温= ℃	浊度=	NTU	

➡ 思考题

(1) 总结机械搅拌澄清池的操作运行方法及工艺特点。

(2) 比较脉冲澄清池、水力循环澄清池、机械搅拌澄清池的优缺点。

实验四　重力无阀滤池

一、实验目的

(1) 通过有机玻璃模型观察试验，加深对无阀滤池工作原理及性能的理解；

(2) 掌握无阀滤池的运转操作及使用方法；

(3) 熟悉各部件的作用、名称、主要部分几何尺寸及设计原理。

二、实验原理与装置

原水由泵经过进水管进入高位水箱，经过气水分离器进入滤层，自上而下的过滤，滤后水从连通渠进入清(冲洗)水箱。水箱充满后，水从出水箱溢入清水池，如图 4-25 所示。

滤池运行中，滤层不断截留悬浮物，阻力逐渐增加，因而促使虹吸上升管内的水位不断升高，当水位达到虹吸辅助管管口时，水自该管中落下，并通过抽气管不断将虹吸下降管中的空气带走，使虹吸管内形成真空，发生虹吸作用，则水箱中的水自下而上地通过滤层，对滤料进行反冲洗。反冲洗开始时，滤池仍在进水，进水和冲洗废水同时经虹吸上升管、下降管排至排水井排出，当冲洗水箱水面下降到虹吸破坏管管口时，空气进入虹吸管。虹吸作用破坏，滤池反冲洗结束，进入下一周期的运行。

三、实验步骤

(1) 对照模型及图纸熟悉各部件的作用及操作方法。

(2) 启泵通水，检查设备是否有漏水、漏气处。

(3) 按滤速 $v=8\sim12$ m/h 进行过滤试验。

(4) 运行时观察虹吸上升管的水位变化情况，连续运行 30 min 即可停止。

(5) 利用人工强制冲洗法作反冲洗实验。

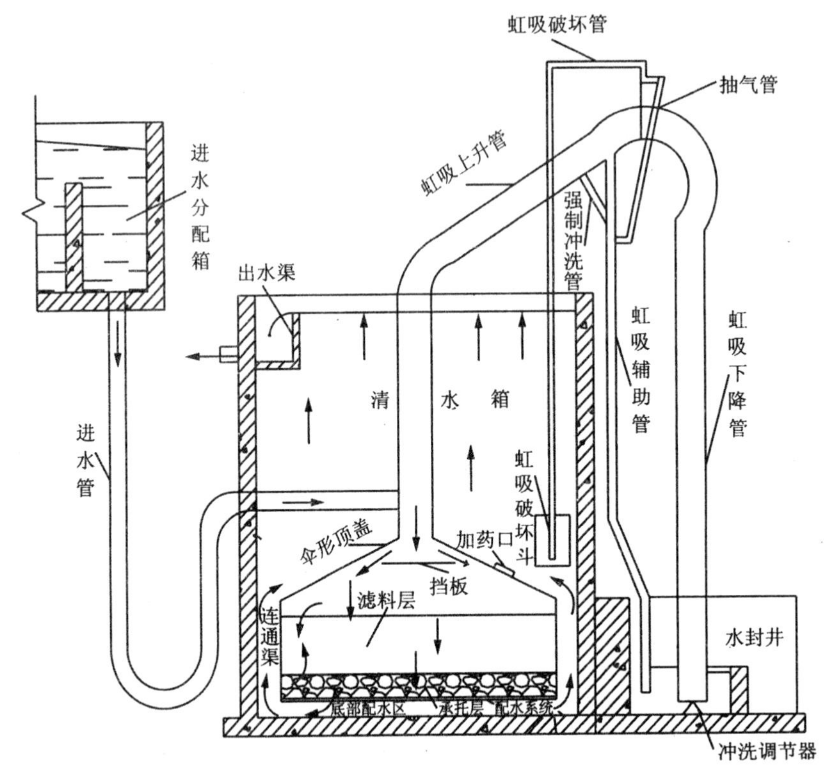

图 4-25 重力无阀滤池装置

(6) 列表计算冲洗强度与膨胀率,每组数据最少做 2 次。

表 4-30 无阀滤池冲洗强度实验

滤池过滤面积/m^2	滤层高度/m	作用水头/m		冲洗总水量/m^3	冲洗历时/min	膨胀率 e/%
		开始 H	终点 h			

思考题

(1) 总结无阀滤池过滤及反冲洗的操作方法及注意事项。

(2) 进水管上的气水分离器为什么不采用 U 型管?

实验五 虹吸滤池实验

一、实验目的

(1) 本实验装置是虹吸滤池内部构造的演示模型。通过模型演示实验加深对虹吸滤池工作原理的理解;

（2）了解、掌握虹吸滤池的操作使用方法。

二、实验原理

虹吸滤池是采用真空系统来控制进水虹吸管、排水虹吸管水量，并采用小阻力配水系统的一种新型滤池，工艺流程如图 4-26 所示。因完全采用虹吸真空原理，省去了各种阀门，只在真空系统中设置小阀门即可完成滤池的全部操作过程。虹吸滤池是将若干个单格滤池组成一组，滤池底部的清水区和配水系统彼此相通，可以利用其他滤格的滤后水来冲洗其中一格。因这种滤池是小阻力配水系统，可利用因出水堰口高于排水槽一定距离而产生的滤后水位能作为反冲洗的动力（即反冲洗水头），不需专设反冲洗水泵。

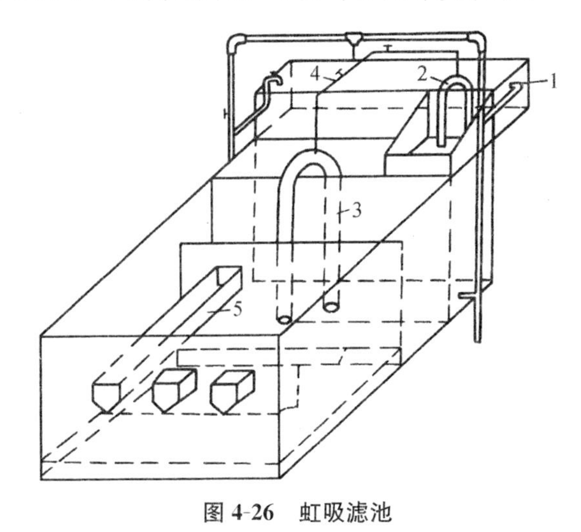

图 4-26　虹吸滤池

1—进水总渠；2—进水虹吸管；3—排水虹吸管；4—抽气管；5—排水槽

三、实验装置及仪器

（1）有机玻璃制虹吸滤池实验装置 1 套。

（2）浊度仪 1 台。

（3）酸度计 1 台。

（4）真空泵。

（5）玻璃烧杯。

四、实验步骤

（1）过滤过程：打开进水虹吸管上的抽气阀门，启动真空泵，形成真空后即关闭。启动原水泵，调整流量，原水自进水槽通过进水虹吸管、进水斗流入滤池过滤，滤后水通过滤池底部空间经连通渠、连通管、出水槽、出水管送至清水池。

（2）反冲洗过程：当某一格滤池阻力增加，滤池水位上升到最高水位或出水水质大于规定标准时，应进行反冲洗。先打开进水虹吸管的放气阀门，破坏虹吸作用，停止进水，然后打开排水虹吸管上的抽气阀门，启动真空泵开始抽气，形成真空后即可停关闭阀门，使池内水位迅速下降。冲洗水由其余几个滤格供给，经底部空间通向砂层，使砂层得到反冲洗。反冲洗后的水经冲洗排水槽、排水虹吸管、管廊下的排水渠以及排水井、排水管排出。冲洗完毕后，打开排水虹吸管上的放气阀门，虹吸破坏，再按过滤操作过程恢复过滤即可。

➡ 思考题

（1）观察反冲洗时水位的变化规律。

（2）通过实验总结说明此种滤池的主要优缺点及模型存在的问题，提出改进措施。

实验六　V型滤池过滤实验

一、实验目的

（1）通过对池体的直观观察，加深对V型滤池工作原理的理解；

（2）了解、掌握气水反冲程序的操作与使用。

二、实验原理

V型滤池的构造如图4-27所示。

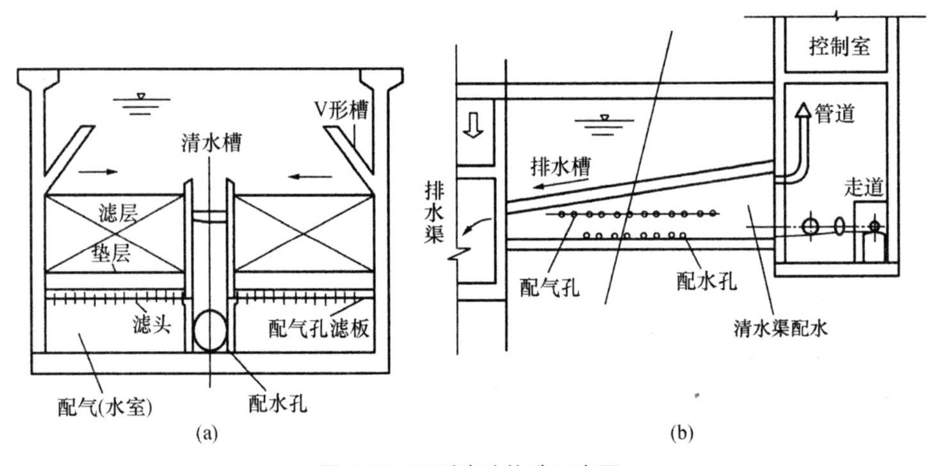

图4-27　V型滤池构造示意图

进水由V形槽均匀流入池内。排水槽设在中间以便于表面冲洗水就近流入排水渠。排水渠的一侧有排水阀。排水槽下层为清水渠。清水渠同时作为气冲和水冲总渠，沿渠的孔口可将空气和水均匀分布到每个滤池的配气(水)室。

过滤时，待滤水由进水总渠经水气动隔膜阀和方孔，溢过堰口，再经侧孔进入V形槽，经V形槽底小孔和槽顶溢流堰溢流均匀进入滤池，而后经过砂滤层和长柄滤头流入底部空间，再经方孔汇入中央气水分配渠内，最后由管廊中水封井、出流堰、清水渠流入清水池。滤速在7～20 m/h范围内调节，视原水水质变化调节出水蝶阀开启程度来实现等速过滤。

反冲洗时，进水阀关闭，但两侧方孔常开，故仍有一部分水继续进入V形槽，并经槽底小孔进入滤池。而后开启排水阀，将池面水从排水槽中排出，至滤池水面与V形槽顶相平。冲洗操作可采用“气冲→气水同时冲→水冲”，也可采用“气水同时反冲→水冲”。

（1）启动鼓风机，打开进气阀，空气经气水分配渠的上部小孔均匀进入滤池底部，由长柄滤头喷出，将滤料表面杂质擦洗下来并悬浮于水中。通过V形槽小孔继续扫洗，将杂质推向中央排水渠。

（2）启动冲洗水泵，打开冲洗水阀，此时空气和水同时进入气水分配渠，经方孔、小孔和长柄滤头均匀进入滤池，使滤料进一步被冲洗，同时继续横向冲洗。

（3）停止气冲，单独用水再反冲洗几分钟，加上横向扫洗，将悬浮于水中的杂质全部冲入排水槽。

采用气水反冲洗时的冲洗强度如表4-31所示。

表4-31　气水反冲洗时的冲洗强度

冲洗类型	冲洗强度 $L/(m^2 \cdot s)$	冲洗时间 min
气冲	14～17	4
水冲＋气冲	(14～17＋4)	4
水冲	4	2
横向扫洗	1.4～2.0	开始至结束

因水流反洗强度小，故滤料不会膨胀。总的反洗时间约为10 min。其主要特点有：

（1）可采用较粗滤料、较厚滤层以增大过滤周期。由于反冲洗滤层不膨胀，故整个滤层在深度方向的粒径分布基本均匀，不发生水力分级现象，提高了滤层含污能力。一般采用石英砂，有效粒径 $d_{10}=1.95\sim1.50$ mm，不均匀系数 $K_{80}=1.2\sim1.6$，滤层厚度0.95～1.5 m。

（2）气水反冲加上始终存在的横向表面扫洗，使冲洗效果良好，大大减少了冲洗水量。

三、实验装置及仪器

（1）V型滤池模型装置一套，包括池体、配水系统、配气空滤板、气吸管、水冲洗水管、滤料层、进水V形槽、排水槽、清水渠、排水渠等、进水与反冲洗泵1台、空气压缩机1台、废水水箱1个、反洗水箱1个、排水软管1根、实验台架1套、连接的管道、阀门等若干。

（2）浊度仪。

（3）滤纸。

（4）天平。

（5）pH计。

四、实验步骤

（1）过滤：打开进水泵开关，水流经V形槽、滤层流入清水渠。

（2）反冲洗：关闭进水阀，打开反冲洗阀，开启气泵进行气冲，然后开启水泵进行水冲。反冲洗水从反冲洗排水槽排走，冲洗时间可参照表4-31安排。

➡ 思考题

(1) V 型滤池的 V 形槽有何作用?

(2) 试比较普通滤池、虹吸滤池和 V 型滤池的优缺点。

实验七　间歇式活性污泥反应器(SBR)模型实验

一、实验目的

(1) 通过 SBR 模型,了解和掌握 SBR 反应器的构造与原理;

(2) 通过模型演示实验,理解和掌握 SBR 法的特征。

二、实验原理

间歇式活性污泥处理系统,又称序列活性污泥处理系统(Sequencing Batch Reactor, SBR),是活性污泥法的一种变形工艺。该工艺被称为序批间歇式有两个含义:一是运行操作在空间上按序排列,是间歇的;二是运行操作在时间上也是按序进行,也是间歇的。

SBR 工艺作为活性污泥法的一种,其去除有机物的机理与传统的活性污泥法相同,即污水中的有机物作为营养物质被微生物摄取、代谢与利用,微生物获得能量合成新的细胞,得到增长。同时活性污泥的絮凝、吸附、沉淀等过程也能实现有机污染物的去除,使污水得到净化。典型的 SBR 系统包含一座或几座反应池及初沉池等预处理设施和污泥处理设施,反应池兼有调节池和沉淀池的功能。

SBR 反应器的运行操作分 5 个阶段,即进水、反应、沉淀、排放和待机(闲置),其操作工序示意图如图 4-28 所示,从进水到待机的整个过程称为一个运行周期。当反应池充水,开始曝气后,就进入了反应阶段,待有机物含量达到排放标准或不再降解时,停止曝气。混合液在反应器中处于完全静止状态,进行固液分离,一段时间后,排放上清液。保留活性污泥在反应池内(多余的污泥可通过放空管排出),反应池处于准备进行下一周期运行的待机状态,至此就完成了一个运行周期。间歇式活性污泥处理系统具有以下工艺特征:

(1) 在多数情况下(含工业废水处理)无设置调节池的必要。

(2) 不设二沉池,反应池兼具二沉池的功能,也不设污泥回流设备。

(3) SVI 值较低,污泥易于沉淀,一般情况下,不产生污泥膨胀。

(4) 曝气池容积小于连续式,建设费用和运行费用少。

(5) 易于维护管理,出水水质优于连续式。

(6) 通过对运行方式进行调节,能够在单一的反应池内脱氮除磷。

(7) 各操作阶段及各运行指标都能通过计算机加以控制,易于实现自动控制和优化运行。

三、实验步骤

(1) 打开配水箱上的配水阀,开启污水泵,直到达到反应器所要求的最高水位。

(2) 关闭水泵，打开气阀，通过增氧开关开启气泵，开始曝气，此即反应阶段。也可以在开启水泵的同时打开气阀进行曝气。

(3) 经过一段时间的曝气后，关闭气阀和增氧开关，使反应器内的混合液静置。曝气时间的长短可以自由设定，亦可以由其他的运行参数来控制，例如，当溶解氧达到某一数值时即关闭气阀。

(4) 静置一段时间后(静置时间可自由设定，其目的是使混合液中的污泥充分沉淀)，打开电磁阀开关，排出上清液至最低水位，可同时打开反应器底部排泥阀排出剩余污泥。

(5) 停止泄水，关闭排泥阀，反应器进入待机阶段，至此 SBR 工艺的一个运行周期结束。

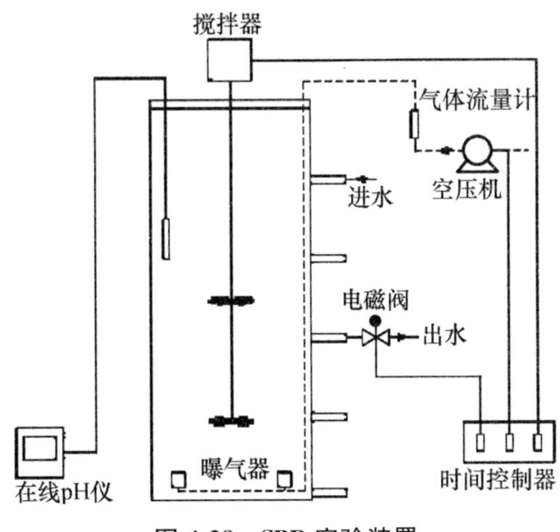

图 4-28　SBR 实验装置

➡ 思考题

(1) 间歇式活性污泥系统与传统活性污泥法有何区别？

(2) SBR 反应器的运行操作工序分为哪些阶段？

(3) 为什么对 SBR 反应器的运行方式进行调节能够实现脱氮除磷？

实验八　卡鲁塞尔(Carrousel)2000 氧化沟模型演示实验

一、实验目的

(1) 通过实验加深对氧化沟的工作原理和特征的理解；

(2) 熟悉卡鲁塞尔氧化沟的构造和主要组成；

(3) 了解卡鲁塞尔氧化沟的运行操作要点。

二、实验原理

氧化沟是常用的污水生物处理的构筑物之一，属活性污泥法的一种变形，类似于延时曝气活性污泥法，也称为“循环曝气法工艺”，所以，氧化沟又称为循环曝气池。氧化沟的工作原理及特征可以从三个方面进行阐述。

(1) 在构造方面的特征：一般呈环形沟渠状，平面多呈椭圆或圆形，总长度可达几十米甚至上百米；出水一般采用溢流堰(图 4-29)。

(2) 在水流混合及溶解氧方面的特征：在流态上，氧化沟介于完全混合式和推流式之间。氧化沟的曝气装置可以促进水、微生物、氧气三者的充分混合，一方面，曝气装置给混合液中的微生物供氧，在曝气装置的下游，溶解氧浓度会逐渐降低，依次出现富氧段、缺氧段，污水在各个段内可以进行硝化和反硝化，从而取得较好的脱氯除磷效果。另一方面，曝气装置同时具有推动水流随沟渠向前运动的功能。

(3) 在工艺方面的特征：工艺流程简单，无需单独设置初沉池，同时由于氧化沟设计采用了较长的污泥龄，污泥基本达到稳定，无需另设消化池。

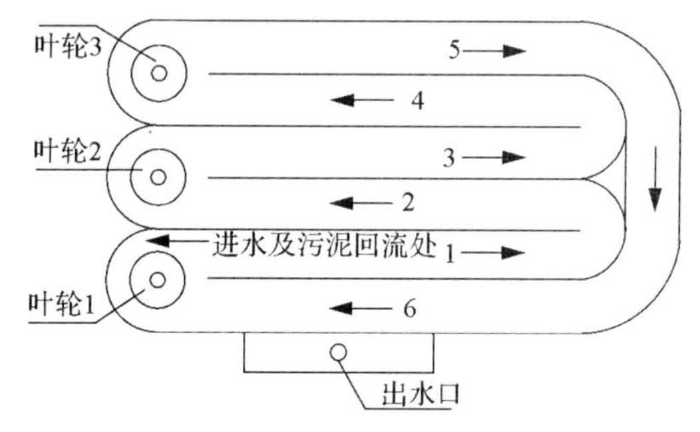

图 4-29 卡鲁塞尔氧化沟系统示意图

Carrousel 2000 氧化沟系统由厌氧区、缺氧区和好氧区组成。污水依次流过氧化沟的厌氧区、缺氧区和多廊道串联组成的好氧区。水流在氧化沟内主要进行好氧反应，脱氮除磷主要在厌氧区和缺氧区进行。污水经过氧化沟的生物处理后，和活性污泥组成混合液，流入沉淀池进行泥水分离。所以本系统设有沉淀池和污泥回流系统。氧化沟内推动液体流动和进行曝气的装置为竖轴表面曝气器；在厌氧区和缺氧区配置了搅拌器。Carrousel 氧化沟既可去除水中的有机污染物，同时又具有较好的脱氮除磷效果。

三、实验步骤

(1) 接通电源，开启污水泵配水箱上的配水阀。

(2) 调整进水管上的进水流量计，启动自动控制箱上的计量泵按钮，为反应器注水。

(3) 启动搅拌器按钮，使厌氧区、缺氧区的污水处于流动状态。

(4) 启动自动控制箱上的表面曝气机按钮，为反应器曝气充氧。

(5) 打开沉淀池中的回流污泥阀门，启动自动控制箱上的回流污泥泵按钮，对厌氧区进行污泥回流。

(6) 调节连接氧化沟与厌氧区的回流液调节阀，可以控制内循环流量的大小，从而控制脱氮效果。

(7) 打开沉淀池中的排泥阀门，即可对二沉池进行排泥。

➡ 思考题

（1）根据卡鲁塞尔氧化沟生物脱氮除磷的机理，如何改变转盘或表面曝气机的工作条件，才能为生物处理创造适宜的环境？

（2）卡鲁塞尔氧化沟中的厌氧区、缺氧区和好氧区各有哪些作用？

（3）氧化沟中的混合液通过回流液调节阀回流和沉淀池中的污泥回流至厌氧区所起的作用一样吗？

实验九　生物转盘实验

一、实验目的

（1）进一步认识生物转盘构造、运行特点及工作原理；

（2）掌握生物转盘处理系统特征及运行控制方法。

二、实验原理

生物转盘是利用生物膜净化污水的一种设备。它最早起源于联邦德国，由于具有净化效果好和能源消耗低等特点，在全世界范围内得到广泛研究和应用。

生物转盘由盘片、接触反应槽、转轴驱动装置组成(图 4-30)。盘片由转轴串联成组，盘片一般采用圆形平板或表面有波纹的圆板，转盘面积的 45%～50%浸没在槽内。转轴两端安装在半圆形接触反应槽的支座上，转轴高出水面 10～25 cm。由电机、变速器和传动链条组成的传动装置驱动转盘以较低线速度在槽内转动，使转盘交替和空气及反应槽内的污水接触，经过一段时间后，转盘上会滋生大量微生物生物膜。当转盘浸没于反应槽内的污水中时，污水中的有机污染物为转盘上生物膜吸附吸收；当转盘离开污水时，生物膜上的附着水层又从空气中吸收氧，为微生物氧化分解有机物创造了好氧条件，这样，转盘每转动一周，即进行一次吸附有机物—吸氧—氧化分解过程，转盘不断转动，有机物不断氧化分解。转盘还将空气中的氧携带至反应槽污水中，使槽内污水的溶解氧不断增加，衰老脱落的生物膜继续保持好氧活性，与转盘上的生物膜共同降解有机污染物，并最终随出水流入二沉池分离截留(图 4-30、图 4-31)。

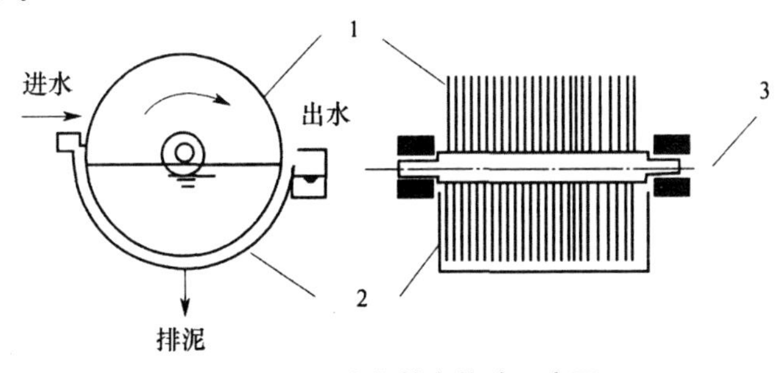

图 4-30　生物转盘构造示意图

1—盘体；2—氧化槽；3—轴

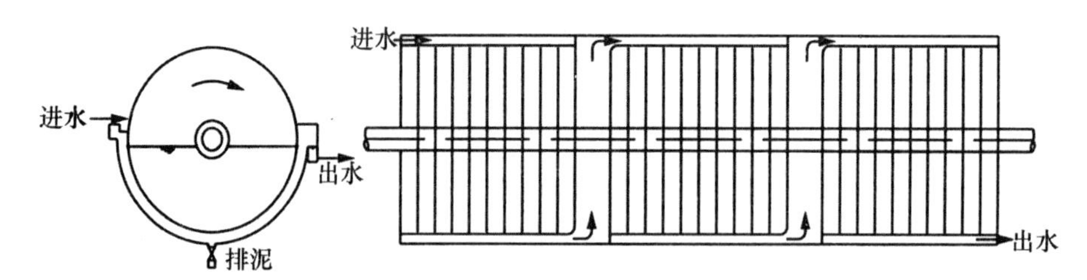

图 4-31　生物转盘装置

生物转盘可分为单轴单级式、单轴多级式和多轴多级式，级数的多少取决于污水水量和水质。生物转盘具有如下特点：

(1) 微生物浓度高，如将转盘上的生物膜量折合成反应槽的 MLVSS，可达 40 000～60 000 mg/L，而 BOD_5 负荷仅为 0.05～0.1 kg/(kg・d)，因此处理效率高。

(2) 生物相分级，有利于微生物繁殖和有机物降解。

(3) 污泥龄长，有利于硝化和对难降解有机物的降解。

(4) 食物链长，污泥产量少，仅为活性污泥法的 1/2。

(5) 不需曝气，不需回流污泥，因此动力消耗少，运行费用低.

(6) 抗冲击负荷能力强，不产生污泥膨胀，复杂的机械设备比较少，便于维护管理。

基建费用(主要是盘片费高)较高，占地面积较大，卫生条件也不尽如人意，因此，比较适宜小城镇污水处理和某些工业废水的单独处理。

三、实验装置及仪器

(1) 生物转盘实验装置(单轴 3 级)。

(2) 空压机、水箱、水泵、转子流量计。

(3) 温度计、广泛 pH 试纸。

(4) COD 测定仪。

四、实验步骤

(1) 生物转盘的挂膜：向生物转盘接触反应槽内接种一定量活性污泥混合液，同时加入模拟生活污水，按照间歇运行模式运行生物转盘，隔 1～2 d 换新鲜的模拟废水，运行 7～14 d，期间取转盘上生物膜样品，镜检观察微生物相变化。

(2) 转盘上生物膜形成后，将模拟生活污水注入水箱，开启水泵，开启生物转盘驱动装置使其转动运行。

(3) 运行一段时间后，分别测定进、出水的 COD 值，以及水温、pH，将数据记入表 4-32。

表 4-32　生物转盘实验数据

进水水温/℃	进水 pH	进水 COD/(mg・L^{-1})	出水 COD/(mg・L^{-1})

五、实验结果与数据整理

生物转盘对 COD 的去除率为

$$\eta=\frac{C-C_0}{C_0}\times 100\%$$

式中：C——进水 COD 浓度，mg/L；

C_0——出水 COD 浓度，mg/L。

➡ 思考题

（1）分析生物转盘净化水体的机理。

（2）简述生物转盘构造及运行特点。

（3）实验装置中曝气的作用是什么？分析以此种方式运行的生物转盘有何特点。

（4）生物转盘的转速是否越大越好？

实验十　上流式厌氧污泥床(UASB)模型实验

一、实验目的

（1）通过实验加深对上流式厌氧污泥床工作原理的理解；

（2）理解和掌握上流式厌氧污泥床的构造和主要组成；

（3）通过实验了解三相分离器的作用及其重要性。

二、实验原理

1. 组成

反应器底部有一个高浓度、高活性的污泥层区、颗粒污泥区，由于产生污泥硝化气体，在污泥层的上部形成一个悬浮污泥层。反应器的上部为澄清区，设有三相分离器，完成沼气、污水、污泥三相的分离。被分离的硝化气体从上部导出，被分离的污泥则自动落到下部反应区。为了提高厌氧反应器的反应速度，往往在反应器柱体外增设加温装置。本实验采用电热水循环加温装置。

2. 原理

UASB 反应器在运行过程中，废水通过进水配水系统以一定的流速从反应器的底部进入反应器(水流在反应器中的上升流速一般为 0.5～1.5 m/h)，水流依次经过污泥床区、悬浮污泥层区和三相反应器。污水与污泥床和悬浮污泥层中的微生物充分混合接触并进行厌氧分解，大部分有机物被转化为 CH_4 和 CO_2。随着水流的上升流动，气、水、泥三相混合液上升至三相分离器中，气体遇到挡板后折向集气室而被有效地分离排出，污泥和水进入上部的沉淀区，在重力的作用下，泥水发生分离，污泥沿着回流缝自动重新回到污泥区(图 4-32)。

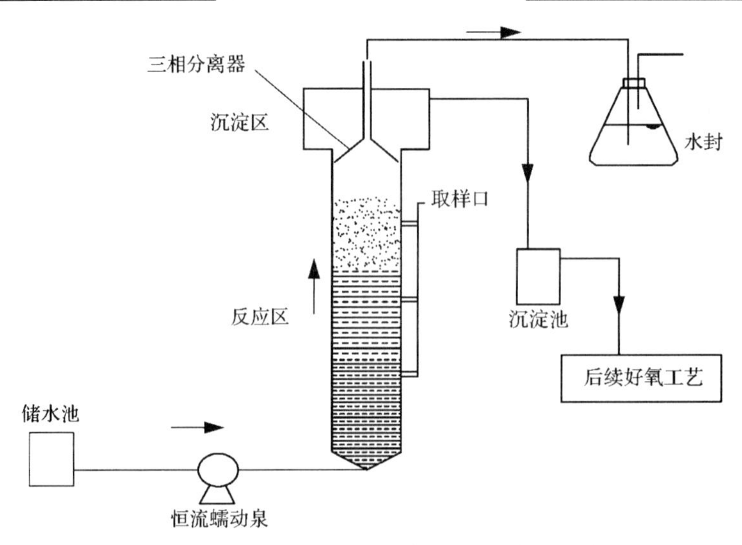

图 4-32　上流式厌氧污泥床(UASB)演示实验

3. 三相分离器

三相分离器是 UASB 反应器最有特点和最重要的装置，由沉淀区、回流缝和气封组成，其功能是将气体、污泥和澄清水进行分离，① 能收集分离器反应室中产生的沼气；② 使在分离器之上的悬浮物沉淀下来。具有三相分离器是 UASB 处理工艺的显著特点之一，它相当于传统处理工艺中的二次沉淀池，并同时具有污泥回流的功能。因此，三相分离器的合理设计是保证上流式厌氧污泥床正常运行的重要因素。

三、实验步骤

(1) 接通电源，开启水泵及水箱上的配水阀。
(2) 打开自动控制箱上的计量泵按钮，开始为反应器注水。
(3) 为加热水箱加水，至加热圈加满。
(4) 检查加热水箱是否加满水；打开加温器，调温至 30～40 ℃。
(5) 打开加热器按钮。
(6) 检查三相分离器的工作状态。
(7) 检查设备运转是否正常。

四、思考题

(1) UASB 反应器在运行过程中的布水均匀性对处理效果有何影响?
(2) 分析影响三相分离器分离效果的因素。

实验十一　生物接触氧化模型实验

一、实验目的

(1) 了解生物接触氧化池的构造和主要组成；

(2) 理解和掌握生物接触氧化的工作原理。

二、实验原理

生物接触氧化又称“淹没式生物滤池”,可以说是具有活性污泥法特点的生物膜法。生物接触氧化处理技术是在池内填充填料,已经充氧的污水浸没全部填料,并以一定的流速流经填料。淹没在废水中的填料上长满生物膜,废水在与生物膜接触的过程中,水中的有机物被生物膜上的微生物吸附、氧化分解,并转化为新的生物膜。从填料上脱落的生物膜,随水流到二次沉淀池,通过沉淀与水分离。在微生物的新陈代谢功能的作用下,生物膜不断生长,污水中的有机污染物得到净化。微生物所需要的氧气来自池子底部的布气装置提供的空气。生物接触氧化池构造如图 4-33 所示。

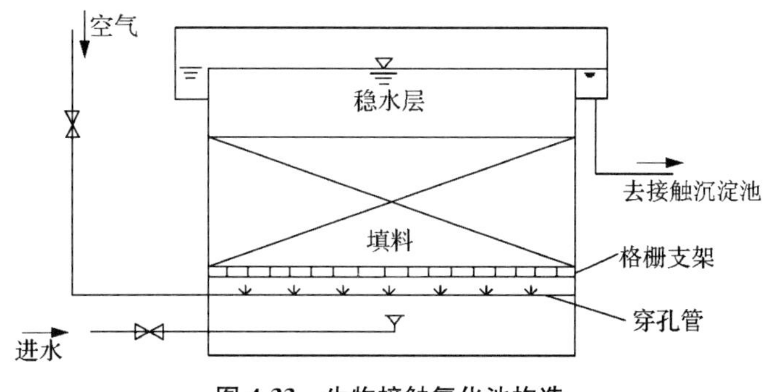

图 4-33　生物接触氧化池构造

三、实验步骤

(1) 接通电源,开启水泵及水箱上的配水阀。
(2) 打开进水管上的进水阀。
(3) 启动自动控制箱上的进水泵按钮,开始为反应器注水。
(4) 启动自动控制箱上的空气泵按钮,开始为反应器曝气。

四、思考题

(1) 生物接触氧化技术中使用的填料有哪些类型?
(2) 生物接触氧化技术有哪些特点?

实验十二　膜生物反应器模型实验

一、实验目的

(1) 了解膜生物反应器与传统活性污泥法的区别;
(2) 掌握膜生物反应器的构造特点、组成及运行方式。

二、实验原理

膜生物反应器(MBR)技术是膜分离技术与生物技术有机结合的新型废水处理技术,它利用膜分离设备将生化反应池中的活性污泥和大分子有机物截留住,省掉二沉池。膜生物反应器工艺通过膜的分离技术大大强化了生物反应器的功能,使活性污泥浓度大大提高,其水力停留时间(HRT)和污泥停留时间(SRT)可以分别控制。根据膜组件和生物反应器的组合方式不同,膜生物反应器可分为分置式和一体式两大类。

膜生物反应器的优越性主要表现在:

(1) 对污染物的去除率高,抗污泥膨胀能力强,出水水质稳定可靠,出水中没有悬浮物。

(2) 实现了反应器污泥停留时间 SRT 和水力停留时间 HRT 的分别控制,因而其设计和操作大大简化。

(3) 膜的机械截留作用避免了微生物的流失,生物反应器内可保持较高的污泥浓度,从而能提高体积负荷,降低污泥负荷,具有极强的抗冲击能力。

(4) 由于膜的截流作用使 SRT 延长,有利于增殖缓慢的微生物的生长。如硝化细菌的生长,可以提高系统的硝化能力,同时可显著减少污泥产量,使污泥处理费用降低。

(5) 易于一体化,易于实现自动控制,操作管理方便。

(6) 省略了二沉池,减少了占地面积。

但膜生物反应器也存在膜易污染、单位面积的膜透水量小、膜成本较高、一次性投资大的缺点。

三、实验装置

一体式膜生物反应器实验装置如图 4-34 所示。

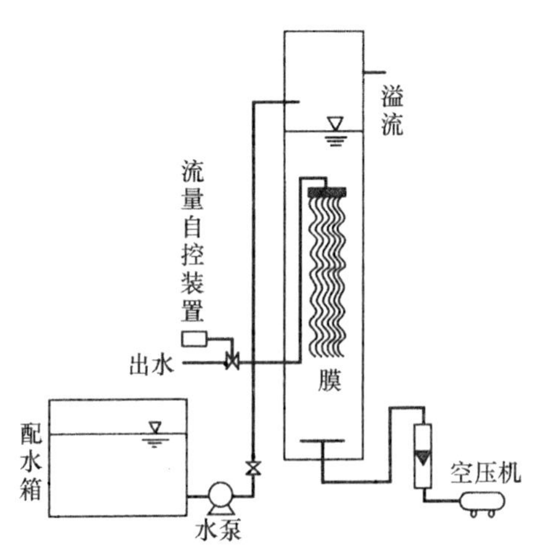

图 4-34　膜生物反应器实验装置

实验装置污水处理能力为 5~10 L/h,由有机玻璃柱(生物反应器)、配水箱、U 型中空纤维膜组件、水泵、鼓风机和配水箱等组成。

实验柱采用有机玻璃柱,柱上端设置有进水管、溢流管,柱下端设置有进气管、排空管,

U 型中空纤维膜材质为聚偏氟乙烯；鼓风机（增氧机）1 台，采用微孔曝气方式；出水采用重力流方式，不设置水泵。

四、实验步骤

（1）取活性污泥并曝气培养待用。

（2）在有机玻璃柱中装入自来水，测定清水中膜的透水量。

（3）将活性污泥装入有机玻璃柱中，体积在有效容积的 1/4～1/5，其余体积为自来水，在配水箱中配低 COD 浓度的实验用水或稀释的生活污水。

（4）启动水泵和风机曝气，测定膜生物反应器膜的透水量，观察水质变化（色度、臭味等）。

五、膜的清洗

（1）当出水流量出现明显下降时，可将出水管连接上城市自来水管，用自来水反向冲洗膜组件，持续时间约 2 min。

（2）当步骤（1）冲洗效果不明显时，关闭膜组件的出水手动阀门，取下和该阀门连接的活动软管，整体取出膜组件。首先用自来水冲洗该组件中空纤维膜上缠绕的污泥，洗干净后将膜组件放入 2.5% NaClO+1% NaOH 溶液内浸泡，持续时间 8 h，取出后用自来水冲洗。再放入 1%硫酸溶液内浸泡、持续时间 8 h，取出后用自来水冲洗。将膜组件同活动软管连接上，再将膜组件和活动软管重新放入有机玻璃柱内，重新启动投入运行。

思考题

（1）简述分置式 MBR 与一体式 MBR 在结构上有何区别？各自有何优缺点？

（2）影响 MBR 膜通量的主要因素有哪些？

（3）膜受到污染，膜通量下降后，如何恢复？

第五章 建筑给水排水工程实验

实验一 水质回流污染及防护措施

一、实验目的

(1) 熟悉给水系统中水质二次污染的途径及主要原因;

(2) 重点掌握水质回流污染现象及防护措施;

(3) 掌握其他的水质二次污染现象及防护措施。

二、实验原理

1. 给水系统中水质二次污染的五大主要原因

导致饮用水二次污染的主要原因有:输配水管网二次污染、回流污染即非饮用水或其他液体倒流入生活给水系统造成的污染,贮水过程污染,微生物污染,其他因设计、施工和管理不当造成的污染。

2. 形成回流污染的四个主要原因

(1) 埋地管道或阀门等连接不严密,平时渗漏,当饮用水断流,管中为负压时,被污染的地下水或阀门井积水从渗漏处侵入。

(2) 给水器具及附件安装不当,出水口设在卫生器具或用水设备溢流水位下,或溢流管堵塞,而器具或设备中留有污水,给水外网又因事故压力下降,当开启放水附件时,污水会因负压被吸入给水系统。

(3) 给水管与大便器(槽)冲洗管直接相连,并用普通阀门控制,当外网压力降低时,开启阀门造成回流污染现象。

(4) 饮用水与非饮用水管直接连接,当后者压力大于前者且两管中未设止回阀形成污染。

3. 水质回流污染防护措施

设置空气隔断间隙、虹吸破坏孔等防止虹吸发生。

(1) 给水装置(本实验装置为洗涤池)放水口与溢流水位间应设空气隔断间隙≥150 mm,或大于等于 2.5 倍于配水管口径。

(2) 其他情况或特殊器具应设置管道倒流防止器及空气隔断措施等。

三、实验步骤

(1) 实验装置中洗涤池水龙头安装不当,水龙头出水口设在了洗涤池溢流水位以下。

(2) 往洗涤池中放入污水,使污水位上升至放水龙头出水口 20 mm 以上。

(3) 关闭实验装置中的连接阀门(模拟给水外网因事故压力下降)。

(4) 开启放水龙头,污水因负压被吸入给水系统,即形成污水倒虹吸回流污染。

(5) 演示生活给水与消防用水共用贮水箱(池)的情况。本实验装置在生活给水出水横管上设置虹吸破坏孔,虹吸管从水箱(池)底部取水,水位下降使水箱的上部生活出水横管上虹吸破坏孔吸入空气而断流,保证下部消防贮水不被他用。

➡ 思考题

(1) 全面系统叙述给水系统中水质二次污染的防护措施。

(2) 简述给水系统水质二次污染带来的潜在风险与危害。

实验二　变频、气压联合供水实验

一、实验目的

(1) 掌握变频、气压供水的原理;

(2) 学会操作编程及设计多种供水方式:零流量、气压、单泵工频两泵并联、一定一调(变频)、单泵变频(变流稳压泵)等;

(3) 掌握操作,记录性能参数,整理成果,对系统节能性、二次污染、可靠性、投资、运行维护等进行技术经济比较。

二、实验原理

本实验用 IVWS 变频供水系统,设置三种供水工作方式:手动、自动、手动变频。采用人机界面触摸屏操作,详见相关规范、规程或使用说明书。

自动方式是正常供水状态下的工作方式,具有多种功能。一般当用户正常供水后即选定该方式。在用该方式工作时,管网的一切供水要求,都将在 IVWS 有效控制之下,进行多种功能的适应性工作。

手动操作方式是在手动变频、自动两种工作方式均发生故障时,为用户应急设置的一种工作方式。使用时,应由专人现场监控,以防管网超压。

手动变频方式可选择单台水泵进行变频恒压供水,主要用于水泵或管网调试及检修后投运。在管网尚未正常工作的情况下,如直接投入自动运行的条件不成熟,用手动又无法控制压力,便可开启手动变频。手动变频方式可同时解决自动运行会出现的问题和手动启动电流过大的问题,在某些情况下起到相当大的作用。

采用双电源控制时,若外电源发生故障,则自动切换至备用电源工作,外电源恢复后,自动恢复至外电源供电。

三、实验步骤

（1）合上控制柜内总电源断路器，面板自动、手动转换开关置于停止位，再分别合上各分路电源断路器与二次回路断路器，电源指示灯点亮。

（2）自动、手动转换开关置于手动挡，按启停按钮，顺序启动水泵呈工频单泵、两泵并联及变流稳压泵运行，此时相应泵的工频运行指示灯点亮。操作阀门、水嘴及延时自闭冲洗阀，调节出水的总流量，记录真空表、压力表、流量计等读数，或用重量法校核流量，测定分析工况特性曲线。

注意事项：

① 操作水泵直接启动时，一般每台泵的启动时间间隔为 1 ~ 2 min。

② 当水泵电机功率大于 15 kW 或降压启动时，应在前一台泵启动完成后再启动后一台泵。

（3）转换开关置于自动挡，由人机界面触摸屏操作指定的泵，控制柜通过程序控制泵组按管网流量和设定压力自动运行。操作阀门、水嘴及延时自闭冲洗阀，调节出水的总流量呈零流量、气压、单泵变频、单泵工频、两泵并联、一定一调（变频）等工作状态，记录真空表、压力表、流量计等读数，或用重量法校核流量，测定分析工况特性曲线。

当设备附带一至两台小泵时，启动由小泵开始。小泵流量能满足要求，则在小泵之间切换；小泵流量不足，启动主泵运行。在系统流量减小时，再转为小泵运行。无小泵时，用主泵运行。

（4）切换开关至手动变频档，呈单泵变频方式工作，记录真空表、压力表、流量计等读数，或用重量法校核流量，测定工况特性曲线。

（5）故障指示灯点亮时，及时查明故障原因，排除故障后再自动运行。

（6）手动切换至变流稳压泵启动状态，测定工况特性曲线。

➡ *思考题*

（1）分析总结变频、气压联合供水的特点和适用性。

（2）拓展学习建筑给水二次加压新技术——无负压（叠压）给水设备（罐式、箱式）的原理及应用。

实验三　排水系统气、水变化规律综合实验

一、实验目的

（1）掌握排水管系统中横管及立管的水、气流动物理现象；

（2）掌握水封的作用、水封破坏的原因和破坏防止措施。

二、实验原理

1. 排水横管内的水流状态

污水由垂直下落进入横管后，横管中的水流状态可分为急流段、水跃及跃后段、逐渐衰

弱段。急流段水流速度大，水深较浅，冲刷能力强。由于管壁阻力，急流段末端，使流速减小、水深增加，形成水跃。在水流继续向前运动的过程中，由于管壁阻力，能量减小，水深渐浅，趋于均匀流(图 5-1)。

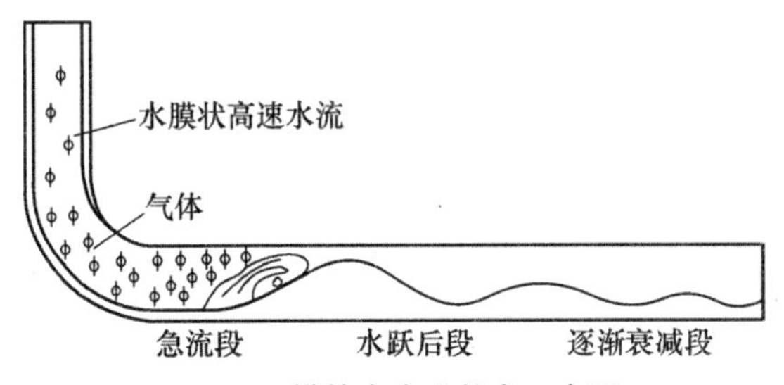

图 5-1　横管内水流状态示意图

2. 排水横管内的压力变化

污水垂直下落进入横管形成水跃，管内水位骤升，充满整个管段，使水流中的气体不能自由流动，导致管内气压急剧波动。

1) 横支管内压力变化

本实验装置为横支管连接多个大便器，演示中间的大便器突然排水时，横支管的压力变化。

(1) 无其他横支管同时排水时，横支管内水流在其前后形成水跃，初期气体正压，存水弯水位上升，末期存水弯水位因负压抽吸而下降，带走少量水(图 5-2)。

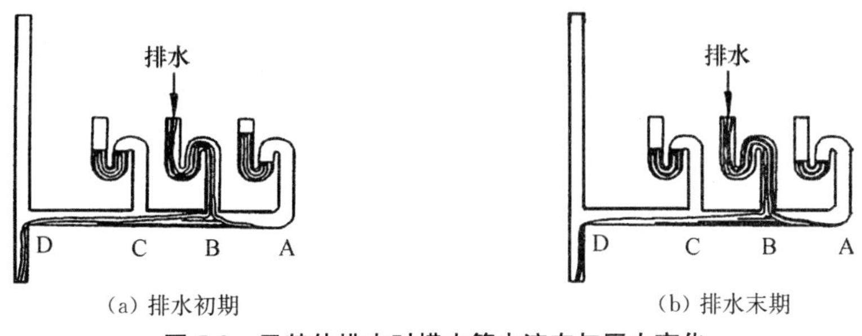

图 5-2　无其他排水时横支管内流态与压力变化

(2) 横支管的位置在立管上部，且还有其他横支管同时排水时，在立管上部形成负压，对存水弯有抽吸作用，水位因负压抽吸而下降，带走少量水(图 5-3)。

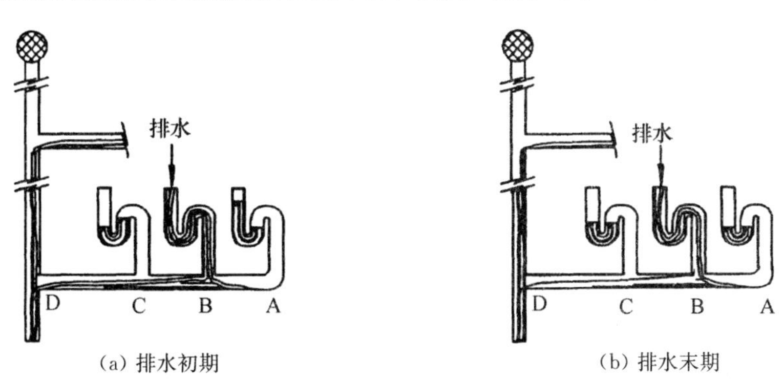

图 5-3　有其他排水时上部横支管内流态与压力变化

(3) 横支管的位置在立管底部,且还有其他横支管同时排水时,初期立管底部内形成正压,存水弯水位上升,末期存水弯水位因负压抽吸而下降,压力趋于稳定。(图 5-4)

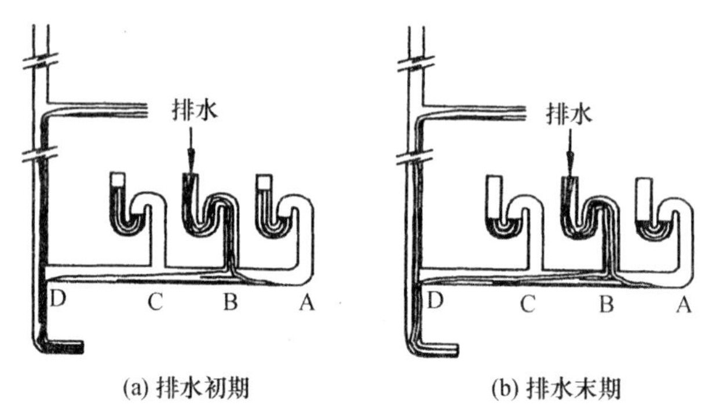

图 5-4 有其他排水时下部横支管内流态与压力变化

2) 横干管内压力变化

横干管连接立管和室外检查井。当上部大量水流下落时,下部几层横支管内会形成较大正压,存水弯中的污水可能喷溅出来。

3. 排水立管内的压力变化(图 5-5)

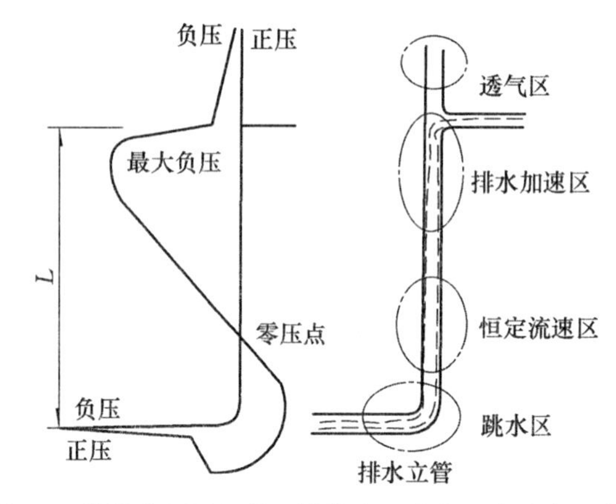

图 5-5 普通伸顶通气单立管排水系统中压力分布示意图

4. 排水立管内的水流状态

随着流量的不断增加,排水立管内的水流状态主要经过附壁螺旋流、水膜流和水塞流 3 个阶段。水流运动状态主要与排水量和管径等因素有关。

附壁螺旋流:水流沿立管内壁向下作螺旋运动,水流密实,管内中心气流正常,管内气压稳定。

水膜流:水流形成一定厚度的带有横向隔膜的附壁环状水膜流,管内有气压波动,但不破坏水封。

水塞流:水流形成厚度不断增加的较稳定的水塞,管内气体压力波动剧烈,水封可能破坏,系统不能正常使用。

5. 水封破坏的原因

自虹吸损失、诱导虹吸损失、静态损失(蒸发和毛细作用)。

6. 水封破坏防止措施

通过改变立管流速 v 和水舌阻力系数 K,可稳定立管内压力,增大通水能力。常见措施如下:

(1) 增加水流的局部阻力,如每隔 5～6 层在立管上设置乙字弯消能,可减速 50%。

(2) 增加水流的沿程阻力,如增加管内壁粗糙度,或管内壁设置凸起的螺旋导流槽,配用偏心三通,避免形成水舌,可减少流速,稳定气压,降低噪声。

(3) 设置专用通气管系统,改变补气方向,或设置吸气阀等。

(4) 改变横支管与立管连接处的构造形式,用上部特制配件取代普通三通,避免形成水舌或减小水舌面积;用下部特制配件取代原来立管与排出管或横干管连接处的一般弯头,可分别减少负压和正压值。上、下部特制配件须配套使用。

三、实验步骤

(1) 关闭实验管道的通气阀,使排水立管不伸顶通气。

(2) 单独开启中间的延时自闭冲洗阀,观察横支管中水、气流动现象:急流段、水跃及跃后段、逐渐衰减段。

重点观察横支管内的压力变化:存水弯水位因正压上升、因负压抽吸下降,存水弯中水量的变化等。

(3) 同时开启三个延时自闭冲洗阀或冲洗水箱,观察横干管内的压力变化:下部几层横支管内水封的正压喷溅与负压抽吸等现象。

(4) 由小到大开启冲洗水箱,观察排水立管内的水流状态从附壁螺旋流到水膜流再到水塞流的转变。

(5) 打开实验管道的通气阀,使排水立管伸顶通气。重复上述步骤进行对比实验,观察横、立管内的压力变化和存水弯水位、水量的变化。

➡ 思考题

(1) 简述排水管系统中横管及立管的水、气流动物理现象。

(2) 简述水封破坏原因及防止措施。

(3) 新型塑料排水立管用于高层建筑时,如何防止水封破坏?

实验四　自动喷水灭火系统

一、实验目的

(1) 通过实验熟悉自动喷水灭火系统的组成、工作原理、操作方法及各部分设备的作用;

(2) 掌握自动喷水灭火系统的设计和布置的方法和原则。

二、实验装置组成与原理

1. 实验设备组成

消防水池、立式离心泵、闸阀、压力表、湿式报警阀、延迟器、压力开关、水力警铃、水流指示器、信号蝶阀、闭式喷头、末端试水装置、镀锌钢管等。

2. 实验原理

自动喷水灭火系统是一种在发生火灾时，能自动喷水灭火并同时发出火警信号的灭火系统，是扑灭建筑初期火灾的一种非常有效的灭火设备。熟悉湿式自动喷水灭火系统设备、名称、规格、作用及位置，掌握系统各运行环节、灭火原理和过程是建筑消防设备工程设计与管理的主要任务。

当系统保护区域内的某处发生火情，火灾现场环境温度升高到设定温度时，闭式喷头的敏感元件炸裂或熔化脱落，喷水灭火。此时，管网中的水由静止变为流动，水流指示器动作，把水信号转为电信号，显示火灾区域。同时，湿式报警阀出口管网水压下降，阀上下形成压差，到达一定值时，阀片自动开启，水源不断补给管网用于灭火。与此同时，水流经报警阀密封环槽内的小孔流入延迟器，水力警铃发出响亮的报警声，压力开关动作，向报警控制系统发出报警信号，系统接到报警后可以自动或手动方式启动消防泵向管网供水，达到持续灭火效果。

三、实验步骤

（1）向高位水箱充水，记录报警阀前、后压力表和末端试水装置压力表的读数（$p_{前}$、$p_{后}$、$p_{末端}$）。

（2）模拟火灾发生，打开试水阀，观察水力警铃动作，压力开关将信息传输到火灾报警控制系统及联动控制系统，联动控制自动喷水消防水泵启动，记录此时报警阀前、后压力表和末端试水装置压力表读数（$p_{前}$、$p_{后}$、$p_{末端}$）。

（3）用明火烧烤喷头玻璃球，模拟发生火灾，被保护区某喷头下方温度升至喷头玻璃球动作温度，喷头玻璃球破裂，开始喷水灭火。湿式报警阀组工作，压力开关将信号传输到火灾报警控制系统及联动控制系统，联动控制自动喷水消防水泵启动，记录此时报警阀前、后压力表和末端试水装置压力表的读数（$p_{前}$、$p_{后}$、$p_{末端}$）。

（4）开启末端试水装置代替喷头喷水。报警阀开启，水力警铃报警，压力开关将信号传输到火灾报警控制系统及联动控制系统，联动控制自动喷水消防水泵启动，记录此时报警阀前、后压力表和末端试水装置压力表的读数（$p_{前}$、$p_{后}$、$p_{末端}$）。

（5）手动开启水泵控制开关，记录此时报警阀前、后压力表和末端试水装置压力表的读数（$p_{前}$、$p_{后}$、$p_{末端}$）。

四、实验记录与报告

（1）理解实验目的和实验原理。

（2）熟悉实验所用仪器、设备及材料。

(3) 熟悉各实验步骤。

(4) 详细、如实地做好实验操作记录。

(5) 根据实验结果对实验及相关问题进行分析和讨论。

五、实验注意事项

(1) 实验过程中要注意安全,不能在实验场地嬉戏和随便触摸电源等,以免跌落水池或发生触电事故而造成人身伤害。

(2) 实验前应认真预习、准备,在实验过程中虚心向老师和同学学习,积极动手,认真、细心操作,圆满完成实验任务。

➡ 思考题

(1) 简述自动喷水灭火系统的主要组成部分。

(2) 本实验系统是哪种自动喷水灭火系统?采用什么喷头?描述湿式报警阀组的工作原理。

(3) 湿式报警阀组中能否取消延迟器,为什么?

第六章　水处理微生物实验

实验一　显微镜的使用实验

一、实验目的

（1）了解普通光学显微镜的基本构造和工作原理；

（2）掌握普通光学显微镜的使用方法，重点是油镜的使用技术和维护知识。

二、实验原理

显微镜主要包括机械装置和光学系统两部分。机械装置包括镜筒、转换器、载物台、镜臂、镜座和调节器。光学系统包括目镜、物镜、聚光器、反光镜和滤光片，如图 6-1 所示。

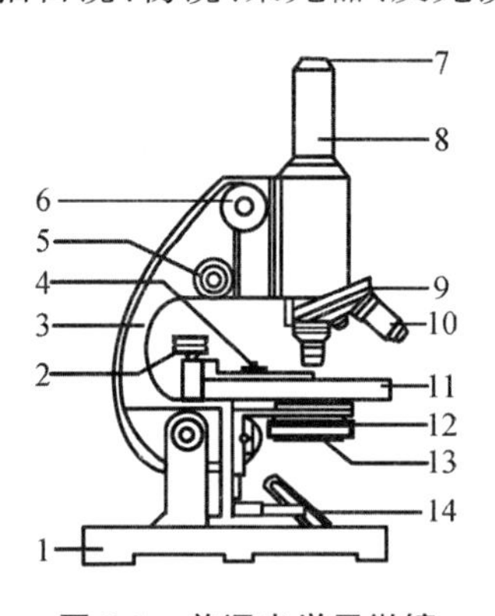

图 6-1　普通光学显微镜

1—镜座；2—标本移动器；3—镜臂；4—压片夹；5—细准焦螺旋；6—粗准焦螺旋；7—目镜；8—镜筒；9—物镜转换器；10—物镜；11—载物台；12—光圈；13—聚光器；14—发光镜

显微镜通过聚光器、反光镜等将光线集成光锥照射到载玻片标本上，再通过物镜、目镜的放大作用使观察者看到放大后的成像。显微镜的分辨率是由物镜的数值孔径所决定的，目镜只是起放大作用。对于物镜不能分辨出的结构，目镜的倍数再大，也仍然不能分辨出来，因此，显微镜的性能主要依赖于物镜的性能。物镜的性能由数值孔径 N. A.（Numerical Aperture）决定，其意为玻片和物镜之间的折射率乘以光线投射到物镜上的最大夹角的一半的正弦。光线投射到物镜的角度越大，显微镜的效能越大，该角度的大小取决于物镜的直径和焦距。显微镜的性能还依赖于物镜的分辨率，分辨率与数值孔径成正比，与波长成反比。

三、实验器材

显微镜(XSP-3C)、标本盒及标本(一套)、二甲苯、擦镜纸、香柏油。

四、实验步骤

1. 取镜

显微镜是光学精密仪器，使用时应特别小心。从镜箱中取出显微镜时，一手握镜臂，一手托镜座，放在实验台上。使用前首先要熟悉显微镜的结构和功能，检查各部零件是否完全合用，镜身有无尘土，镜头是否清洁，做好必要的清洁和调整工作。

2. 调节光源

(1) 将低倍物镜旋转到镜筒下方，调节粗准焦螺旋使镜头和载物台距离约为 0.5 cm。

(2) 上升聚光器使之与载物台表面相距 1 mm 左右。

(3) 左眼看目镜调节反光镜镜面角度(在天然的光线下观察，一般用平面反光镜；若以灯光为光源，则一般多用凹面反光镜)，开闭光圈调节光线强弱，直至视野内得到最均匀最适宜的照明为止。

在用油镜检查一般染色标本时，光度宜强，可将光圈开大，聚光器上升到最高，反光镜调至最强；在低倍镜或高倍镜观察未染色标本时，应适当缩小光圈，下降聚光器，调节反光镜使光度减弱，否则会因光线过强不易观察。

3. 低倍镜观察

低倍物镜(8×或 10×)视野面广，焦点深度较深。为了易于发现目标，确定检查位置，应先用低倍镜观察。操作步骤如下：

(1) 先将标本玻片置于载物台上，注意标本朝上，并让标本部位处于物镜的正下方，转动粗调螺旋上升载物台使物镜距标本约 0.5 cm 处。

(2) 左眼看目镜，同时逆时针方向慢慢旋转粗准焦螺旋使载物台缓慢上升，至视野内出现物像后改用细准焦螺旋，上下微微转动，仔细调节焦距和照明，直至视野内获得清晰的物像，确定需进一步观察的部位。

(3) 移动推动器，将要观察的部位置于视野中心，准备换高倍镜观察。

4. 高倍镜观察

将高倍物镜(40×)转至镜筒下方(在转换物镜时，要从侧面观察，以防低倍镜未对好焦距而造成镜头与玻片相撞)，调节光圈和聚光镜使光线亮度适中，仔细反复转动细准焦螺旋调节焦距以获得清晰物像，移动推动器选择最满意的镜检部位将染色标本移至视野中央，换油镜观察。

5. 油镜观察

(1) 用粗准焦螺旋提起镜筒，转动转换器将油镜转至镜筒正下方。在标本镜检部位滴上一滴香柏油。右手顺时针方向慢慢转动粗准焦螺旋上升载物台，同时从侧面观察，使油镜物镜浸入油中，直到几乎与标本接触时为止(注意切勿压到标本，以免压碎玻片，甚至损坏油镜头)。

(2) 左眼看目镜，右手逆时针方向微微转动粗准焦螺旋，下降载物台(注意：此时只准下降载物台，不能向上调)，当视野中有模糊的标本物像时改用细准焦螺旋，并移动标本，直至标本物像清晰为止。

(3) 如果向上转动粗准焦螺旋已使镜头离开油滴又尚未发现标本时，可重新按上述步骤操作，直到看清物像为止。

(4) 观察完毕，下降载物台，取下标本片。先用擦镜纸擦去镜头上的油，然后再用擦镜纸沾少量二甲苯擦去镜头上残留的油迹，最后再用擦镜纸擦去残留的二甲苯。切忌用手或其他纸擦镜头以免损坏镜头，可用绸布擦净显微镜的金属部件。

(5) 将各部分还原，反光镜垂直于镜座，接物镜转成八字形再向下旋，罩上镜套，然后放回镜箱中。

五、实验结果

将所观察到的微生物绘图。

➡ 思考题

(1) 为什么显微镜的性能主要由物镜性能决定?

(2) 简述显微镜成像的基本原理。

实验二　水中微型动物的观察和计数实验

一、实验目的

(1) 了解血球计数板的结构、计数原理;

(2) 掌握显微镜下对微生物浓度和数量的测定方法。

二、实验原理

测定微生物细胞数量的方法很多，通常采用的有显微直接计数法和平板计数法。显微直接计数法适用于各种含单细胞菌体的纯培养悬浮液，如有杂菌或杂质，常不易分辨。菌体较大的酵母菌或霉菌孢子一般采用血球计数板。

血球计数板是由一块比普通载玻片厚的特制玻片制成，如图 6-2 所示。

玻片中央刻有四条槽，中央两条槽之间的平面比其他平面略低，该平面中央有一小槽，槽两边的平面上各刻有 9 个大方格，其中位于中央的一个大方格为计数室，它的长和宽各为 1 mm，深度为 0.1 mm，体积为 0.1 mL。计数室有两种规格：一种是 16×25 的计数板，把大方格分成 16 中格，每一中格分成 25 小格，共 400 小格；另一种规格是 25×16 的计数板，把大方格分成 25 中格，每一中格分成 16 小格，共 400 小格。计算方法如下：

16×25 的计数板计算公式：

细胞浓度(个/mL)=(100 个小格内的细胞数/100)×400×10 000×稀释倍数

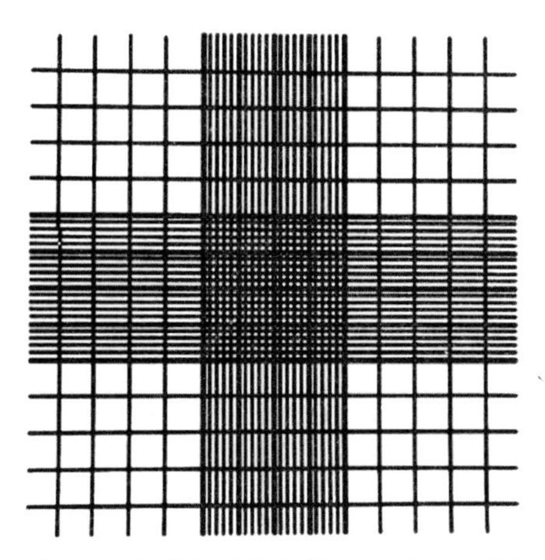

图 6-2　血球计数板计数网的分区和分格

25×16 的计数板计算公式：

细胞浓度(个/mL)=(80 个小格内的细胞数/80)×400×10 000×稀释倍数

三、实验器材

显微镜(1 台)、烧杯(500 mL,1 个)、血球计数板(1 套)、滴管(1 个)、移液管(1 支)、酵母菌液或其他微生物样品、吸水纸、擦镜纸、滤纸。

四、实验步骤

(1) 为了便于计数,将样品适当稀释。

(2) 取干净的血球计数板,用厚盖玻片盖住中央的计数室,用移液管吸取少许充分摇匀的待测菌液置于盖玻片的边缘,菌液则自行渗入计数室,静置 5～10 min。

(3) 将血球计数板置于载物台上,用低倍镜找到小方格网(即计数区)后换高倍镜观察计数。需不断的上、下旋动细准焦螺旋,以便看到计数室内不同深度的菌体。

(4) 若采用 16×25 规格的计数板,数四个角(左上、右上、左下、右下)的四个中格(即 100 小格)的酵母菌数;若采用 25×16 规格的计数板,除了数四个角上的四个中格外,还数正中的一个中格(即 80 小格),对位于中格线上的酵母菌或只计中格的上方及左方线上的酵母菌,或只计下方及右方线上的酵母菌。

(5) 每个样品重复计数 3 次,取平均值,再按公式计算每毫升菌液中所含的酵母菌数。

(6) 测试完毕,取下盖玻片,用水清洗血球计数板,注意勿用硬物洗刷和抹擦计数板,以免破坏网格刻度。

五、实验结果

测出酵母菌悬浊液的浓度。

➡ **思考题**

1. 为什么用两种不同规格的计数板测量同一样品时结果一样?

2. 根据实验体会,说明用血球计数板的误差主要来自哪些方面?如何减少误差?

实验三 细菌、霉菌、酵母菌、放线菌形态的观察实验

一、实验目的

(1) 掌握观察细菌的方法,了解细菌的基本形态特征;
(2) 掌握观察霉菌菌落的方法,了解四类常见霉菌的基本形态特征;
(3) 观察酵母菌的细胞形态,学习区分酵母菌死、活细胞的染色方法;
(4) 掌握观察放线菌形态的基本方法,辨认放线菌的各类菌丝及孢子的形态。

二、实验原理

细菌的个体极微小,无色透明,必须借助于染色法,使细菌(或背景)着色,与背景(或菌体)形成明显的对比,以便于在显微镜下观察细菌的形态构造。

霉菌由菌丝体和孢子构成,霉菌菌丝比较粗大(直径达到 3~10 μm),可用低倍、高倍镜观察。因霉菌菌丝细胞容易收缩变形,孢子容易飞扬,故在制备霉菌标本时,常置于乳酸石炭酸溶液中,既可以防止细胞变形,还可杀菌防腐,使标本不易干燥,能保持较长时间。可同时加入棉蓝染色。

酵母菌是单细胞真核微生物,细胞呈圆形、卵圆形、圆柱形或分枝的假丝状,细胞核与细胞质已有明显的分化,菌体比细菌大。酵母形态和出芽生殖可通过用亚甲基蓝染色制成水浸片和水-碘水浸片来观察。由于酵母活细胞的新陈代谢作用,在用亚甲基蓝染色后能将亚甲基蓝从蓝色的氧化型变为无色的还原型,所以酵母的活细胞无色;死细胞或代谢缓慢的老细胞,它们无此还原能力或还原能力极弱,亚甲基蓝染色后仍显氧化型的蓝色或淡蓝色。因此,用亚甲基蓝水浸片不仅可观察酵母的形态,还可以区分死、活细胞。

放线菌属原核微生物,是一类由不同长短的纤细的菌丝所形成的单细胞菌丝体。菌丝体分为营养菌丝(或称基内菌丝)和气生菌丝两部分,有些气生菌丝分化成各种孢子丝。气生菌丝及孢子的形状和颜色常作为分类的重要依据。放线菌可通过石炭酸复红或吕氏碱性亚甲基蓝等染料着色后,在显微镜下观察形态。

三、实验器材

显微镜、载玻片、盖玻片、无菌吸管、酒精灯、加拿大树胶、玻璃纸、吸水纸、镊子等。

四、实验步骤

1. 细菌的观察

由于细菌体积小而透明,活体细胞内又含有大量水分,与周围背景没有显著的暗差,所以必须经过染色。借助颜色的反衬作用可以比较清楚地观察到菌体形态,还可以通过不同的染色反应来鉴别微生物的类型,区分死、活细菌。

2. 霉菌的观察

1）直接观察

(1) 在载玻片中央加一滴乳酸石炭酸棉蓝染色液，用解剖针从已培养菌落的边缘挑取少量带有孢子的菌丝，放入载玻片的染液中，细心地把菌丝挑散开，加盖玻片，注意不要产生气泡。

(2) 在低倍和高倍显微镜下观察霉菌的典型形态。

根霉菌应注意观察其菌丝有无横隔、假根、孢子囊柄、孢子囊、囊轴、囊托、孢子囊孢子及厚垣孢子。

毛霉菌应注意观察其菌丝有无横隔、孢子囊柄、囊轴、孢子囊孢子及厚垣孢子。

曲霉菌应注意观察其菌丝有无横隔、足细胞、分生孢子梗、顶囊、小梗和分生孢子。

青霉菌应注意观察其菌丝有无横隔、分生孢子梗、帚状枝(小梗的轮数及对称性)、分生孢子。

2）插片法

(1) 用接种针沾取斜面少许各种霉菌孢子在无菌的察氏平皿培养基上接种，30 ℃下培养。

(2) 当肉眼观察到有菌落长出时，以无菌操作用镊子将无菌盖玻片以30°～45°倾斜角加入培养基琼脂内，盖玻片位置应插在菌落的稍前侧，合上培养皿倒置培养。

(3) 待盖玻片内侧长有一层菌丝后，用镊子取下盖玻片，有菌面盖在滴有乳酸石炭酸棉蓝染色液的载玻片上，用低倍镜和高倍镜观察。

3）玻璃纸透析培养观察法

(1) 向霉菌斜面试管中加入5 mL无菌水，洗下孢子，制成孢子悬液。

(2) 用无菌镊子将已灭菌的、直径与培养皿相同的圆形玻璃纸覆盖于察氏培养基平板上。

(3) 用1 mL无菌吸管吸取0.2 mL孢子悬液于上述玻璃纸平板上，并用无菌玻璃刮棒涂抹均匀。

(4) 置30℃室温下倒置培养48 h后，用镊子将玻璃纸与培养基分开，再用剪刀剪取一小片玻璃纸置载玻片上，用显微镜观察。

3. 酵母菌的观察

(1) 在载玻片中央加一滴0.1%吕氏碱性亚甲基蓝染液，按无菌操作法取在豆芽汁琼脂斜面上培养48 h的酵母少许，放在吕氏碱性亚甲基蓝染液中均匀混合。

(2) 用镊子夹盖玻片一块，先将盖玻片的一边与载玻片上的液滴接触，然后将整个盖玻片慢慢放下，以避免产生气泡。

(3) 将制好的水浸片放置3 min后镜检。先用低倍镜观察，然后换用高倍镜观察酿酒酵母的形态和出芽情况，同时可以根据是否染上颜色来区别死、活细胞。

(4) 染色涂片放置半小时，再观察一下死细胞数是否增加。

4. 放线菌的观察

1) 营养菌丝的观察

(1) 用接种样品连同培养基挑取细黄链霉菌菌苔置载玻片中央。

(2) 用另一载玻片将其压碎，弃去培养基，制成涂片，干燥，固定。

(3) 用吕氏碱性亚甲基蓝染液或石炭酸复红染液染 0.5～1 min，水洗。

(4) 干燥后，用油镜观察营养菌丝的形态。

2) 插片法观察气生菌丝

(1) 将融化的高氏 1 号培养基倒入无菌培养皿，制成厚 4 mm 左右的平板，待凝固后用火焰灭菌的镊子将无菌盖玻片以 45°倾斜角插入平皿培养基琼脂内。

(2) 将细黄链霉菌的孢子悬液(稀释浓度为 10^{-2}～10^{-3})接种在盖玻片与平皿培养基的界面上。

(3) 28 ℃倒置培养 4～5 d 后，用镊子小心地将盖玻片夹出，把有菌的一面朝上，放在载玻片上，置显微镜下进行观察。一般情况是气生菌丝颜色较深，并比营养菌丝粗 2 倍左右。

3) 压印法观察孢子丝及孢子

(1) 取清洁的盖玻片一块，在菌落上面轻轻按压一下，然后将印有痕迹的一面朝下放在有一滴吕氏碱性亚甲基蓝染液的载玻片上，将孢子等印浸在染液中，制成印片。用油镜观察孢子的形状、孢子丝等。

(2) 取干净载玻片一块，在玻片中央加一小滴加拿大树胶，使树胶摊成一薄层，放置数分钟，使略微晾干(但不要过分干燥)。

(3) 用小刀切取细黄链霉菌培养体一块(带培养基切下)。将培养体表面贴在涂有树胶的玻片上，用另一玻片轻轻按压(不要压碎)，然后将放线菌培养体小心弃去，注意不要使培养体在玻片上滑动，否则印痕会模糊不清。将制好的印片通过火焰固定，用石炭酸复红染色 1 min，水洗，晾干(不能用吸水纸吸干)。用油镜观察孢子丝的形态及孢子排列情况。

五、实验结果

将所观察到的细菌、霉菌、酵母菌、放线菌绘图。

➡ 思考题

(1) 简述细菌、霉菌、酵母菌、放线菌的菌落特征。

(2) 比较根霉菌、毛霉菌、曲霉菌、青霉菌的形态异同。

实验四　微生物的染色实验

一、实验目的

(1) 学习微生物涂片、固定等操作技术；

(2) 了解细胞一般染色、革兰氏染色和特殊染色的原理；

(3) 掌握细菌单染色、革兰氏染色和荚膜染色的方法及操作技术。

二、实验原理

由于细菌体积小而透明，在活体细胞内又含有大量水分，与周围背景没有显著的暗差，所以必须经过染色。借助颜色的反衬作用可以比较清楚地观察到菌体形态，而且可以通过不同的染色反应来鉴别微生物的类型和区分死、活细菌等。因此，微生物染色技术是观察微生物形态结构的重要手段。

染色方法种类较多，如果仅仅是为了看清细菌的形态，用单染色即可，如果要鉴别不同性质的细菌，用革兰氏染色法；要观察细胞的特殊结构（如芽孢、荚膜、鞭毛），就要采用特别的染色处理过程。

所谓单染色法是利用单一染料对细菌进行染色的一种方法。在中性、碱性或弱酸性溶液中，细菌细胞通常带负电荷，碱性染料电离时带正电，易与带负电荷的细菌结合而使细菌着色。所以常用碱性染料进行染色。常用的碱性染料有亚甲基蓝（氯化亚甲蓝盐，methylenebluechloride，MBC）、结晶紫、碱性复红、沙黄、番红等。

革兰氏染色法可将细菌分为两大类，染色反应呈蓝紫色的称为革兰氏阳性细菌，用 G^+ 表示；染色反应呈红色的称为革兰氏阴性细菌，用 G^- 表示。细菌对于革兰氏染色的不同反应是由于细胞壁的成分和结构不同，因此革兰氏染色反应是细菌分类和鉴定的重要方法。革兰氏染色法需用四种不同的溶液：碱性染料初染液、媒染剂、脱色剂和复染剂。碱性染料初染液的作用如细菌的单染色法，用于革兰氏染色的初染液一般是结晶紫。媒染剂的作用是增加染料和细胞之间的亲和性或附着力，使之不易脱落，碘液是常用的媒染剂。脱色剂是将被染色的细胞进行脱色，不同类型的细胞脱色反应不同，有的能被脱色，有的则不能，脱色剂常用 95%的酒精。复染液也是一种碱性染料，其颜色不同于初染液，复染的目的是使被脱色的细胞染上不同于初染液的颜色，而未被脱色的细胞仍然保持初染染料的颜色，从而将细胞区分成 G^+ 和 G^- 两大类群，常用的复染液是沙黄和番红。

荚膜是细菌分泌于细胞壁外面的一层黏液性物质，其主要成分是多糖、多糖类物质，与染料亲和力低，不易被染色，所以常用衬托染色法，即将菌体和背景着色，而把不着色且透明的荚膜衬托出来。荚膜很薄，含水量在 90%以上，因此，制片时一般不用热固定，以免皱缩变形。

三、实验器材

1. 菌体材料

金黄色葡萄球菌菌种斜面、大肠杆菌菌种斜面、枯草杆菌菌种斜面、圆褐固氮菌菌种斜面。

2. 培养基/试剂

吕氏碱性亚甲基蓝染色液、革兰氏染色液、绘图墨水或黑色素液、沙黄或番红染色液，纯甲醇，生理盐水，香柏油，二甲苯。

3. 仪器、器皿及其他

显微镜、酒精灯、载玻片、盖玻片、接种环、擦镜纸、吸水纸等。

四、实验步骤

1. 单染色

细胞单染色包括准备玻片→涂片→干燥→固定→染色→水洗→镜检七个步骤(图 6-3)。

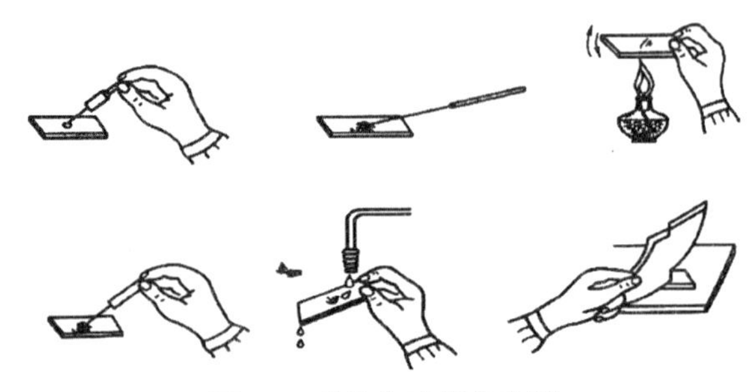

图 6-3　单染色法操作步骤

1）准备玻片

载玻片应清洁透明，无油渍。载玻片事先可浸泡在 75%的酒精中，使用前用镊子取出在酒精灯火焰上来回过几次；或在载玻片上油渍处滴 95%酒精 2～3 滴，擦净后在酒精灯火焰上来回过几次。

2）涂片

取一块洁净的载玻片，先做一记号，以免弄错正反面，于载玻片的两端各滴一小滴生理盐水，用无菌操作挑取葡萄球菌至载玻片水滴中，调匀并涂成薄膜，注意滴生理盐水时不宜过多，涂片必须均匀。接种环用后必须再度烧灼灭菌。

3）干燥

于室温中自然干燥，有时为加快干燥，可以将载玻片在离酒精灯火焰上方 2 cm 处左右微微挥动。

4）固定

将涂菌面向上，于火焰上慢慢通过 1～2 次，目的是使细胞质凝固，以固定细菌的形态并使菌体黏附在玻片上，使在染色时不易脱落。但不能在火焰上烤，以载玻片不烫手为宜，否则细菌形态将被毁坏。

5）染色

放涂菌载玻片置于水平位置，滴加 1～2 滴染色液于涂片薄膜上，染色时间长短随染色液不同而定。吕氏碱性亚甲基蓝染色液染 2～3 min，石炭酸复红染色液染 1～2 min。

6）水洗

染色完成后，用一只手的拇指和食指拿住载玻片一端的两侧，菌面向上并使载玻片向下倾斜，另一只手拿洗瓶或用自来水冲洗，直至冲下之水无色或浅色时为止。注意水流不宜过急过大，水由载玻片上端流下，避免直接冲在涂片处，同时要避免相互污染。

7）镜检

用吸水纸将载玻片吸干或用吹风机吹干，置于油镜下观察。

2. 革兰氏染色

1）涂片

将枯草杆菌和大肠杆菌分别按单染法做涂片，干燥并固定。

2）染色

（1）初染：在涂面上，加草酸铵结晶紫 1 滴，约 1 min，然后倾去染色液，用自来水冲洗至洗出液中无紫色。

（2）媒染：滴加碘液冲去残水，并覆盖约 1 min，肉眼可见紫色部分变黑，水洗。

（3）脱色：弃去载玻片上的液体，并衬以白背景，用 95% 的酒精滴洗至流出酒精刚刚不出现紫色时为止，约 20～30 s，立即用水冲洗酒精（酒精脱色必须严格掌握，如脱色过度，则阳性菌会被误染为阴性菌；而脱色不够时，则阴性菌会被误染为阳性菌）。

（4）复染：用沙黄或番红液染 1～2 min，水洗，用吸水纸吸干。

（5）镜检：干燥后涂片置油镜下观察，革兰氏阴性菌呈红色，革兰氏阳性菌呈紫色（以分散开的细菌革兰氏染色反应为准，过于密集的细菌常常呈假阳性）。

3. 荚膜染色

（1）在载玻片一端滴一滴无菌水，以无菌操作取少许圆褐固氮菌制成涂片。取一滴新配好的黑色素溶液（也可用绘图墨水）与菌悬液混合，左手持载玻片，右手另取一块载玻片作为推片，将推片一端边缘平整地与菌悬液以 30°倾斜角接触后，迅速均匀地将菌悬液推向玻片另一端，将菌液涂成均匀的一薄层，风干。

（2）用纯甲醇固定 1 min。

（3）加沙黄或番红液数滴于涂片上，冲去残余甲醇，并染色 30 s，以细水流适当冲洗，吸干后用油镜检查，背景黑色，荚膜无色，细胞红色。或用结晶紫冰醋酸染色液染 5～7 min，然后用 20% $CuSO_4$ 水溶液洗涤，干燥后镜检，荚膜呈蓝紫色，细胞暗蓝色。

五、实验结果

绘制所看到的染色后的细胞图。

➡ **思考题**

（1）用革兰氏染色法为什么会出现阳紫阴红？

（2）革兰氏染色法的关键步骤是什么？需注意什么？

实验五　培养基的制备及灭菌实验

一、实验目的

（1）掌握人工培养基的主要成分、制备原则及配置方法；

（2）掌握高压蒸汽灭菌的基本原理及无菌操作。

二、实验原理

培养基是根据各种微生物生长、繁殖或积累代谢产物的需要，人工配制而成的一种混合营养基质。在从事微生物学的科研和生产活动中，常常需要配制不同的培养基，用于微生物的分离、培养和菌种鉴定等方面。培养基应包含微生物所能利用的营养成分（包括碳源、氮源、能源、无机盐、生长因素）和水。培养基配制的主要原则是：① 根据微生物的营养需要选择营养物质种类；② 合理的营养物质浓度及配比；③ 适宜的酸碱度。

根据微生物的种类和实验目的不同，培养基也有不同的种类和配制方法。按培养基成分不同分为天然培养基、合成培养基和半合成培养基。按培养基的用途不同分为一般培养基、选择培养基、鉴别培养基和加富培养基。按培养基的物理状态不同分为固体培养基、半固体培养基和液体培养基。

消毒和灭菌是微生物实验中常见的操作。消毒是指采用较温和的理化因素，消灭病原菌和有害微生物的营养体，细菌芽孢和非病原微生物可能还是存活的。灭菌是指采用强烈的理化因素杀灭一切微生物的营养体、芽孢和孢子。一般来说，灭菌比消毒要求更高一些。

消毒和灭菌的方法很多，大致可分为物理法和化学法，常用的物理除菌法有干热灭菌、湿热灭菌、过滤除菌、紫外线杀菌等，化学除菌法是用化学药剂进行消毒与杀菌，采用何种具体方法除菌，应根据微生物的特性和不同的实验要求进行选择和组合；热灭菌法的原理是高温使微生物细胞内的蛋白质凝固变性。在相同温度下，湿热灭菌比干热灭菌效果好的原因是：① 蛋白质含水量与其凝固温度成反比，湿热灭菌时菌体蛋白质吸收大量水分，故在同一温度的干热空气中易于凝固；② 热蒸汽比热空气穿透力强，能更加有效地杀灭微生物；③ 蒸汽存在潜热，当气体转变为液体时可放出大量热量，故可迅速提高灭菌物体的温度。

高压蒸汽灭菌法是微生物学研究和教学中应用最广、效果最好的湿热灭菌方法。为达到良好的灭菌效果，一般要求温度应达到 121 ℃（压力为 0.1 MPa），时间维持 15～30 min；也可采用在较低的温度（115 ℃，0.075 MPa）下维持 35 min，此法适合于一切微生物学实验室、医疗保健机构或发酵工厂中对培养基及多种器材、物品的灭菌。高压蒸汽灭菌的主要设备是高压蒸汽灭菌锅，有立式、卧式及手提式等不同类型。实验室中以手提式最为常用，卧式灭菌锅常用于大批量物品的灭菌。不同类型的灭菌锅，虽大小、外形各异，但其主要结构基本相同（图 6-4）。

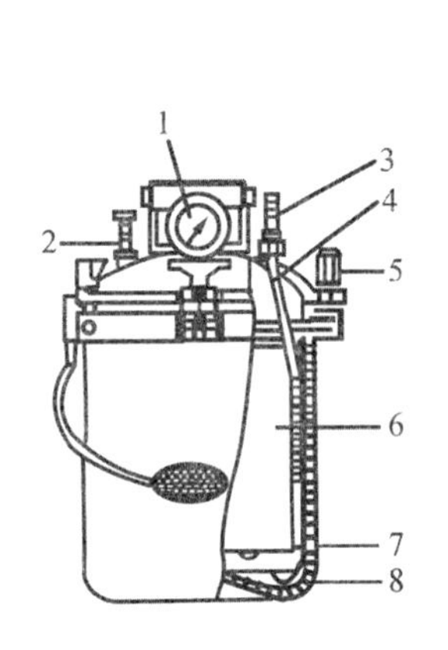

（a）手提式灭菌锅

1—压力表；2—安全阀；3—排气阀；4—软管；5—紧固螺栓；6—灭菌桶；7—筛架；8—水通道

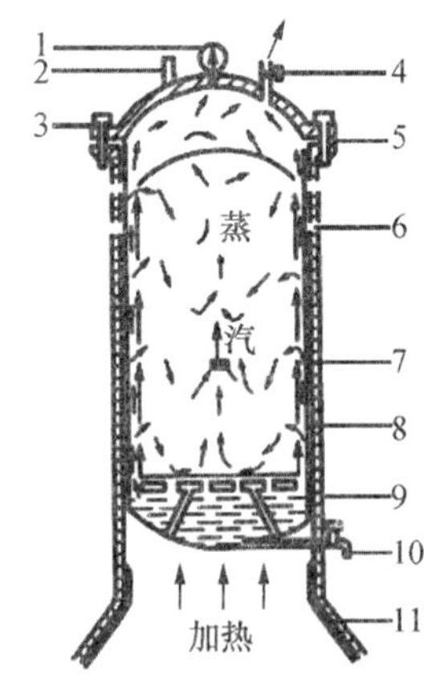

（b）立式灭菌锅

1—压力表；2—安全阀；3—锅盖；4—排气口；5—橡胶垫圈；6—烟通道；7—装料桶；8—保护壳；9—蒸汽锅壁；10—排水口；11—底脚

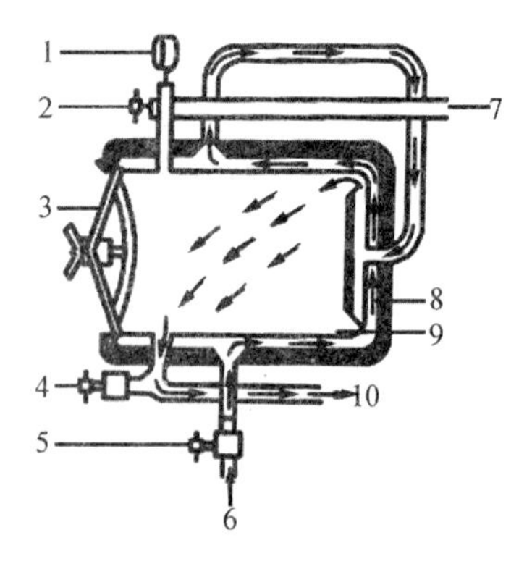

（c）卧室灭菌锅

1—压力表；2—蒸汽排气阀；3—门；4—温度计阀；5—蒸汽供应阀；6—烟通道；7—排气口；8—夹层；9—灭菌室；10—通风口

图 6-4　高压蒸汽灭菌锅炉结构示意图

三、实验器材

1. 仪器

培养皿(10 套),电子天平(1 台),试管(10 支),烧杯(1 000 mL,2 个),铁架台(1 台),锥形瓶(2 个),漏斗(1 个),铁锅(3L 左右,1 个),橡皮管(1 条),高压蒸汽灭菌锅。

2. 试剂及材料

10%HCl,精密 pH 试纸 6.8～8.4,10%NaOH,蒸馏水,牛肉膏,采集土样,蛋白胨,纱布,氯化钠,棉花,琼脂,牛皮纸(报纸)。

四、实验步骤

1. 培养基的制备

1) 计算称量

根据配方,计算出实验中各种药品所需要的量,然后分别量取。

2) 溶解

一般情况下,几种药品可一起倒入烧杯内,先加入少于所需要的总体积的水进行加热溶解(但在配制化学成分较多的培养基时,有些药品,如磷酸盐和钙盐、镁盐等混在一起容易产生结块、沉淀,故宜按配方依次溶解。个别成分如能分别溶解,经分开灭菌后混合,则效果更为理想)。

加热溶解时,要不断用玻璃棒搅拌。如有琼脂在内,更应注意搅拌,以防止沸腾溢出和受热不均匀在容器底部焦结。待所有药品完全溶解后,补足水分到需要的总体积。

3) 调节 pH

用滴管逐滴加入 1.0 mol/L NaOH 或 1.0 mol/L HCl,用玻璃棒搅动数次,然后用精密 pH 试纸测其 pH,直到符合要求时为止。pH 也可用 pH 计来测定。

4) 过滤

当培养基需要过滤时,要趁热用四层纱布过滤。

5) 分装

按照实验要求进行分装。装入试管中的量不宜超过试管高度的 1/5(图 6-5),装入三角烧瓶中的量以烧瓶总体积的一半为限。在分装过程中,应注意勿使培养基玷污管口或瓶口,以免弄湿棉塞,造成污染。

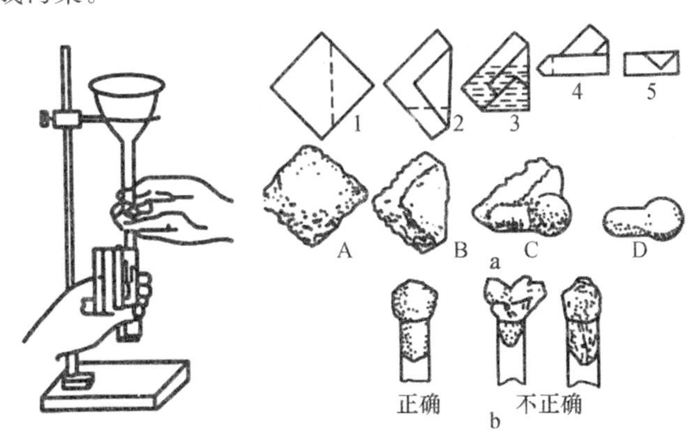

图 6-5　培养基的分装装置与棉塞的做法示意图

6）加塞

培养基分装好以后，在试管口或烧瓶口上应加上一只棉塞。棉塞的作用有二：一方面阻止外界微生物进入培养基内，防止由此引起的污染；另一方面保证有良好的通气性能，使微生物能不断地获得无菌空气。

棉塞制作要求：棉塞紧贴玻璃壁，没有皱纹和缝隙，松紧适宜（过紧易挤破管口和不易塞入，过松易脱落和污染）；棉塞的长度不小于管口直径的2倍，约2/3塞进管口。

7）灭菌

灭菌前在塞上棉塞的容器外面再包一层牛皮纸。为保证灭菌效果和不损坏培养基的必要成分，需按照各种培养基的规定确定培养基的灭菌时间和温度。如果分装斜面，要趁热摆放并使斜面长度适当（为试管长度1/3～1/2，不能超过1/2）。培养基经灭菌后，应保温培养2～3 d，检查灭菌效果，无菌生长者方可使用。

2. 灭菌操作

1）加水

使用前在锅内加入适量的水，有条件时最好加入蒸馏水以防止灭菌锅结垢。

2）染料

将灭菌物品（培养基、试管、培养皿）放在灭菌桶中，不要装得过满，各器皿扎包之间需留有适当的空隙以利于蒸汽的流通。

3）密封

将盖上软管插入灭菌桶的槽内，按对称方法旋紧四周固定螺栓。

4）加热排汽

加热后待锅内沸腾时打开排气阀，可见有大量蒸汽自排气阀冒出，维持2～3 min以排除冷空气。如灭菌物品较大或不易透气，应适当延长排气时间，务必使空气充分排除，然后将排气阀关闭。

5）保温保压

当压力升至0.1 MPa时，温度达121 ℃，此时应控制热源或间歇式开启排气阀，保持压力，维持30 min后切断热源。

6）取料

当灭菌锅内温度下降，压力表降至“0”处，稍停，使温度继续降至100 ℃以下后，打开排气阀，旋开固定螺栓，开盖，取出灭菌物（注意：切勿在锅内压力尚在“0”点以上，温度也在100 ℃以上时开启排气阀，否则会因压力骤然降低而造成培养基剧烈沸腾冲出管口或瓶口，污染棉塞，在以后培养时引起杂菌污染）。

7）保养

灭菌完毕取出物品后，将锅内余水倒出，以保持内壁及内胆干燥，以免日久腐蚀。

五、实验结果

每人灭菌一份固体培养基和一份液体培养基，做好一个试管斜面。

➡ 思考题

(1) 分装培养基和包扎盛有培养基的不同容器时的注意事项是什么?

(2) 为什么湿热灭菌比干热灭菌优越?

实验六　微生物纯种分离、培养及接种技术实验

本实验的对象是活性污泥微生物的纯种分离和培养。通常,在处理不同水质的废水时,起作用的微生物群和种类也不同。我们除可用显微镜直接观察微生物形态,大致了解其中的微生物种群外,更重要的是必须研究是哪些种类的微生物对该种废水起生物氧化作用、其作用原理是什么、产生什么产物等等,以便提高处理效果。此外,有时我们还需从土壤环境中分离和培养纯菌种来处理工业废水。因此,为了从事以上这些研究工作,就必须学习微生物纯种分离、培养及接种的技术,进而学会做微生物生理生化反应的实验,为废水处理服务。在给水处理的细菌检查中,细菌的分离、培养和接种是一个重要环节。

一、实验目的

(1) 掌握一些常用的分离、纯化和复壮微生物的方法;

(2) 学会几种接种方式,加强无菌操作技能;

(3) 进一步熟悉和掌握常用培养基配制。

二、实验原理

微生物的接种和培养是微生物学研究中的基本操作技术。在微生物学的科学试验及发酵生产中,将一种微生物移接到另一灭菌的新鲜培养基中,使其生长繁殖并获得代谢产物的过程称为接种。接种分离也常用于获得纯化菌种以及菌种的复壮等。根据不同的目的可采用不同的接种方法,如斜面接种、液体接种、平板接种、穿刺接种等。接种的菌种都是纯种培养的微生物,为了确保纯种不被杂菌污染,在接种过程中必须进行严格的无菌操作。应根据实验需要选择合适的培养基,接种后置于适宜的条件下培养。

培养基经灭菌后,用经过灭菌的接种工具在无菌条件下接种含菌材料于培养基上,这一操作称为无菌操作。获得无菌条件可利用如无菌室、无菌操作台或酒精灯火焰附近局部无菌区,其中利用酒精灯进行无菌操作在一般微生物实验中最为常用,应该熟练掌握。进行微生物接种和无菌操作实验时的注意事项如下:

(1) 接种室应经常保持无菌状态,确保用5%煤皂酚或75%酒精溶液擦拭桌面、墙壁、地面或用乳酸、甲醛熏蒸,定期做无菌检查。

(2) 接种时操作员需换上专用工作服、鞋并戴口罩,在进接种室前用肥皂洗手,然后用酒精棉球将手擦干净。

(3) 进行接种所用的吸管、平皿及培养基等必须经灭菌,无菌物品必须保存在无菌包或灭菌容器内,不可暴露在空气中过久。打开包装未使用完的物品,不能再放回无菌容器内或放置后再使用,金属接种工具应高压灭菌或用酒精点燃灼烧三次后使用。

(4) 从包装中取出吸管时,吸管尖部不能触及试管或平皿边。

(5) 接种样品、转移菌种必须在酒精灯前操作,接种活样品时,吸管从包装中取出后及打开试管塞都要通过火焰消毒,金属接种工具在每次接种前后均应经火焰灼烧灭菌。

(6) 吸管吸取菌液或样品时,应用相应的橡皮头吸取,不得直接用口吸。

(7) 实验过程中禁止谈笑和吃东西,尽量少走动。

三、实验器材

1. 菌体材料

枯草芽孢杆菌菌种斜面、黑曲霉菌种斜面。

2. 培养基/试剂

牛肉膏蛋白胨培养基,察氏培养基,无菌水。

3. 仪器、器皿及其他

培养箱、接种针、接种环、酒精灯或煤气灯、消毒酒精棉球、镊子、无菌试管、无菌吸管、试管架、标签纸。

四、实验步骤

1. 微生物纯种分离

(1) 平板的制作。将融化并冷却至约 50 ℃的培养基倒入培养皿内,冷却凝固成平板。

(2) 划线。用接种环挑去一环水样,左手拿培养皿,中指、无名指和小指托住皿底,拇指和食指夹住皿盖,将培养皿稍倾斜,左手拇指和食指将皿盖掀开,右手将接种环伸入培养皿内,在平板上轻轻划线后盖住盖子。

(3) 培养。将盖好盖子的培养皿倒置于 37 ℃恒温培养箱内培养 24～48 h 后观察结果。

2. 微生物培养

每个菌种分别接种三个平行培养基,将斜面培养基置于试管架上(图 6-6)放入培养箱中培养,平板培养基倒置在培养箱中培养,以避免培养过程中形成的冷凝水流到培养基表面冲走菌落。其中枯草芽孢杆菌在 37 ℃下培养 48 h 观察结果,黑曲霉在 30 ℃下培养 24～48 h 后观察结果。

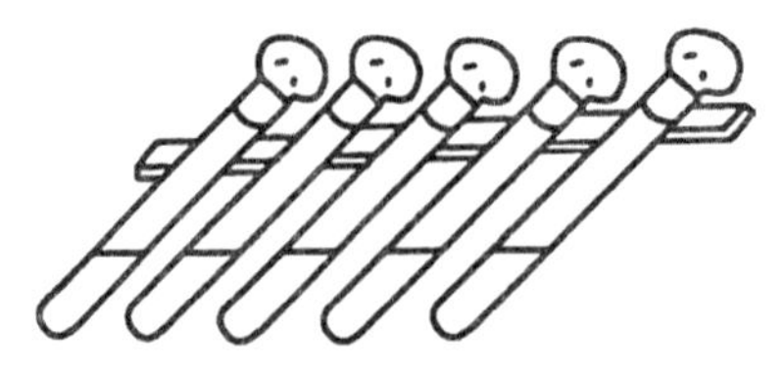

图 6-6 放置在斜面的试管

3. 微生物的接种

(1) 准备。接种前将操作台擦净,将所需物品整齐有序地放在桌子上。

(2) 编号。将试管贴上标签,注明菌号、接种日期、接种人、组别。

(3) 点燃酒精灯。

(4) 左手拿待接的斜面培养基试管,右手拿接种环,在火焰上将环烧红以达到灭菌的目的。

(5) 接种。打开培养好的纯种分离培养平皿,在火焰旁将冷却的接种环在单菌落中取种,迅速盖好平皿,并将接种环转移至接种试管斜面上,自斜面底部开始向上做"Z"形致密划线直至斜面顶端,抽出接种环,试管过火后塞上棉塞,将试管放下。接种划线方式和划线分离示意图如图 6-7、图 6-8 所示。

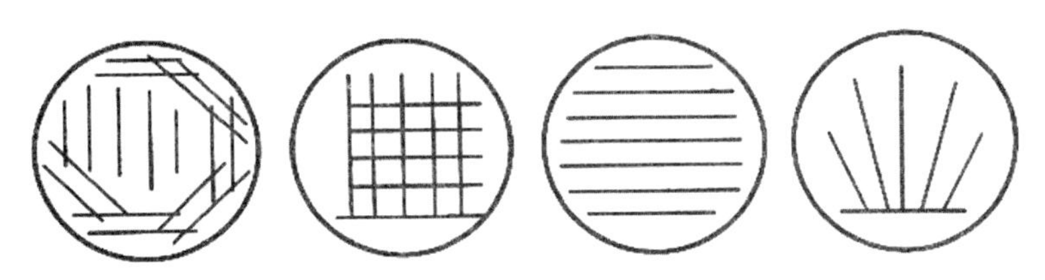

图 6-7　平板划线方式

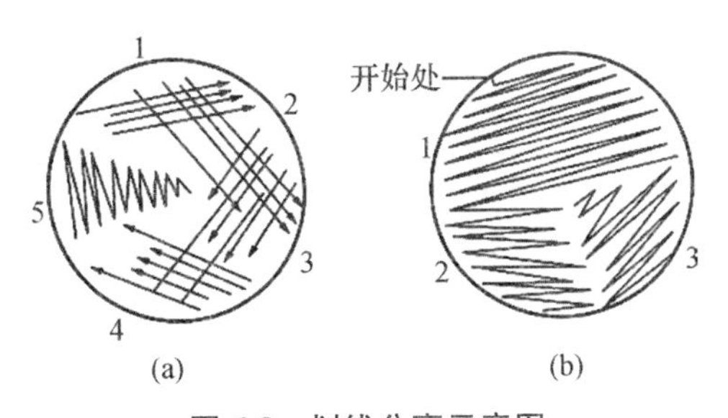

图 6-8　划线分离示意图

(6) 灭菌。灼烧接种环,杀灭环上细菌。

(7) 培养。将盖好盖子的培养皿倒置于 37 ℃恒温培养箱内培养 24～48 h 后观察结果。

(8) 保存。将符合要求的斜面培养试管放入 4 ℃冰箱中冷藏保存。

五、实验结果

每人从水样中分离、培养、接种、保存一份纯种细菌。

➡ 思考题

1. 无菌操作的注意事项有哪些?
2. 怎样保证分离到纯种微生物?

实验七　纯培养菌种的菌体、菌落形态观察实验

一、实验目的

(1) 了解菌体形态、菌落形态特征;

(2) 通过革兰氏染色,了解活性污泥中大体由哪些类群的微生物所组成。

二、实验原理

细菌在固体培养基上的培养特征就是菌落特征。所谓菌落就是由单个或少量同种细菌(或其他微生物)细胞繁殖起来的,由无数细胞聚集在一起形成的肉眼可见的细胞集合体。

菌落的外观特征和培养条件有关,也与细菌自身的遗传特性有关。不同细菌的菌落特征是不一样的,在一定培养条件下它们表现出不同的培养特征。这些特征可以作为细菌的分类依据之一。

三、实验仪器

(1) 显微镜、载玻片、接种环、酒精灯(或煤气灯)、恒温箱等。

(2) 革兰氏染色液全套。

(3) 各种菌种。

四、实验步骤

1. 接种斜面培养基

将前一天从活性污泥分离培养出来的各种不同形态特征的菌落,在无菌操作条件下,用接种环(图 6-9)分别挑取少许菌种接种到各个斜面培养基上,塞好棉塞,放在试管架上,置于 30 ℃恒温箱中培养 36 h 后,进行观察。

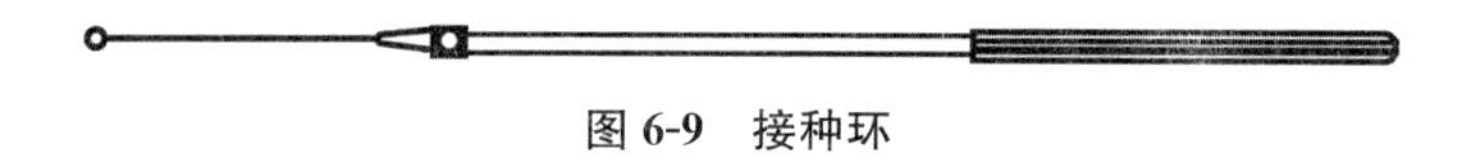

图 6-9 接种环

2. 菌落形态特征的观察

由于微生物个体的表面结构、分裂方式、运动能力、生理特性以及产生色素的能力等各不相同,因而个体在固体培养基上的情况各有特点。按照微生物在固体培养基上形成的菌落的特征,可粗略地辨别是何种类型的微生物。应注意菌落的形态、结构、大小、菌落高度、颜色、透明度、气味及黏滞性等。一般来说,细菌和酵母菌的菌落比较光滑湿润,用接种环容易将菌体挑起;放线菌的菌落硬度较大,干燥致密,且与基质紧密结合,不易被针或环挑起;霉菌菌落常长成绒状或棉絮状。

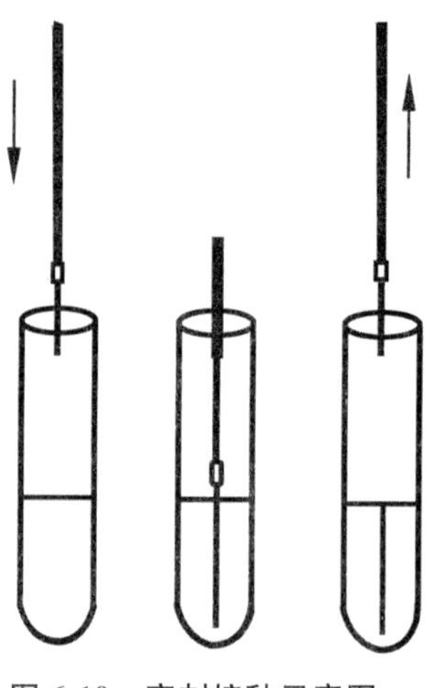

图 6-10 穿刺接种示意图

如果要鉴定菌种,则对微生物在斜面培养基上及液体培养基中生长的特征都应比较详细地观察。在斜面培养基上观察菌落生长旺盛程度、形状、颜色及光泽等;在液体培养基中则观察浑浊度、有无沉淀、液体表面有无膜、膜的形状等;在穿刺接种(图 6-10)时则观察菌落在基质表面的情况、菌落的延伸情况以及是否液化培养基和液化的情况等。观察时绘出菌落形态特征图。本实验只学习观察一般微生物菌落形态特征,不作菌种鉴定。所以，只做琼脂平板和琼脂斜面的观察，并同时结合微生物个体形态观察，以达到了解和熟悉几种一般微生物的菌落形态和个体形态特征。

3. 微生物个体形态观察

在观察已培养好的各种微生物菌落形态以后，用革兰氏染色法染色，进行显微镜油镜观察，并绘制形态图。

五、实验结果

将培养出的菌体和菌落绘图。

➡ 思考题

从活性污泥中分离出几种微生物？其菌落形态和个体形态是怎样的？革兰氏染色呈什么反应？

实验八　微生物的生理生化特征实验

微生物的代谢和呼吸主要依赖于酶的活动。各种微生物具有不同的酶类，因此，它们对某些含碳化合物和含氮化合物的分解利用情况不同，代谢产物也有所不同。我们可以将各种微生物生理生化反应的特点作为鉴别它们的依据。

在水处理工程中，水源水要经过处理后才能供给用户。饮用水要求清澈、无色、无臭，更重要的是没有病原菌。因此，自来水在出厂以前要作水质的物理化学分析和细菌检验。本实验结合给水净化工程中的细菌检验，作细菌总数和大肠菌群的测定。通过对大肠菌群的测定，了解大肠杆菌的生理生化特性。

大肠菌群数系指每升水样中所含有的大肠菌群的数目。大肠菌数一般包括大肠埃希氏杆菌、产气杆菌、枸橼酸杆菌和副大肠杆菌。本实验的发酵步骤采用含有乳糖的培养基，故测定结果不包括副大肠杆菌。

细菌总数是指 1 mL 水样在营养琼脂培养基中，在 37 ℃下培养 24 h 后所生长的细菌菌落的总数(实际上所表示的是腐生细菌的数目。腐生细菌在营养琼脂培养基上所形成的菌落呈白色细点状)。

我国现行生活饮用水卫生标准 GB 5749-2006 规定：细菌总数 1 mL 水中不得超过 100 个，大肠菌群 1 L 水中不得超过 3 个。

一、实验目的

(1) 掌握大肠菌群的检验方法；

(2) 掌握细菌总数的测定方法。

二、实验原理

水的微生物学的检验，特别是肠道细菌的检验，在保证饮水安全和控制传染病上有着重要意义，同时也是评价水质状况的重要指标。

所谓细菌总数是指 1 mL 或 1 g 检样中所含的细菌菌落的总数，所用的方法是稀释平板计数法，由于计算的是平板上形成的菌落数，故反映的是水样中活菌的数量。

所谓大肠菌群是在 37 ℃下 24 h 内能发酵乳糖产酸、产气的兼性厌氧的革兰氏阴性无芽胞杆菌的总称，主要由肠杆菌科中四个属内的细菌组成，即埃希氏杆菌属、柠檬酸杆菌属、克雷伯氏菌属和肠杆菌属。

水样的大肠菌群数是指 100 mL 水样内含有的大肠菌群实际数值，以大肠菌群最近似数(MPN)表示。在正常情况下，肠道中主要有大肠菌群、粪链球菌和厌氧芽胞杆菌等多种细菌，这些细菌都可随人畜排泄物进入水源，由于大肠菌群在肠道内数量最多，所以，水源中大肠菌群的数量，是直接反映水源被人畜排泄物污染程度的一项重要指标。目前，国际上已公认大肠菌群的存在是粪便污染的指标，因而对饮用水必须进行大肠菌群的检查。

水中大肠菌群的检验方法常采用发酵法和滤膜法。发酵法可运用于各种水样的检验，但操作繁琐，需要时间长。滤膜法仅适用于自来水和深井水，操作简单、快速，但不适用于杂质较多，易于阻塞滤孔的水样。

三、实验器材

水样瓶、吸管、试管、锥形瓶、稀释瓶、培养皿、发酵管和发酵瓶、接种环、细菌滤器、滤膜、高压蒸汽灭菌器、恒温箱、电冰箱、显微镜、镜油、pH 电位仪。

四、实验步骤

1. 大肠菌群的检验

1）发酵法

发酵法是根据大肠菌群能发酵某些糖类而产酸、产气等特性来进行检验的。发酵瓶和发酵管如图 6-11 所示。

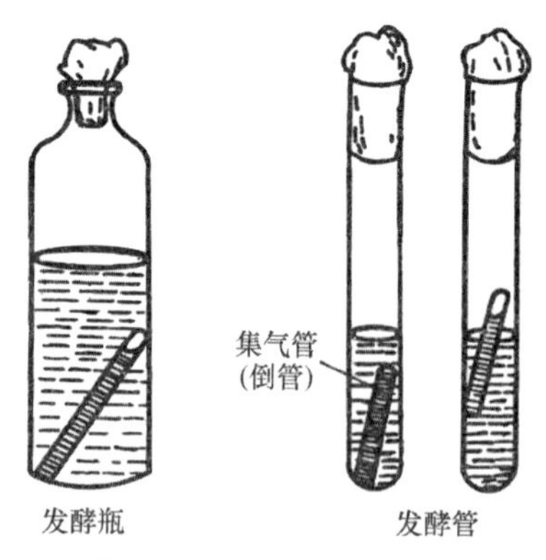

图 6-11　发酵瓶和发酵管

(1) 初步发酵试验

在 2 个各装有已灭菌的 50 mL 浓乳糖蛋白胨培养基的发酵瓶或大发酵管(内有倒管)中，以无菌操作各加入水样 100 mL；在 10 支装有已灭菌的 5 mL 浓乳糖蛋白胨培养基的小发酵管(内有倒管)中,以无菌操作各加入水样 10 mL,混匀后置于 37 ℃恒温箱中培养24 h,观察其产气、产酸的情况。

① 如无气体和酸产生,则为阴性反应,表示无大肠菌群存在。

② 如有气体和酸产生,或虽无气体产生,但有酸形成,则为阳性反应,表示此水可能为粪便污染,需作进一步的检验。

③ 如有气体形成,但没有产酸,溶液也不浑浊,则操作技术上有问题,须重作检验。

(2) 平板分离

用无菌接种环,从步骤①需作进一步检验的发酵瓶或发酵管中沾取菌液,分别在品红亚硫酸钠培养基(甲)或伊红美蓝培养基上划线,然后将培养皿倒置于 37 ℃恒温箱内培养 18～24 h,观察结果。

① 如无细菌增殖现象,可认为是阴性反应,无大肠菌群存在。

② 如仅发现芒状、霉状或其他无关菌属的菌落,则表示无粪便性的污染。

③ 如发现有下面特征的菌落,则应取菌落的一小部分进行涂片、革兰氏染色、镜检。如涂片中没有革兰氏阴性的杆菌,则表示无大肠菌群存在;如涂片中有革兰氏阴性无芽孢的杆菌时,则进行复发酵试验。

(3) 复发酵试验

用无菌接种环挑取涂片镜检显示革兰氏阴性无芽孢杆菌的菌落的另一部分,接种于已灭菌的装有 10 mL 普通浓度乳糖蛋白胨培养基的小发酵管(内有倒管)中,每管可接种分离自同一初发酵管或发酵瓶的最典型的菌落 1～3 个,然后置于 37 ℃恒温箱中培养 24 h,有产酸、产气者,即证实大肠菌群存在。

根据证实有大肠菌群存在的阳性管数或瓶数,查表 6-1,报告每升水样中的大肠菌群数。

表 6-1　大肠菌群检数表

10 mL 水样的阳性管数	10 mL 水样的阳性管数		
	0	1	2
	每升水样中大肠菌群数		
	＜3	4	11
1	3	8	18
2	7	13	27
3	11	18	38
4	14	24	52
5	18	30	70
6	22	36	92
7	27	43	120
8	31	51	161
9	36	60	230
10	40	69	

2）滤膜法（本法特别适用于低浊度水样中大肠菌群数的测定）

滤膜法是先将水样注入已灭菌的放有滤膜（一种微孔薄膜）的滤器中，抽滤后细菌即被截留在膜上，然后将此滤膜贴于品红亚硫酸钠培养基上，进行培养，计数并鉴定滤膜上生长的大肠菌群菌落，最后算出每升水样中含有的大肠菌群数。

（1）滤膜灭菌。将滤膜放入烧杯中，加入蒸馏水，置于沸水煮沸灭菌 3 次，每次 15 min。前两次煮沸后需更换水洗涤 2～3 次，以除去残留溶剂。

（2）滤器灭菌。用点燃的酒精棉球火焰灭菌，也可用 121 ℃（1 kg/cm^2）高压蒸汽灭菌 20 min。

（3）过滤水样

① 用烧灼冷却的镊子夹取灭菌滤膜边缘部分，将粗糙面向上，贴放在已灭菌的滤床上，稳妥地固定好滤器。将 333 mL 水样（如水样含菌数较多，可减少过滤水样量）注入滤器中，加盖，打开滤器阀门，在－0.5 大气压下进行抽滤（一般直径 30 mm 左右的滤膜过滤的水量应按培养后滤膜上长出的菌落不多于 50 个的原则来确定）。

② 水样过滤完后，再抽气约 5 s。关上滤器阀门，取下滤器，用灭菌镊子夹取滤膜边缘部分，移放在品红亚硫酸钠培养基上。滤膜截留细菌的面应向上。滤膜与培养基应完全贴紧，两者间不得留有气泡。然后将培养皿倒置于 37 ℃恒温箱中培养 22～24 h。

2. 细菌总数的测定

（1）以无菌操作方法用灭菌吸管吸取 1 mL 充分混匀的水样，注入无菌平皿中，倾注约 15 mL 已融化并冷却到 45 ℃左右的营养琼脂培养基，立即旋摇平皿，使水样与培养基充分混匀。每次检验时应作一平行接种，同时另取一个平皿只倾注营养琼脂培养基作为空白对照。

（2）待液体冷却凝固后，翻转平皿，使底面向上，置于 37 ℃恒温箱内培养 24 h，进行菌落计数，此即为 1 mL 水样中的细菌总数。

五、实验结果

（1）将检验得到的大肠菌群菌落数换算成 1 L 水中所含有的菌群数，即得大肠菌群数。

（2）选择细菌群数能在 30～300 之间的进行计算并报告。

思考题

（1）测定大肠菌群数能说明什么问题？为什么要用大肠菌群作检验指标？

（2）测定细菌总数能说明什么问题？

（3）为什么乳糖蛋白胨培养基用 0.7 kg/cm^2 灭菌 20 min，而不用 1 kg/cm^2 灭菌 20 min？

（4）除了作细菌检验，为什么自来水厂还要经常进行余氯的测定？

实验九　大肠杆菌生长曲线的测定实验

一、实验目的

（1）掌握细菌生长曲线的特点及其测定的原理，从而了解微生物在一定条件下生长、繁殖的规律；

（2）掌握由生长曲线计算微生物代谢的方法。

二、实验原理

在液体培养基中，微生物随着培养时间的增加而不断增加，逐渐使培养基混浊，这一变化可以用分光光度计测定，并可根据不同时间里测定的数值而做出该种微生物的生长曲线。生长曲线就是将一定量的单细胞微生物接种在适合的新鲜液体培养基中，在适宜温度条件下进行培养，然后以细菌数的对数为纵坐标，以生长时间为横坐标得到的曲线，如图 6-12 所示。生长曲线一般分为缓慢期、对数期、稳定期和衰亡期四个时期。不同的微生物具有不同的生长曲线，同一微生物在不同条件下培养也会得到不同的生长曲线。生长曲线的测定方法有血球计数法、平板计数法、称重法及比浊法等多种。本实验采用比浊法测定。因为细菌悬液的浓度与浑浊度成正比，所以可利用光电比色计测定细菌悬液的光密度来推知细菌液的浓度，根据所测得的光密度值（OD 值）与其对应的培养时间即可绘出该菌在一定条件下的生长曲线（本试验采用半对数坐标纸绘图）。在曲线上对数生长期范围内，任取两个成倍的 OD 值，其相对应的时间差即为该细菌代谢周期。

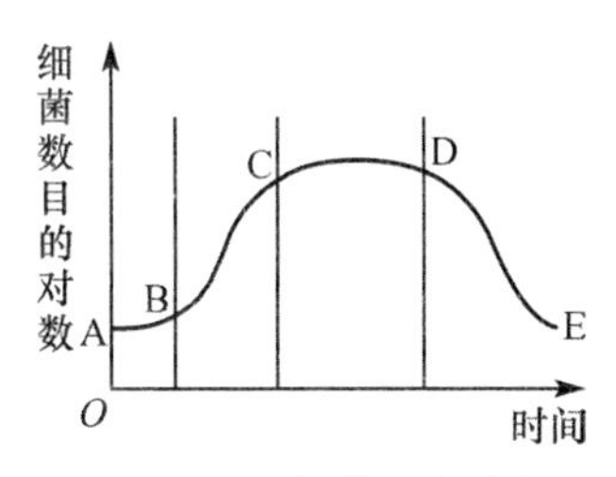

图 6-12　大肠杆菌生长曲线图

三、实验器材

培养基、大肠菌液、光电比色计、高压蒸汽灭菌器、电冰箱、振荡器或摇床、吸管、烧杯等。

四、实验步骤

1. 接种

取 12 支装有灭菌过的牛肉膏蛋白胨液体培养基试管（每管装 20 mL 培养基），贴上标签（注明菌名、培养时间等）。然后，用 1 支 1 mL 无菌吸管，每次准确地吸取 0.2 mL 培养 18 h 的大肠杆菌培养液，接种到牛肉膏蛋白胨液体培养基内。接种后，轻轻摇荡，使菌体均匀分布。

2. 培养

将接种后的 12 支液体培养基置于振荡器或摇床上在 37 ℃下振荡培养。其中 9 支分别在培养 0 h、1.5 h、3 h、4 h、6 h、8 h、10 h、12 h、14 h 之后取出，放冰箱中储存，最后一起比浊测定。

作酸处理的1支试管，在培养4 h后取出，加入1 mL无菌酸溶液(甲酸∶乙酸∶乳酸=3∶1∶1(体积比))，然后继续振荡培养4 h后取出，放冰箱中储存，最后一起比浊测定。

追加营养的两支试管，在培养4 h后取出，各加入无菌浓牛肉膏蛋白胨液体培养基1 mL，然后继续振荡培养8 h、14 h后取出，放冰箱中储存，最后一起比浊测定。

3. 比浊

把培养不同时间而形成不同浓度的细菌培养液置于光电比色计中进行比浊，用浑浊度的大小来代表细菌的生长量。

在比色计中应插入适当波长的滤光片，以未接种的牛肉膏蛋白胨液体培养基为空白对照，从最稀浓度的细菌悬液开始，依次测定。细菌悬液如果太浓，应适当稀释，使光密度降至0～0.4范围内。

液体的浑浊度也可用比浊计测定。

五、实验结果

(1) 记录培养0 h、1.5 h、3 h、4 h、6 h、8 h、10 h、12 h、14 h之后的细菌悬液的光密度值，以及4 h加酸和6 h追加营养液后的三管菌液在所要求的培养时间达到时的光密度值。

(2) 以细菌悬液光密度为纵坐标，培养时间为横坐标，绘出大肠杆菌正常加酸和追加营养的3条生长曲线，并加以比较，标出正常生长曲线中对数期的大致位置。

➡ 思考题

(1) 常用的测定微生物生长的方法有哪几种？

(2) 利用浑浊度所表示的细菌生长量是否包括死细菌？

(3) 你认为活性污泥中微生物的增长曲线应怎样测定才比较合适？

实验十　活性污泥微生物呼吸活性(耗氧速率)的测定实验

微生物的呼吸是反映其生理活性的一个重要指标。微生物在进行有氧呼吸、分解有机质的过程中会消耗氧，产生CO_2，因此测定呼吸速率可以反映活性污泥中微生物的代谢速率，对分析废水的生物可降解性有重要意义。废水中有毒物质可以抑制微生物的呼吸，使其耗氧量和CO_2产生量下降，下降的程度与毒性物质的浓度和强度有关。

一、实验目的

(1) 学习活性污泥耗氧速率和比耗氧速率的测定方法；

(2) 了解污泥微生物代谢活性。

二、实验原理

活性污泥微生物的耗氧速率(Oxygen Uptake Rate，OUR，单位$mgO_2/(L \cdot h)$)的定义是单位体积溶液在单位时间内消耗的氧量。OUR是评价污泥微生物代谢活性的一个重要指标。为便于比较，消除生物量不同导致的 OUR 值差异，在污水处理中常用比耗氧速率(Specific Oxygen Uptake Rate，SOUR，单位 $mgO_2/(gVSS \cdot h)$)评价活性污泥的稳定性，其定义是单位质量活性污泥在单位时间内的耗氧量。

在日常污水处理运行中，活性污泥 OUR/SOUR 值的大小及其变化趋势可指示处理系统负荷的变化情况。活性污泥的 OUR/SOUR 值若大大高于正常值，往往指示活性污泥负荷过高，这时出水水质较差，残留有机物较多，处理效果差。污泥 OUR/SOUR 值长期低于正常值的情况往往在活性污泥负荷低的延时曝气处理系统中可见，这时出水中残存有机物数量较少，有机物分解得较完善。但若长期运行，也会使污泥因缺乏营养而解絮，此时的 OUR/SOUR 值也很低。当处理系统遭受毒物冲击时，会导致活性污泥中毒，这时活性污泥 OUR/SOUR 值突然下降，这常是最为灵敏的早期警报。此外，还可通过污泥在不同工业废水中 OUR 值的高低来判断废水的可生化性、废水毒性的极限浓度，在污泥好氧消化处理中判断污泥是否稳定。

三、实验器材

1. 菌体材料

取曝气池和污泥浓缩池(或污泥好氧消化池)中污泥混合液，MLSS 浓度控制住 2 000～4 000 mg/L，视来源进行浓缩或稀释。

2. 仪器、器皿及其他

溶解氧测定仪(含电极探头)、电磁搅拌器、恒温水浴锅、BOD 测定瓶(300 mL)、烧杯、秒表或计时器。

四、实验步骤

(1) 分别取曝气池和污泥浓缩池(或污泥好氧消化池)中污泥混合液置于烧杯中，不同单元的污泥浓度和活性有所不同，调节温度至 20 ℃，充氧至饱和，采用失重法测定污泥的浓度。

(2) 将已充氧至饱和的污泥混合液倒入装有搅拌转子的 BOD 测定瓶中，倒满为止，塞上安装有溶解氧测定仪电极探头的橡皮塞，注意瓶内不应产生气泡。

(3) 在 20 ℃的恒温室(或将 BOD 测定瓶置于 20 ℃恒温水浴中)，开动电磁搅拌器，待稳定后即可读数并记录溶解氧值，一般每隔 0.5 min 或 1 min 读数一次。

(4) 待溶解氧(DO)降至 1 mg/L 停止整个实验。注意实验的全过程以控制在 10～30 min 为宜，亦即尽量使每升污泥每小时耗氧量在 5～40 mg O_2 为宜，若 DO 值下降过快，可将污泥适当稀释后再测定。

五、实验结果

可根据活性污泥浓度 VSS、反应时间 t 和反应瓶内溶解氧变化率求得污泥的比耗速率 SOUR，注意最终要将分钟换算成小时。

$$SOUR = K_{OCR} \times 60\ mm \times \frac{1\ 000\ mg/g}{VSS}$$

式中：SOUR——污泥比耗氧速率，$mgO_2/(gVSS \cdot h)$；

K_{OCR}——每分钟的氧浓度变化率(消耗率)，$mgO_2/(L \cdot min)$；

VSS——污泥浓度(常用挥发性悬浮固体浓度计算)，mg/L。

其中 K_{OCR} 可以通过求出各分钟氧消耗率再取平均值求得，或对氧浓度-时间作图，则线性回归的斜率即 K_{OCR}。

➡ 思考题

(1) 测定活性污泥的微生物耗氧速率对研究污水中的微生物处理过程有哪些作用?

(2) 化学法测定耗氧速率的理论依据是什么?

实验十一　发光细菌毒性测试实验

一、实验目的

(1) 学会使用分光光度计；

(2) 应用分光光度计检测不同废水的细菌发光度并比较其毒性。

二、实验原理

发光细菌由于含有荧光素、荧光酶、ATP 等发光要素，在有氧条件下通过细胞内生化反应而产生微弱荧光。生物发光是发光细菌生理状况的一个反映，在对数生长期发光能力最强；当环境条件不良或有毒物存在时，因为细菌荧光素酶活性或细胞呼吸受到抑制，发光能力受到影响而减弱，其减弱程度与毒物的毒性大小和浓度成一定比例关系。因此，通过灵敏的光电测定装置，检查在毒物作用下发光菌的光强度变化，可以评价待测物的毒性。

目前国内外采用的发光细菌实验有三种测定方法：(1) 新鲜发光细菌培养测定法；(2) 发光细菌和海藻混合测定法；(3) 冷冻干燥发光菌粉制剂测定法。

本实验所用的明亮发光杆菌(Photobacteriumhosphoreum)T3 变种是一种非致病菌，它在适当条件下经培养后能发射出肉眼可见的蓝绿色荧光。其发光要素是活体细胞内的荧光素 FMN、长链醛和荧光酶。即当细菌体内合成荧光素 FMN、长链醛和荧光酶时，在氧的参与下，在氧化呼吸链的光呼吸过程中发生生化反应，产生光，光峰值在 490 nm。发光反应式：

$$FMNH_2 + RHO + O_2 \rightarrow FMN + RCOOH + H_2O + 光$$

当细菌活性高，处于对数生长期时，细胞 ATP 含量高，发光强；休眠状态时，细胞 ATP 含量下降，发光减弱；当细菌死亡后，ATP 缺失，发光停止。这种发光过程极易受外界条件的影响。当发光细菌接触到环境中的有毒污染物(重金属、农药、染料、酸碱及各类工业废气、废水、废渣等)时，细菌的新陈代谢受到干扰，胞质膜变性。由于胞质膜是发光细菌电子转移链和发光的位置，因此细胞的发光受到抑制。根据菌体发光度的变化，可以确定污染物的急性生物毒性。

三、实验器材

1. 样品材料

新鲜明亮发光杆菌悬浮液或明亮发光杆菌冻干粉(800 万个/g),不同化工厂排污口水样各 500 mL。

2. 培养基及试剂

发光细菌培养基:酵母膏 0.5 g;胰蛋白胨 0.5 g;NaCl 3 g;Na_2HPO_4 0.5 g;KH_2PO_4 0.1 g;甘油 0.3 g;蒸馏水 100 mL;琼脂 1.5～2 g。pH 调至 7.0±0.5。固体培养基分装试管,121 ℃高压蒸汽灭菌 20 min 后制成斜面;液体培养基分装 150 mL 三角瓶,每瓶 50 mL,121 ℃ 高压蒸汽灭菌 20 min 后备用。

稀释液:3%NaCl 溶液和 2%NaCl 溶液。

参比毒物:0.02～0.24 mg/L 的 $HgCl_2$ 系列。

3. 仪器、器皿及其他

分光光度计(GDJ-2 型,配有 XWX-2042 型记录仪)、磁力搅拌器、恒温振荡器、培养箱、灭菌锅、容量瓶、三角瓶、2 mL 或 5 mL 具塞圆形比色管、1 mL 和 5 mL 吸管。

四、实验步骤

1. 菌液准备

1) 斜面培养

于测定前 48 h 从冰箱取出保存的斜面菌种,接出第一代斜面,20 ℃培养 24 h 后立即接出第二代斜面,培养 12 h 备用。接种量均不超过一环。

2) 摇瓶培养

将菌龄满 12 h 的新鲜斜面菌种接入盛有 50 mL 培养基的 250 mL 三角锥瓶内,接种量不超过一环。20 ℃振荡培养 12～14 h(转速约 200 r/min),立即测定。

3) 菌液制备

用无菌吸管吸取刚培养好的摇瓶中的浓菌液 0.2 mL,加 3%NaCl 液 250 mL,此稀释液在分光光度计上浓度应为 0.5～0.7 V。从操作开始,用磁力搅拌器对稀释菌液不断搅拌以充氧。

2. 废水生物毒性测定

(1) 吸取待测污水样品或参比毒物系列浓度溶液各 4 mL,分别注入干净比色管中,并将两份蒸馏水 4 mL 分装于两支比色管中做对照实验(CK_1、CK_2)。

(2) 加入 30%NaCl 液 0.5 mL(T_3 菌在 3%NaCl 中分光度最好,应使比色管内待测液最终保持 3%NaCl 浓度)。

(3) 准确吸取经充分搅拌的稀释菌液 0.5 mL,注入待测比色管中,塞上玻璃塞,充分摇匀(约经 15 s),立即拔出玻璃塞使菌液接触氧气,于 15～25 ℃范围内的恒温下放置30 min,使之充分反应,送入分光光度计检测其发光度,记录毫伏数,每个水样设三管重复实验。

(4) 分光光度计操作按仪器说明书。将待测液比色管逐一放入仪器样品室中,先测 CK_1,继而测水样,最后测 CK_2。每个样品在记录仪上重复现峰四次。由于 1,3 峰与 2,4 峰数值间存在一定差异,故在同一次测定中,各样品选峰应为一致,或取 1,3 峰均值,或取 2,4 峰均值。测定温度亦应在 15～25 ℃内保持恒定。

五、实验结果

(1) 按公式计算相对发光度或相对抑制率。

$$样品相对发光率/\% = \frac{样品发光平均\ mV\ 数}{CK\ 平均发光\ mV\ 数} \times 100\%$$

$$样品相对抑制率/\% = \frac{样品发光平均\ mV\ 数 - CK\ 发光平均\ mV\ 数}{CK\ 平均发光\ mV\ 数} \times 100\%$$

(2) EC_{50}值:在半对数坐标纸上,以对数浓度为横坐标,以相对发光率或抑制率为纵坐标作图,求得 EC_{50}值。

(3) 建立相对抑制率与参比毒物系列浓度的回归方程,求出样品相当于参比试剂的毒性水平,评价待测水样的生物毒性。

(4) 将实验结果填入表 6-2。

表 6-2　不同水样的发光度比较

样品名称	发光 mV 数			相对发光度%
	1	2	平均	
CK_1				
CK_2				
水样 1				
水样 2				

第七章 给水排水管道工程实训

给水排水工程师应熟悉给水排水系统从设计，材料到施工安装各个环节，给水排水管道安装是本专业应掌握的基本技能。常用的管材有无缝钢管、镀锌钢管、铸铁管、U-PVC（聚氯乙烯）管、PE（聚乙烯）管、ABS管、铝塑复合管、衬塑或涂塑钢管、不锈钢管、铜管、玻璃钢管等。根据国家经贸委、建设部、国家技术监督局、国家建材局《关于推进住宅产业现代化提高住宅质量若干意见的通知》要求，从2001年6月1日起，在城镇新建住宅中，禁止使用冷镀锌管作为室内给水管，并根据当地实际情况逐步限时禁止使用热镀锌钢管，推广应用铝塑复合管、聚乙烯管（PE）、聚丙烯（PP）等新型管材，其中有条件的地方可推广应用铜管。由于给水排水系统中当前应用的管材种类较多，管材加工及连接方式等较多。本章主要对给水排水管道工程常用施工工具、管道加工、管道连接、管道支吊架的安装等方面进行介绍，为给水排水管道工程实训及相关技能培养提供指导。

第一节 管道工程常用施工工具

一、管钳

管钳是铁质管道、管件连接时，用来紧固或松动的工具，其主要有张开式和链条式两种。

1. 张开式管钳

张开式管钳主要用于扳动金属管子或其他圆形工件，是管路安装和修理工作中常用的工具。其主要由钳柄和活动钳口组成，用螺母调节钳口大小，钳口上有轮齿以便咬牢管子转动，如图7-1所示。

2. 链条式管钳

链条式管钳包含钳柄和一端与钳柄铰接的链条，钳柄的前端设有与链条啮合的牙，链条通过连接板与钳柄铰接，即连接板的一端与链条的一端铰接，连接板的另一端与钳柄铰接。钳柄前端的牙呈圆弧分布。链条式管钳在工作时，链条的非铰接端是自由的，不与钳柄固定或铰接，管件的夹持、旋转是由管件和缠绕其的链条之间的摩擦力来实现的，而扭力是由钳柄前端的局部牙轮与链条的啮合力产生的，钳柄在管件表面没有施力作用点，如图7-2所示。

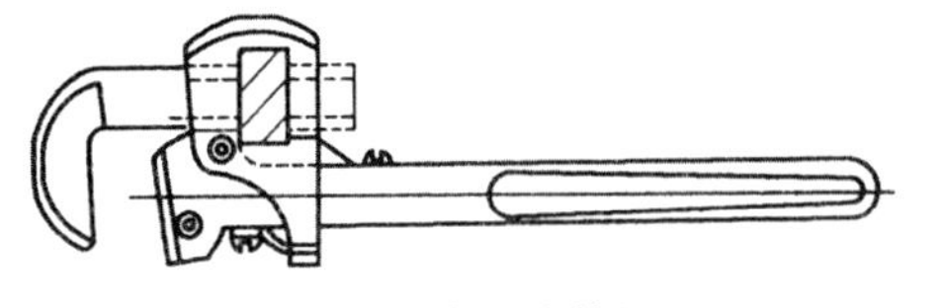
图 7-1　张开式管钳

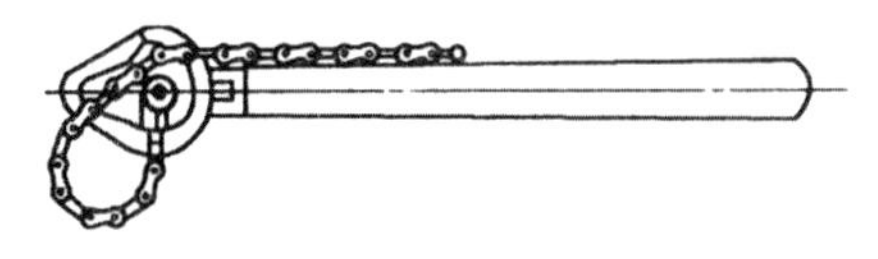
图 7-2　链条式管钳

管钳使用注意事项：

(1) 要选择合适的规格。

(2) 钳头开口要等于工件的直径。

(3) 钳头要卡紧工件后再用力扳，防止打滑伤人。

(4) 用加力杆时长度要适当，不能用力过猛或超过管钳允许强度。

(5) 管钳牙和调节环要保持清洁。

二、手锯、割管器

1. 手锯

手锯是手工锯割的主要工具，可用于锯割零件的多余部分，锯断机械强度较大的金属板、金属棍或塑料板等，其主要有固定式手锯和可调式手锯两种。手锯由锯条和锯弓组成。锯弓用来安装并张紧锯条，由钢质材料制成。锯条也由钢质材料制成，并经过热处理变硬。锯条的长度以两端安装孔的中心距离来表示，如图 7-3 所示。

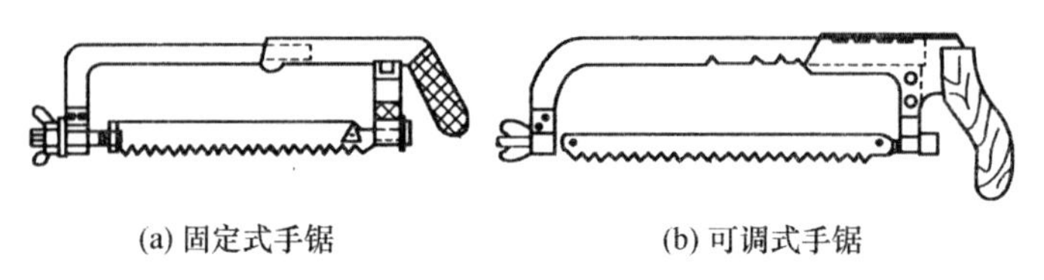
(a) 固定式手锯　　(b) 可调式手锯

图 7-3　手锯

手锯操作方法：

(1) 锯条的张紧程度要适当。过紧，容易在使用中崩断；过松，容易在使用中扭曲、摆动，使锯缝歪斜，也容易折断锯条。

(2) 握锯一般以右手为主，握住锯柄，加压力并向前推锯；以左手为辅，扶正锯弓。根据加工材料的状态(如板料、管材或圆棒)，可以做直线式或上下摆动式的往复运动。

(3) 向前推锯时应均匀用力，向后拉锯时双手自然放松。

(4) 快要锯断时，应注意轻轻用力。

2. 割管器

割管器由滚刀、刀架与手把组成，如图 7-4 所示。

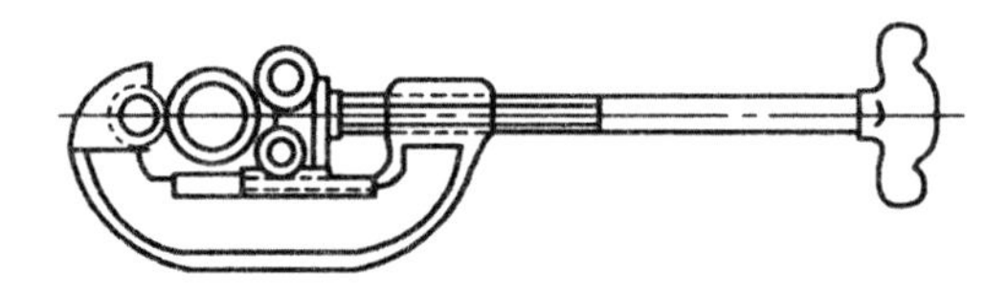
图 7-4　割管器

三、扳手

1. 活动扳手

活动扳手主要用于拆装、维修管子、加工工件等方面，活动扳手的开口可以调节，在规定最大口径尺寸范围内，可以旋转各种不同大小的螺帽，具有使用范围较广的特点，如图 7-5 所示。

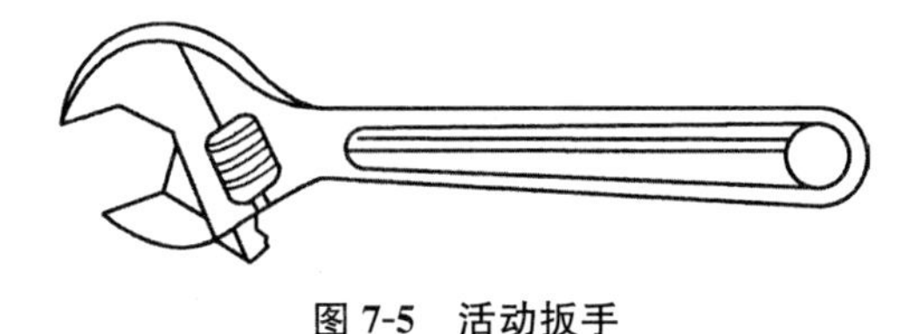

图 7-5　活动扳手

2. 呆扳手

呆扳手主要用于紧固或拆卸固定规格螺钉、螺母。其规格以两端开口宽度而定，如图 7-6 所示。

3. 内六角扳手

内六角扳手主要用于紧固或拆卸内六角螺钉。使用时，先将短六角头放入内六角孔内到底，左手下按，右手旋转扳手带动六角螺钉紧固或拆卸。其规格以内六角孔对边尺寸和扳手的长短而定，如图 7-7 所示。

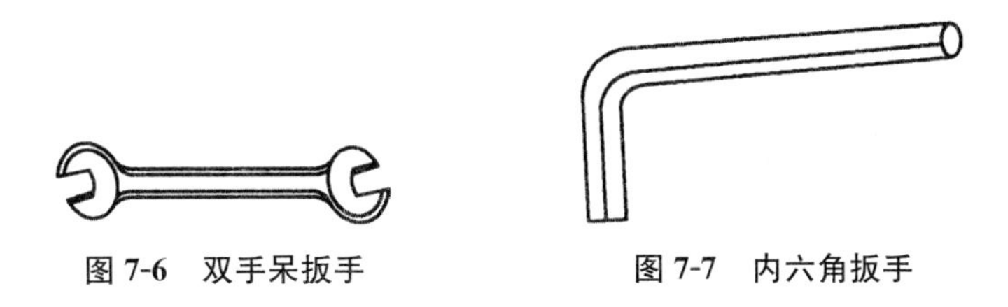

图 7-6　双手呆扳手　　　　图 7-7　内六角扳手

第二节　管道加工

管道加工是指管子的调直、切割、套丝、煨弯及制作异形管件等过程。

一、管子调直

一般情况下，当管径 DN＞100 时，管子产生弯曲的可能性较少，也不易调直，若有弯曲部分，可将其去掉，用在其他需用弯管的地方。DN⩽100 的管子可以调直，常用的调直方法有冷调法和热调法。

1. 冷调法调直

冷调法一般用于 DN 50 以下，弯曲程度不大的管子。根据具体操作方法不同可分为杠杆(扳别)调直法、锤击调直法、平台法、调直台调直法四种。

1）杠杆调直法

杠杆(扳别)调直法是将管子弯曲部位作支点，用手加力于施力点，如图 7-8 所示。调直时要不断变动支点部位，使弯曲管均匀调直而不至变形损坏。

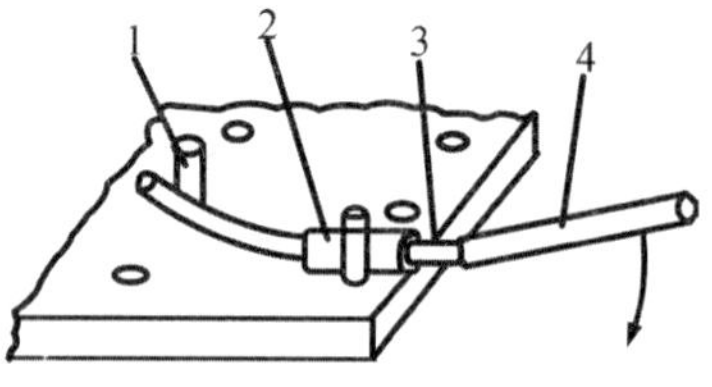

图 7-8　杠杆(扳别)调直法示意图

1—铁桩；2—弧形垫板；3—钢管；4—套管

2）锤击调直法

锤击调直法用于小直径的长管，调直时将管子放在两根相距一定距离平行的粗管或方木上，一个人站在管子的一端一边转动管子一边找出弯曲部位，另一个人按观察人的指点，用一把手锤顶在管子的凹面，再用另一把手锤稳稳地敲打凸面，两把手锤之间应有 50～150 mm 的距离，使两力产生一个弯矩，经过反复敲打，管子就能调直，如图 7-9 所示。

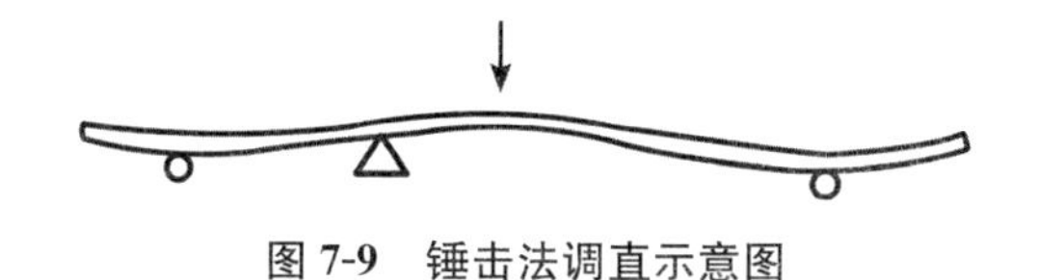

图 7-9　锤击法调直示意图

3）平台法

平台法是将管子置于平的工作台上，用木榔头锤击弯处，不能用手锤，以防锤击处变形，如图 7-10 所示。

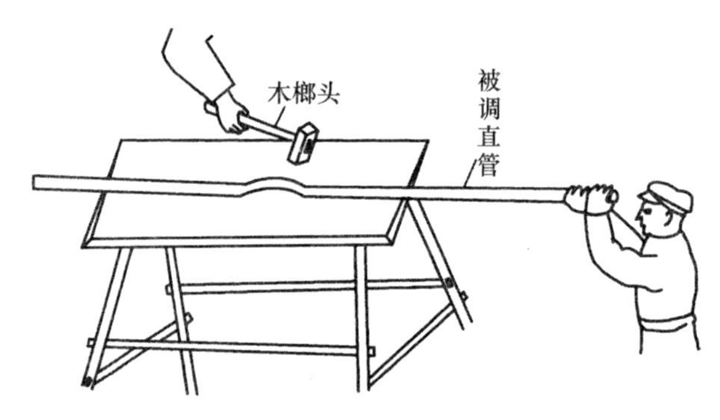

图 7-10　平台法调直示意图

4）调直台调直法

当管径较大，但在 DN 100 之内时，可用如图 7-11 所示调直台调直。

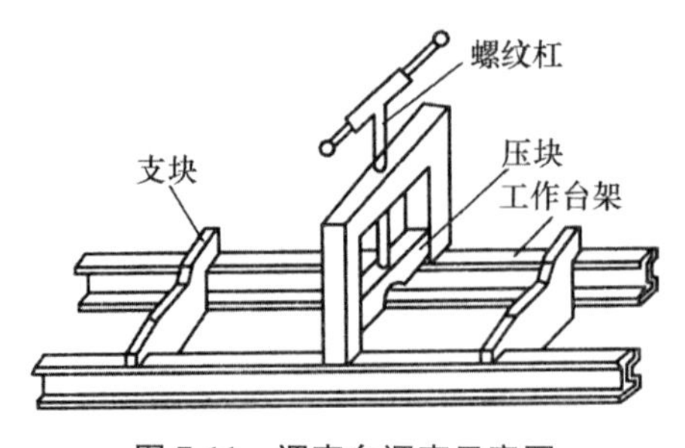

图 7-11　调直台调直示意图

2. 热调法调直

当管径大于 100 mm 时，用冷调法不易调直，可用如图 7-12 所示热调法调直。调直时先将管子放到加热炉上加热至 600～800 ℃，使管道呈樱桃红色，抬至平行设置的钢管上，使管子靠其自身重量(不灌砂)在来回滚动的过程中调直，弯管和直管的接合部在滚动前应浇水冷却，以免直管部分在滚动过程中产生变形。

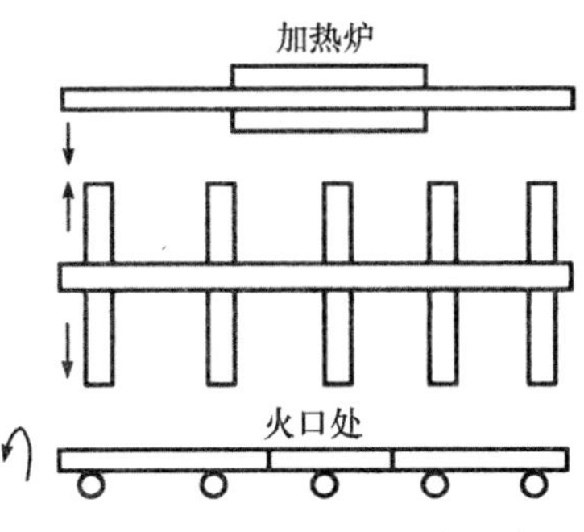

图 7-12　弯管加热滚动调直示意图

二、管子切割

在管道安装过程中，经常要结合现场的条件，对管子进行切断加工。常用的切割方法有手工切割、机械切割、气焊焊割等方法。

1. 手工切割

管子的手工截断多用于小批量、小直径管子的截断。截断的方法有手工锯切法、割管器切割法和錾切法等。

1）手工锯切法

手工锯切法适用于截断各种直径不超过 100 mm 的金属管、塑料管、胶管等。锯切时将管子夹在台虎钳中摆平，划好切割线，用手锯进行切割。不同的管径选用不同规格的台虎钳。锯割时应使锯条在垂直于管子中心线的平面内移动，不得歪斜，并需要经常加油润滑。

2）割管器切割法

除铸铁管、铅管外，可用于 DN 100 以内的各种金属管。常用的三轮式割管器的构造如图 7-13 所示。三轮式割管器共有 4 种规格：1 号割管器适用于切割 DN 15～DN 25 的管子；2 号适用于切割 DN 15～DN 50 的管子；3 号适用于切割 DN 25～DN 75 的管子；4 号适用于切割 DN 50～DN 100 的管子。

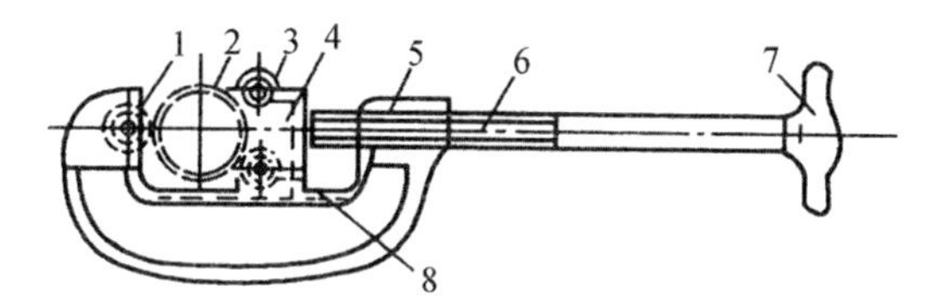

图 7-13　三轮式割管器的构造示意图

1—切割滚轮；2—被割管子；3—压紧滚轮；4—滑动支座；5—螺母；6—螺杆；7—手把；8—滑道

用割管器切管时，应将割刀的刀片对准切割线平稳切割，不得偏斜，每次进刀量不可过大，以免管口受挤压变形，并应对切口处加油。使用管子割刀切割管子时，因管子受到滚刀挤压，内径略缩小，故在切割后须用绞刀插入管口割去管口缩小部分。

3）錾切法

錾切法可适用于材质较脆的管子，如铸铁管、混凝土管、陶土管等，但不能用于性脆易裂的玻璃管、塑料管。

錾切法可切割的管径较大，先在管子上划好切断线，并用木方将管子垫起(图 7-14)，然后用槽錾按着切断线把整个圆周凿出一定深度的沟槽，一面錾切，一面转动管子。錾子的打击方向要垂直通过管子面的中心线，不能偏斜，然后用楔錾直接将管子楔断。

錾切大口径铸铁管时，由两人操作，一人手握长柄钳固定錾，另一人轮锤錾切管。錾切钢筋混凝土管时，錾露钢筋后，先用乙炔焰切割钢筋后再錾。

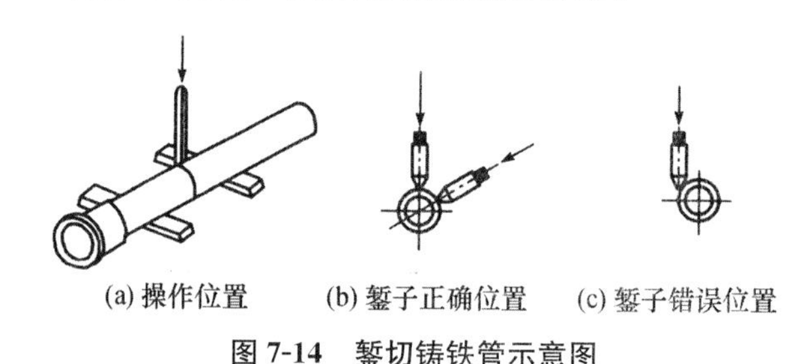

(a) 操作位置　(b) 錾子正确位置　(c) 錾子错误位置

图 7-14　錾切铸铁管示意图

2. 机械切割

机械截管适用于大批量、大直径管子的截断。其特点是效率高、质量稳定、劳动强度低。主要有磨切法和切削式截管法。

1）磨切法

磨切法是指用砂轮切割机进行管子切割，俗称无齿锯切割。根据所选用砂轮的品种不同，可切割金属管、合金管、陶瓷管等。

图 7-15　砂轮切割机

2）切削式截管法

切削式截管法是以刀具和管子的相对运动截断管子。为了适应在施工现场使用，如图 7-16 所示为便携式切削割管机，其技术性能如表 7-1 所示，可用于切割奥氏体不锈钢管。割管机的主要部件有外套、平面卡盘、带刃具的刀架及固定在管子上的机构等。

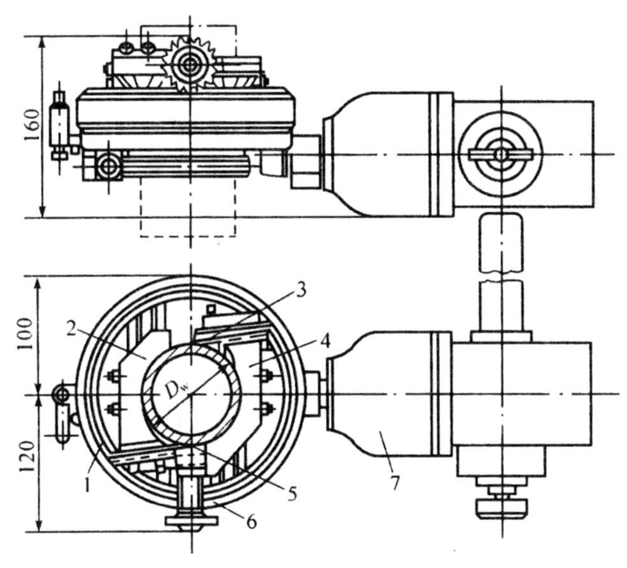

图 7-16　便携式切削割管机示意图

1—平面卡盘；2、4—刀架；3—异型刀刃；5—切割刀刃；6—进刀架螺钉；7—传动机构

表 7-1　便携式切削割管机技术性能

项　目	数　据
切割管子的直径/mm	32～108
切割管壁的厚度/mm	10
平面卡盘的回转速度/(r/min)	45.5
平面卡盘的进刀速度/(ram/r)	0.1
安装到管身上的最小管段长度/mm	100
电动机功率/kW	0.36
外形尺寸/mm	490×220×160

当割管机装上被切割的管子后，通过夹紧机构把其牢靠的夹紧在管体上。切削管子由两个动作来完成：一个由切削刀具对管子进行铣削；另一个是由爬轮带动整个割管机沿管子爬行进给。刀具的切入与退出是由操作人员通过进刀机构的摇把来实现的。

3. 气焊焊割

气割是利用可燃气体同氧混合燃烧所产生的火焰分离材料的一种热切割，又称氧气切割或火焰切割。气割时，火焰在起割点将材料预热到燃点，然后喷射氧气流，使金属材料剧烈氧化燃烧，生成的氧化物熔渣被气流吹除，形成切口。气割用的氧纯度应大于 99%；可燃气体一般用乙炔气，也可用石油气、天然气或煤气。用乙炔气的切割效率最高，质量较好，但成本较高。气割设备主要有割炬和气源。割炬是产生气体火焰、传递和调节切割热能的工具，其结构影响气割速度和质量。采用快速割嘴可提高切割速度，使切口平直，表面光洁，如

图 7-17 所示。

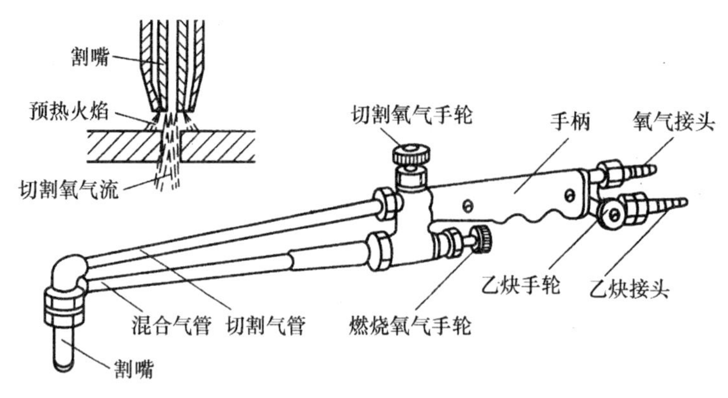

图 7-17　气割割炬

操作前的检查：

(1) 乙炔发生器(乙炔气瓶)、氧气瓶、胶管接头、阀门的紧固件应紧固牢靠，不准有松动、破烂和漏气。氧气及其附件、胶管、工具上禁止沾油。

(2) 氧气瓶、乙炔管有漏气、老化、龟裂等，不得使用。管内应保持清洁，不得有杂物。

金属管气焊焊割操作要求：

(1) 用气割方法切割管子时，无论管子转动或固定，割嘴应保持垂直于管子表面，待割透后将割嘴逐渐前倾，到与割点的切线呈 70°～80°角。气割固定管时，一般先从管子的下部开始。

(2) 割嘴与割件表面的距离应根据预热火焰的长度和割件厚度确定，一般以焰心末端距离割件 3～5 mm 为宜。

(3) 管子被割断后，应用锉刀、扁錾或手动砂轮清除切口处的氧化铁渣，使之平滑、干净；同时，应使管口端面与管子中心线保持垂直。

(4) 气割结束时，应迅速关闭切割氧气阀、乙炔阀和预热氧气阀。

操作注意事项：

(1) 焊接场地，禁止存放易燃易爆物品，应备有消防器材，有足够的照明和良好的通风。

(2) 乙炔发生器(乙炔瓶)、氧气瓶周围 1 m 范围内，禁止烟火。乙炔发生器与氧气瓶之间的距离不得小于 7 m。

(3) 检查设备、附件及管路是否漏气，可用肥皂水试验，周围不准有明火或吸烟。

(4) 氧气瓶必须用手或扳手旋取瓶帽，禁止用铁锤等铁器敲击。

(5) 旋开氧气瓶、乙炔瓶阀门不要太快，防止压力气流激增，造成瓶阀冲出等事故。

(6) 氧气瓶嘴不得沾染油脂。冬季使用，如瓶嘴冻结时，不许用火烤，只能用热水或蒸气加热。

三、管子弯曲

1. 弯管分类及形式

弯管按其制作方法不同，可分为煨制弯管、冲压弯管和焊接弯管。煨制弯管又分为冷煨和热煨两种。

煨制弯管具有伸缩弹性较好、耐压高、阻力小等优点，因此被广泛利用。按弯管的形状分类可分为六种(图 7-18)。在维修施工中常见的加工弯管主要形式如图 7-19 所示。

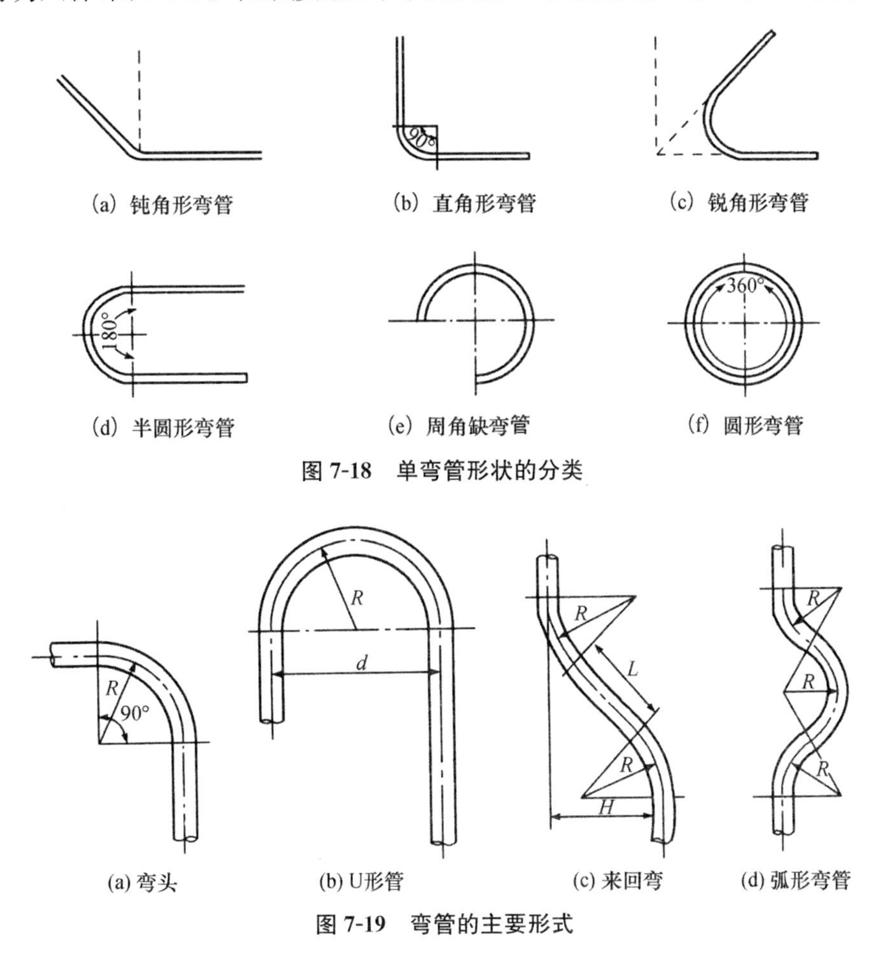

图 7-18　单弯管形状的分类

图 7-19　弯管的主要形式

2. 管子冷煨加工

1) 施工要求

冷煨弯管是指在常温下依靠机具对管子进行煨弯，其优点是不需要加热设备，管内也不充砂，操作简便。常用的冷煨弯管设备有手动弯管器、电动弯管器和液压弯管器等，一般只能用来弯制公称直径不大于 250 mm 的管子，当弯制大管径及厚壁管子时，宜采用中频弯管机或其他热煨法。

(1) 采用冷煨弯管设备进行弯管时，弯头的弯曲半径一般应为管子公称直径的 4 倍。当用中频弯管机进行弯管时，弯头弯曲半径可为管子公称直径的 1.5 倍。

(2) 金属钢管具有一定弹性，在冷弯过程中，当施加在管子上的外力撤除后，弯头会弹回一个角度。弹回角度的大小与管子的材质、管壁厚度、弯曲半径的大小有关。因此，在控制弯曲角度时，应考虑增加这一弹回角度。

(3) 管子冷弯后，对于一般碳素钢管，可不进行热处理；对于厚壁碳钢管、合金钢管，有热处理要求时，则需进行热处理；对有应力腐蚀的弯管，不论壁厚大小均应做消除应力的热处理。常用钢管冷弯后热处理条件可按表 7-2 的要求进行。

表 7-2　常用钢管冷弯后热处理条件

<table>
<tr><th rowspan="2">钢号</th><th rowspan="2">壁厚/mm</th><th rowspan="2">弯曲半径/mm</th><th colspan="4">热处理条件</th></tr>
<tr><th>回火温度/℃</th><th>保温时间/(min/mm 壁厚)</th><th>升温速度/(℃/h)</th><th>冷却方式</th></tr>
<tr><td rowspan="3">20</td><td>≥36</td><td>任意</td><td rowspan="2">600～650</td><td rowspan="2">3</td><td rowspan="2"><200</td><td rowspan="2">炉冷至 300 ℃后空冷</td></tr>
<tr><td>25～36</td><td>≤3Dw</td></tr>
<tr><td><25</td><td>任意</td><td colspan="4">不处理</td></tr>
<tr><td rowspan="2">12CrMo</td><td>>20</td><td>任意</td><td>600～700</td><td>3</td><td><150</td><td>炉冷至 300 ℃后空冷</td></tr>
<tr><td>10～20</td><td>≤3.5Dw</td><td></td><td></td><td></td><td></td></tr>
<tr><td>15CrMo</td><td><10</td><td>任意</td><td colspan="4">不处理</td></tr>
<tr><td rowspan="3">12Cr1MoV</td><td>>20</td><td>任意</td><td rowspan="2">720～760</td><td rowspan="2">5</td><td rowspan="2"><150</td><td rowspan="2">炉冷至 300 ℃后空冷</td></tr>
<tr><td>10～20</td><td>≤3.5Dw</td></tr>
<tr><td><10</td><td>任意</td><td colspan="4">不处理</td></tr>
</table>

2）施工方法

（1）手动弯管器弯管

手动弯管器主要用来弯曲公称直径不超过 32 mm 的管子，如图 7-20 所示。

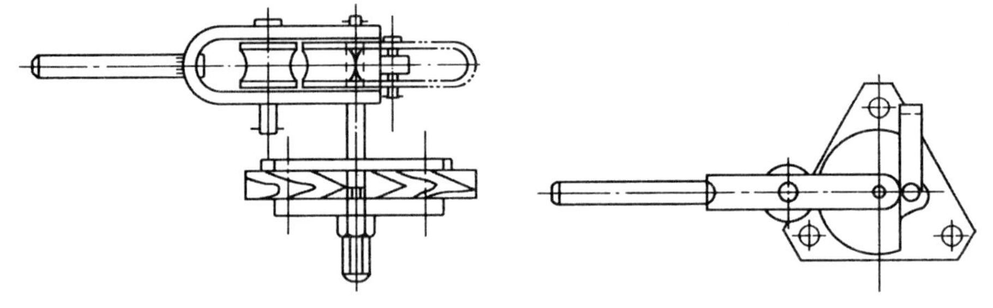

图 7-20　手动弯管器示意图

手动弯管器弯管操作步骤：先根据弯管的弯曲角度，在弯管轮胎上画出终弯点，通常终弯点比所需弯曲度大 3°～5°。然后将所要弯制的管子放在弯管胎槽内，管子一端固定在活动挡板上，推动手柄，动作要缓慢，将管子弯曲到所要求的角度，松开手柄，取出弯管。

（2）电动弯管器弯管

电动弯管器是由电动机通过减速装置带动传动轮胎，在轮胎上设有管子夹持器将管子固定在动轮胎上，如图 7-21 所示。常见的有 WA27-60 型、WB27-108 型及 WY27-159 型等几种。

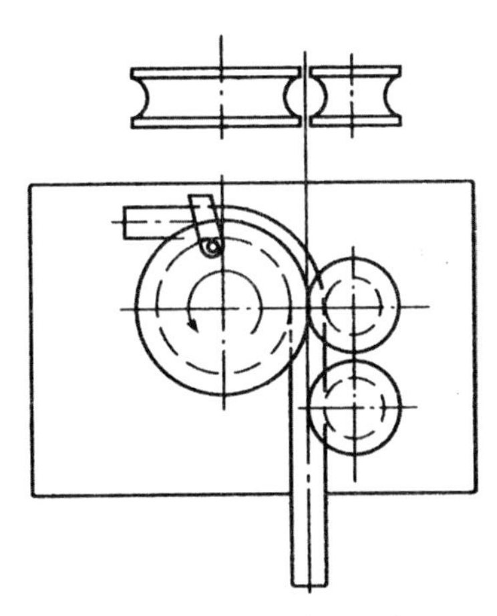

图 7-21 电动弯管器示意图

电动弯管器弯管操作步骤：

① 首先根据所弯管子的弯曲半径和管子外径，选取合适的弯管模、导向模和压紧模，安装在弯管机操作平台上。

② 将要弯曲的管子，沿导向模放在弯管模和压紧模之间，调整导向模，使管子处于弯管模和导向模的公切线位置，且使起弯点处于切点位置。

③ 用 U 形管卡将管端卡在弯管模上，启动弯管器工作。

④ 当达到需要的角度时，停止带动弯管器工作的电动机。

⑤ 拆出 U 形管卡，松开压紧模，取出弯管。

（3）液压弯管器弯管

液压弯管器是利用液压原理通过胎膜把管子弯曲。操作方法与手动弯管器基本相同。弯曲后应检查其弯曲角度，若角度不足时，可放回机器内继续进行弯曲，如图 7-22 所示。

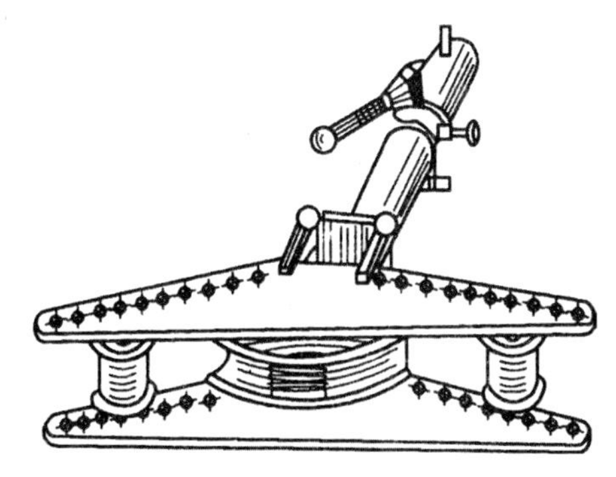

图 7-22 液压弯管器示意图

3. 管子热煨加工

热煨是一种较原始的弯管制作方法，是将管子灌砂后再加热煨制弯管。该方法灵活性较大，但效率不高，能源浪费大，成本高，目前在碳素钢管煨弯中已很少采用，但在一些有色金属管、塑料管的煨弯中仍有其明显的优越性。

1）施工要求

(1) 管材选择时，应选择质量好、无锈蚀及裂痕的管子；对于高、中压用的煨弯管子应选择壁厚为正偏差的管子。

(2) 弯管用的砂子应根据管材、管径对砂子的粒度、耐热度进行选用。碳素钢管用砂子的耐热度应在 1 000 ℃以上，砂子的粒度应按表 7-3 选用。为使充砂密实，充砂时不应只用一种粒径的砂子，而应按表 7-4 进行级配。其他材质的管子一律用细砂，耐热度要适当高于管子加热的最高温度。

(3) 充砂平台的高度应低于煨制最长管子的长度 1 m 左右，以便于装砂。充砂平台一般用脚手架杆搭成，考虑到操作者在平台上操作方便，应由地面算起每隔 1.8～2 m 分一层，在顶部设一平台，以供装砂使用。

表 7-3　钢管充填砂的粒度

管子公称直径/mm	＜80	80～150	＞150
砂子粒度/mm	1～2	3～4	5～6

表 7-4　粒径配合比

公称直径 DN/mm	粒径/mm						
	$\phi1\sim\phi2$	$\phi2\sim\phi3$	$\phi4\sim\phi5$	$\phi5\sim\phi10$	$\phi10\sim\phi15$	$\phi15\sim\phi20$	$\phi20\sim\phi25$
	百　分　比(%)						
25～32	70		30				
40～50		70	30				
80～150			20	60	20		
200～300				40	30	30	
350～400				30	20	20	30

2）施工工序

热煨主要有充砂、加热、弯制和清砂与质检四道工序。

(1) 充砂

对要进行人工热煨弯的管子，首先要进行管内充砂，充砂的目的是减少管子在热煨过程中的径向变形，同时由于砂子的热惰性，从而可延长管子出炉后的冷却时间，以便于煨弯操作。

(2) 加热处理

① 施工现场一般用地炉加热，使用的燃料是焦炭。地炉要经常清理，以防结焦而影响管子均匀加热。焦炭的粒径一般为 50～70 mm，当煨制管径大时，可采用大块焦炭。

② 管子在地炉中加热时，要使管子应加热的部分处于火床的中间地带，为防止加热过程中因管子变软自然弯曲而影响弯管质量，在地炉两端应把管子垫平。管子不弯曲的部分不应加热，以减少管子的变形范围。

③ 加热过程中，火床上要盖一块钢板，以减少热量损失，使管子迅速加热。管子在加热

时要经常转动，使之加热均匀。

④ 加热过程中，升温应缓慢、均匀，保证管子热透，并防止过烧和渗碳。通常是以观察管子呈现的颜色来判断管子被加热的温度。碳素钢管加热时管子的加热温度和所呈现颜色的对应关系如表 7-5 所示。

表 7-5　管子加热时的颜色

温度/℃	550	650	700	800	900	1 000	1 100
发光颜色	微红	深红	樱红	浅红	深橙	橙黄	浅黄

⑤ 管子加热过程中，要随时注意管子颜色的变化，特别是在加热后期，既要避免过烧，也要避免欠火。同时，要尽可能使被加热的管子基本上呈现统一的颜色。当管子加热到颜色呈红中透黄(850～950 ℃，小直径的管子取低的温度)，且没有局部发暗的部位时，就可以出炉煨制了。

(3) 管子弯制

① 加热完成后，应先把加热好的管子运到弯管平台上，然后弯制。如果管子在搬运过程中产生变形，则应调直后再进行煨管。

② 通常公称直径小于 100 mm 的管子用人工直接煨制；公称直径大于 100 mm 的管子用卷扬机牵引煨制。

③ 在煨制过程中，管子的所有支撑点及牵引管子的绳索应在同一个平面上移动，否则容易产生"翘"或"瓢"的现象。

④ 管子弯制完毕的温度不应低于 700 ℃，如不能在 700 ℃以上弯成，应再次加热后继续弯制。弯制成形后，在加热的表面要涂一层机油，防止继续锈蚀。

(4) 清砂与质检

管子冷却后，即可将管内的砂子清除，砂子倒完后，再用钢丝刷和压缩空气将管内壁黏附的砂粒清掉。弯好的弯管应进行检查以确定弯管的弯曲半径、椭圆度和凹凸不平度是否符合要求。

第三节　管道连接

一、螺纹连接

1. 管螺纹加工

管螺纹的加工(也称套丝)有手工加工和机械加工两种类型。

1) 手工套螺纹

手工套螺纹常用的工具是 50.8 mm 铰板，铰板有轻便式(图 7-23)和普通式(图 7-24)两种类型。

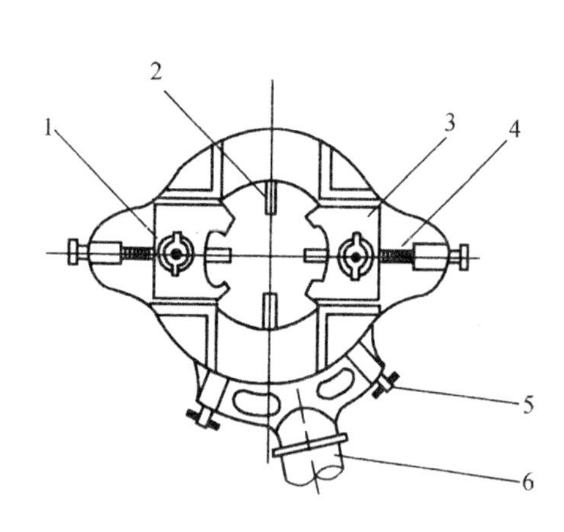

图 7-23 轻便式铰板结构示意图

1—螺母;2—顶杆;3—板牙;4—定位螺钉;5—调位销;6—扳手

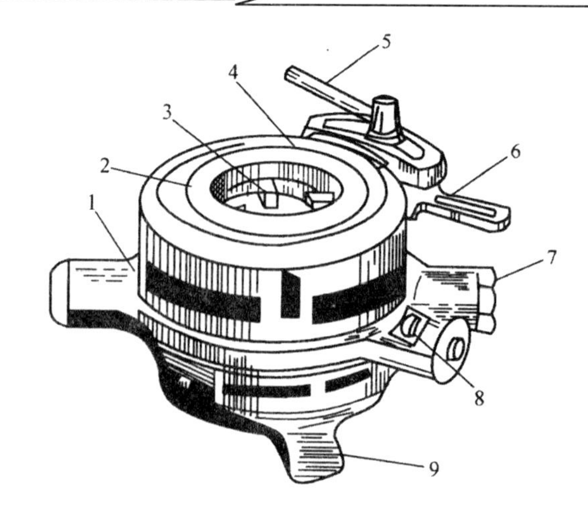

图 7-24 普通式铰板结构示意图

1—铰板本体;2—固定盘;3—板牙;4—活动标盘;5—标盘固定把手;6—板牙松紧把手;7—手柄;8—棘轮子;9—后卡爪手柄

轻便式铰板手工套螺纹加工操作要求:

(1) 轻便式铰板用于管径较小而普通式铰板操作不便的场合。

(2) 选择与管径相适应的铰板和板牙。

(3) 根据施工场地具体情况,选配一根长短适宜的扳手把。

(4) 轻便式铰板上有一个作用类似自行车飞轮的"千斤",当调整扳手两侧的调位销为5时,即可使"千斤"按顺时针方向或逆时针方向起作用,扳动把手,即可套螺纹。

普通式铰板手工套螺纹加工操作要求:

(1) 套螺纹前,先根据管径选择相应的板牙,按顺序号将板牙装进铰板的牙槽内。安装板牙时,先将活动标盘的刻线对准固定盘"0"位,板牙上的标记与铰板上板牙槽旁的标记必须对应。然后按顺序将板牙插入牙槽内,转动活动标盘,板牙便固定在铰板内。

(2) 套螺纹时,先将管子夹牢在管压钳架上。管子应水平,管子加工端伸出管压钳150 mm左右。

(3) 松开铰板后卡爪滑动把柄,将铰板套在管口上,然后转动后卡爪滑动把柄,使铰板固定在管子端上。

(4) 把板牙松紧装置上到底,使活动标盘对准固定标盘上与管径对应的刻度,上紧标盘固定把。按顺时针方向扳转铰板手柄,开始时要稳而慢,不得用力过猛,以免"偏纹""啃纹"。

(5) 套管螺纹时,可在管头上滴机油润滑和冷却板牙。快到规定螺纹长度时,一面扳板把,一面慢慢松开板牙松紧装置,再套2～3个螺距,使管螺纹末端套出锥度。

(6) 加工完毕,铰板不要倒转退出,以免刮乱螺纹。

(7) 管端螺纹的加工长度随管径的大小和用途而异。

(8) 加工好的管螺纹应端正不乱纹、光滑无毛刺、完整不掉纹、松紧程度应适当。用连接件试装时,用手力拧进2～3个螺距为宜。

2) 机械套螺纹

机械套螺纹常采用电动套丝机进行,电动套丝机如图7-25所示。操作注意事项如下:

(1) 根据管子直径选择相应的板牙头和板牙，并按板牙上的序号依次装入对应的板牙头。

(2) 具体操作详见产品说明书，要进行专门的操作训练，最好是专人操作。

(3) 在套螺纹过程中，保证套螺纹机油路畅通，应经常注入润滑油。

(4) 要保证套螺纹质量，螺纹应端正，光滑完整，无毛刺，不乱纹、断纹、缺纹。

图 7-25　电动套丝机

套丝机的使用步骤如下：

(1) 在板牙架上装好板牙。

(2) 将管子从后卡盘孔穿入到前卡盘，留出合适的套丝长度后卡紧。

(3) 放下板牙架，加机油后按开启按钮使机器运转，搬动进给把手，使板牙对准管子端部，稍加二点压力，套丝机开始工作。

(4) 板牙对管子套出一段标准螺纹后关闭开关，松开板牙头，退出把手，拆下管子。

(5) 用管子割刀切断管子套丝后，应用铣刀铣去管内径缩口边缘部分。

2. 螺纹连接施工

管子螺纹连接时，一般均应加填料，螺纹连接填料根据介质的不同分类，可按表 7-6 选用。管道螺纹连接时，可采用管钳或链钳扭紧。管钳或链钳根据扭紧管子的管径来选用。

表 7-6　螺纹连接填料的选用

管道名称	选用填料			
	铅油麻丝	铅油	聚四氟乙烯生料带	一氧化铅甘油调和剂
给水管道	√		√	
排水管道	√	√	√	
热水管道	√	√	√	
蒸汽管道				
煤气管道			√	√
压缩空气管道	√	√	√	√
乙炔管道		√	√	√
氨管道				√

管子套螺纹连接操作要求：

(1) 螺纹连接时，应在管端螺纹外面敷上填料，用手拧入 2～3 个螺距，再用管子钳一次装紧，不得倒回，装紧后应留有螺尾。

(2) 管道连接后，应把挤到螺纹外面的填料清除掉。

(3) 填料不得挤入管腔，以免阻塞管路。

(4) 一氧化铅与甘油混合后，需在 10 min 内用完，否则就会硬化，不得再用。

(5) 各种填料在螺纹里只能使用一次，若螺纹拆卸重新装紧时，应更换新填料。

(6) 螺纹连接应选用合适的管子钳，不得在管子钳的手柄上加套管增长手柄夹拧紧管子。

二、法兰连接

1. 连接材料选用

1) 法兰的选用

按照材质不同分类，法兰可分为钢法兰、铸铁法兰、有色金属(铜)法兰、塑料法兰和玻璃钢法兰等；按照密封形式分类，可分为板式、凹凸式、光滑式、透镜式、榫槽式和梯形槽式等。

(1) 法兰应根据介质的性质(如腐蚀性、易燃易爆性、毒性及渗透性等)、温度和压力参数选用。

(2) 选用标准法兰是按照标称压力和公称直径来选择的，但在管道工程中，常常是把工作压力作为已知条件。因此，需根据所选用法兰的材料和介质的最高工作温度，把介质的工作压力换算成标称压力，再进行选用。

(3) 根据标称压力、工作温度和介质性质选出所需法兰类型、标准号及材料牌号，然后根据标称压力和公称直径查表确定法兰的结构尺寸、螺栓数目和尺寸。

(4) 用于特殊介质的法兰材料牌号应与管子的材料牌号一致(松套法兰除外)。

2) 垫片的选用

采用法兰连接时，需根据连接管材类型、用途及管材尺寸选择合适法兰垫片，垫片质量应符合以下要求：

(1) 法兰垫片是成品件时，其材质、尺寸应符合标准或设计要求。软垫片应质地柔韧，无老化变质现象，表面不应有折损皱纹缺陷。

(2) 金属垫片的加工尺寸、精度、粗糙度及硬度应符合要求，表面无裂纹、毛刺、凹槽、径向划痕及锈斑缺陷。

3) 紧固件的选用

法兰紧固件有螺栓、螺母及垫圈。紧固件的选用应符合以下要求：

(1) 螺栓及螺母的螺纹应完整，无伤痕、毛刺等缺陷。螺栓螺母应配合良好，无松动和卡涩现象。

(2) 在选择螺栓和螺母材料牌号时，应注意螺母材料的硬度不要高于螺栓材料的硬度，以避免螺母损坏螺杆上的螺纹。

(3) 在一般情况下,螺母下不设垫圈。当螺杆上的螺纹长度稍短,无法拧紧螺栓时,可设一钢制垫圈补偿,但不得采用垫圈叠加方法来补偿螺纹长度。

2. 法兰连接安装

(1) 法兰装配前,必须清除表面及密封面上的铁锈、油污等杂物,直至露出金属光泽,要将法兰面的密封线剔清楚。

(2) 法兰连接时应保持平行,其偏差不大于法兰外径的1.5‰,且不大于2 mm。不得用强紧螺栓的方法消除歪斜。

(3) 法兰连接应保持同轴,其螺栓孔中心偏差一般不超过孔径的5%,并保证螺栓能自由穿入。

(4) 法兰装配时,法兰面必须垂直于管中心,允许偏斜度当DN≤300 mm时为1 mm, DN>300 mm时为2 mm。

(5) 法兰垫片应符合标准,不得使用斜垫和双层垫片,垫片应安装在法兰中心位置。

(6) 垫片安装时一般可根据需要涂以石墨粉、二硫化钼油脂、石墨机油等涂剂。采用软垫片时,周边应整齐,垫片尺寸应与法兰密封面相符,其允许偏差应符合有关规范的规定;软钢、铜、铝等金属垫片安装前应进行退火处理。

(7) 法兰连接应使用同一规格螺栓,安装方向一致。连接阀门时,螺母应放在阀件一侧。紧固螺栓应对称均匀,松紧适度,紧固后螺栓与螺母宜平齐。

(9) 水平管道上安装的法兰,其最上面的两个螺栓孔应保持水平。垂直管道上的法兰,其靠墙最近的两螺栓孔应与墙面平行。

(10) 高温或低温管路的法兰,在保持工作温度2 h后应进行热紧或冷紧。

三、管道焊接

1. 管道电焊

管道电焊多采用手工电弧焊,其基本原理为:在涂有药皮的金属电极与焊件之间施加一定电压时,由于电极的强烈放电而使气体电离产生焊接电弧。电弧高温足以使焊条和工件局部熔化,形成气体、熔渣和金属熔池。熔渣对熔池起保护作用,同时,熔渣在与熔池金属起冶金反应后凝固成为焊渣,溶池凝固后成为焊缝,固态焊渣则覆盖于焊缝金属表面。

手工电弧焊依靠人工移动焊条实现电弧前移,完成连续的焊接,因此,焊接的必要条件为焊条、焊接电源及其附件,如电缆、电焊钳。

1) 焊条的选用

管道工程焊接用的焊条,应根据所焊管子的材质进行选择。在确保焊接结构安全、可靠的前提下,根据钢材的化学成分、机械性能、厚度、接头形式、管子工作条件、对焊缝的质量要求、焊接的工艺性能和技术经济效益等,择优选用。

在管道工程中,手工电弧焊焊接所用焊条的选用要点如表7-7所示。

表 7-7　焊条选用要点

选用依据	选用要点
焊接材料的机械性能和化学成分要求	(1) 对于普通结构钢，通常要求焊缝金属与母材等强度，应选用抗拉强度等于或稍高于母材的焊条 (2) 对于合金结构钢，通常要求焊缝金属的主要合金成分与母材金属相同或相近 (3) 在被焊结构刚性大、接头应力高、焊缝容易产生裂纹的不利情况，可以考虑选用比母材强度低一级的焊条 (4) 当母材中碳及硫、磷等元素的含量偏高时，焊缝容易产生裂纹，应选用抗裂性能好的低氢焊条
焊件的使用性能和工作条件要求	(1) 对承受动载荷和冲击载荷的焊件，除满足强度要求外，还要保证焊缝金属具有较高的冲击韧性和塑性，应选用塑性和韧性指标较高的低氢焊条 (2) 接触腐蚀介质的焊件，应根据介质的性质及腐蚀特征，选用相应的不锈钢类焊条或其他耐腐蚀焊条 (3) 在高温或低温条件下工作的焊件，应选用相应的耐热钢或低温钢焊条
焊件的结构特点和受力状态	(1) 对结构形状复杂、刚性大及大厚度焊件，由于焊接过程中产生很大的应力，容易使焊缝产生裂纹，应选用抗裂性能好的低氢焊条 (2) 对焊接部位难以清理干净的焊件，应选用氧化性强，对铁锈、氧化皮、油污不敏感的酸性焊条 (3) 对受条件限制不能翻转的焊件，有些焊缝处于非平焊位置，应选用可全方位焊接的焊条
施工条件及设备	(1) 在没有直流电源，而焊接结构又要求必须使用低氢焊条的场合，应选用交直流两用低氢焊条 (2) 在狭小或通风条件差的场合，选用酸性焊条或低尘焊条
操作工艺性能	在满足产品性能要求的条件下，尽量选用工艺性能好的酸性焊条

2) 焊接操作要点

(1) 施焊前，焊工应复核焊接件的接头质量和焊接区域的坡口、间隙、钝边等的处理情况。若有不符合要求的情况，应修整合格后方可施焊。

(2) 焊接时不得使用药皮脱落或焊芯生锈的焊条。

(3) T 形接头、十字接头、角接头和对接接头主焊缝两端，必须配置引弧板和熄弧板，其材质和坡口形式应与焊件相同。

(4) 引弧和熄弧焊缝长度应大于或等于 25 mm。引弧和熄弧板宽度应大于或等于 60 mm，长度宜为板厚的 1.5 倍且不小于 30 mm，厚度宜不小于 6 mm。

(5) 引弧和熄弧板应采用气割的方法切除，并修磨平整，不得用锤击落。

(6) 焊接区应保持干燥，不得有油、锈和其他污物。

(7) 不应在焊缝以外的母材上打火引弧。

(8) 焊接作业区环境温度低于 0 ℃时，应将构件焊接区各方向大于或等于钢板厚度且不小于 100 mm 范围内的母材加热到 20 ℃以上方可施焊，在焊接过程中均不应低于这个温度。

2. 管道气焊

管道气焊不仅需要根据不同的焊接材料，选用相应的焊丝和焊剂，而且有较强的工艺性和操作技术性。

管道气焊连接主要有钎焊焊接和热风焊接两种方法。

(1) 钎焊焊接。用一种比母材熔点低的金属材料作钎料，将焊件和钎料加热到高于钎料熔点，但低于母材熔点的温度，利用液态钎料湿润母材，填充接头间隙，并与母材相互扩散，实现焊件连接的方法称为钎焊。钎料熔点低于 450 ℃的称为软钎焊；钎料熔点高于 450 ℃的称为硬钎焊。管道钎焊连接如图 7-26 所示。目前，钎焊是异种金属焊接常用的一种方法。

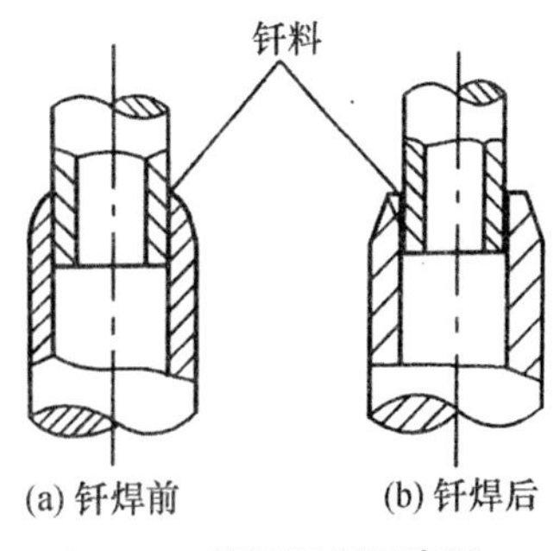

图 7-26　管子钎焊示意图

(2) 热风焊接。热风焊是将热塑性塑料管焊接部位加热至热熔状态，与填充料(焊条)熔合黏结在一起，冷却定型后，可保持一定的强度，形成牢固的接头。热风焊目前主要用于热塑性塑料管。

热风焊接操作要求：

① 焊条、焊件必须均匀受热，充分熔融，尤其是第一层打底焊条，不得有烧焦现象。

② 在一条焊缝中，焊条排列必须紧密有序，不得紊乱，不得有缝隙。

③ 焊缝内焊条接头必须错开，以确保焊缝强度。

④ 焊缝表面要饱满、平整，不能有褶皱和凹瘪现象。

⑤ 焊后必须缓慢冷却，以免产生过大应力。

四、承插连接

承插连接是一种传统的管道连接方式，其主要适用于承插式的管 子管件或现场制作的管道承插口的连接。承插连接的主要方式有青铅接口、石棉水泥接口、石膏氯化钙水泥接口、自应力水泥接口四种。

1. 青铅接口

铸铁管采用青铅接口的优点是接口质量好，强度高，耐震性能好，操作完毕可以立即通水或试压，无须养护，通水后如发现有少量浸水，可用捻凿进行捻打修补。青铅接口耗用有色金属量大，成本高，故只有在工程抢修或管道抗震要求高时才采用。

青铅接口连接要求：

(1) 接口施工时，首先要打承口深度约一半的油麻，然后用卡箍或涂抹黄泥的麻辫封住承口，并在上部留出浇铅口。

(2) 卡箍是用帆布做的，宽度及厚度各约 40 mm，卡箍内壁斜面与管壁接缝处用黄泥抹好。

(3) 青铅的牌号通常为 Pb 6，含铅量应在 99%以上。铅在铅锅内加热熔化至表面呈紫红色，铅液表面漂浮的杂质应在浇筑前除去。

(4) 向承口内灌铅使用的容器应进行预热，以免影响铅液的温度或黏附铅液。

(5) 向承口内灌铅应徐徐进行，使其中的空气能顺利排出。一个接口的灌铅要一次完成，不能中断。

(6) 待铅液完全凝固后，即可拆除卡箍或麻辫，再用手锤和捻凿打实，直至表面光滑并凹入承口内 2～3 mm。

(7) 青铅接口操作过程中，要防止铅中毒。

(8) 在灌铅前，承插接口内必须保持干燥，不能有积水，否则灌铅时会爆炸伤人。在接口内先灌入少量机油可以起到防止铅液飞溅的作用。

2. 石棉水泥接口

石棉水泥接口是传统的承插接口方式，具有较高的强度和较好的抗震性，但劳动强度大。石棉水泥接口材料的质量配合比为石棉∶水泥＝3∶7。

石棉应采用 4 级或 5 级石棉绒，水泥采用不低于 425 级的通用硅酸盐水泥。当管道经过腐蚀性较强的土壤地段，需要接口有更好的耐腐蚀性时，应采用矿渣硅酸盐水泥，但其硬化较缓慢；当遇有腐蚀性地下水时，接口应采用火山灰水泥。石棉与水泥搅拌均匀后，再加入总质量 1%～12%的水，揉成潮润状态，能以手捏成团而不松散但扔在地上即散为合适。

石棉水泥接口连接要求：

(1) 拌和好的石棉水泥填料应分层填塞到已打好油麻或胶圈的承插口间隙内，分层用灰凿打实。每层厚度以不超过 10 mm 为宜。

(2) 当管径小于 300 mm 时，采用“三填六打”法，即每填塞一层打实两遍，共填三层，打六遍。当管径大于 350 mm 时，采用“四填八打”法。最后捻打至表面呈铁青色且发出金属声响为合格。

(3) 用水拌好的石棉水泥填料应在 1 h 内用完，否则超过水泥初凝时间会影响接口效果。当气温较低时，为了保证石棉水泥接口的施工质量，可以在石棉水泥中加入 2%～3%的氯化钙($CaCl_2$)作为快干剂。当遇有地下水时，接口处应涂抹沥青防腐层。

(4) 接口的养护十分重要，可用水将黏土拌和成糊状，涂抹在接口外面进行养护，也可以用草袋、麻袋片覆盖并保持湿润。石棉水泥接口养护 24 h 以上方可通水进行压力试验。

(5) 当工程要求快速通水时，有两种方法：第一种是在灰料中加入 2%～3%氯化钙，打完灰口后，在外面涂一层水泥浆，养护 30 min 即可通水；第二种是在打实的油麻和灰料之间打入一层 20 mm 厚的沥青和水泥的混合物，其质量比为 1∶37。

3. 石膏氯化钙水泥接口

石膏氯化钙水泥接口材料的质量配合比为水泥∶石膏粉∶氯化钙＝10∶1∶0.5。水占水泥质量的 20%。三种材料中，水泥起强度作用，石膏粉起膨胀作用，氯化钙则促使速凝快干。水泥采用 425 级通用硅酸盐水泥，石膏粉的粒度应能通过 200 目的纱网。

石膏氯化钙水泥接口连接要求：

(1) 操作时，先把一定质量的水泥和石膏粉拌匀，把氯化钙粉碎溶于水中，然后与干料拌和，搓成条状填入已打好油麻或胶圈的接口中，并用灰凿轻轻捣实、抹平。

(2) 由于石膏的终凝时间不早于 6 min 且不迟于 30 min，因此，拌好的填料要在 6～10 min 内用完，抹口操作要迅速。

(3) 接口完成后要抹黄泥或覆盖湿草袋进行养护，8 h 后即可用或进行压力试验。

4. 自应力水泥接口

使用自应力水泥砂浆接口劳动强度小，工作效率高，适用于压力不超过 12 MPa 的承插铸铁管道。这种接口耐震动性较差，故不宜用于穿越有重型车辆行驶的公路、铁路或土质松软、基础不坚实的地方。

自应力水泥砂浆接口的主要材料是自应力水泥与粒径为 0.1～25 mm 经过筛选和水洗的纯净中砂。自应力水泥、中砂和水的配合比为：水泥∶砂∶水＝1∶1∶(0.28～0.32)。拌和好的砂浆填料应在 1 h 内用完。冬天施工时用水需加热，水温应不低于 10 ℃。

自应力水泥接口连接要求：

(1) 拌和好的自应力水泥砂浆填料分三次填入已打好油麻或胶圈的承插接口内，每填一次都要用灰凿捣实，最后一次捣至出浆为止，然后抹光表面。不要像捻石棉水泥口一样用手锤击打。

(2) 自应力水泥砂浆接口不宜在气温低于 5 ℃的条件下使用。当气温较低时，拌和水泥砂浆应使用热水。

(3) 施工时要掌握好使用自应力水泥的时间和数量，要使用出厂三个月以内，且存放在干燥条件下的自应力水泥。对出厂日期不明的水泥，使用前应做膨胀性试验，通常采用的简便方法是将拌和好的自应力水泥灌入玻璃瓶中，放置 24 h，如果玻璃瓶被胀破，则说明自应力水泥有效。

(4) 接口施工完毕后要抹上黄泥浇水养护 3 d。

(5) 此种接口在 12 h 以内为硬化膨胀期，最怕触动，因此在接口打好油麻或胶圈后，就要在管道两侧适当填土稳固，以保证在填塞自应力水泥砂浆后管道不会移动。

(6) 接口做好 12 h 后，管内可充水养护，但水压不得超过 0.1 MPa。

五、塑料管道的粘接

粘接连接适用于管外径小于 160 mm 的塑料管道的连接，如 PVC-U 管、ABS 管可采用粘接连接的方法。粘接时必须根据管子、管件的材料以及管道的用途选用相应的黏合剂，黏合剂在出售管材的商店可购得。

管道粘接不宜在湿度大于 80%、温度小于－20 ℃的环境中进行，操作场所应通风良好并远离火源 20 m 以上，操作者应戴好口罩、手套等必要的防护用品。当施工现场与材料的存放处温差较大时，应于安装前将管材和管件在现场放置一定时间，使其温度接近施工现场的环境温度。

塑料管道的粘接顺序一般为：检查管材、管件—切断—清理—做标记—涂胶插接—静置固化。

(1) 检查管材、管件的外观和接口配合的公差，要求承口与插口的配合间隙为 0.005～0.010 mm(单边)。

(2) 用割刀按需要的长度切下管子，切割时应使断面与管子中心线垂直。

(3) 用布、砂纸和清洁剂等清除待粘接表面的水、尘埃、油脂、增塑剂、脱模剂等影响粘接质量的物质，并适当使表面粗糙些。

(4) 在管子外表面按规定的插入深度处做好标记。

(5) 用鬃刷涂抹黏合剂，鬃刷的宽度约为承口内径的 1/2～1/3。必须先涂承口再涂插口，涂抹承口时应由里向外(25 mm 以下的管子可不涂承口只涂插口)。黏合剂应涂抹均匀、适量。涂抹后应在 20 s 内完成粘接，否则，若涂抹的黏合剂出现干化，则必须清除掉干化的黏合剂后重新涂抹。

(6) 将插口快速插入承口直至所做的标记处。插接过程中应稍作旋转，粘接完毕即刻用布将接合处多余的黏合剂擦拭干净。粘接好的接头应避免受力，需静置固化一定时间，待接头牢固后方可继续安装。静置固化时间可参考表 7-8。

表 7-8　静置固化时间参考表

环境温度/℃	>10	0～10	<0
固化时间/min	2	5	15

在低温(零度以下)情况下进行粘接操作时，应采取措施使黏合剂不冻结，但不得采用明火或电炉等加热装置加热黏合剂。

第四节　管道支吊架的安装

一、管道支架形式

管道支架的作用是支承管道，也可限制管道的变形和位移。支架安装是管道安装的重要环节。根据支架对管道的制约情况，可分为固定支架和活动支架。

管道支架按材料可分为钢支架和混凝土支架等。按形状可分为悬臂支架、三角支架、门形支架、弹簧支架、独柱支架等。按支架的力学特点可分为刚性支架和柔性支架。

选择管道支架，应考虑管道的强度、刚度；输送介质的温度、工作压力；管材的线性膨胀系数；管道运行后的受力状态及管道安装的实际位置情况等。同时还应考虑制作和安装的实际成本。

(1) 管道上不允许有任何位移的地方应设置固定支托架。其一般做法如图 7-28 所示。

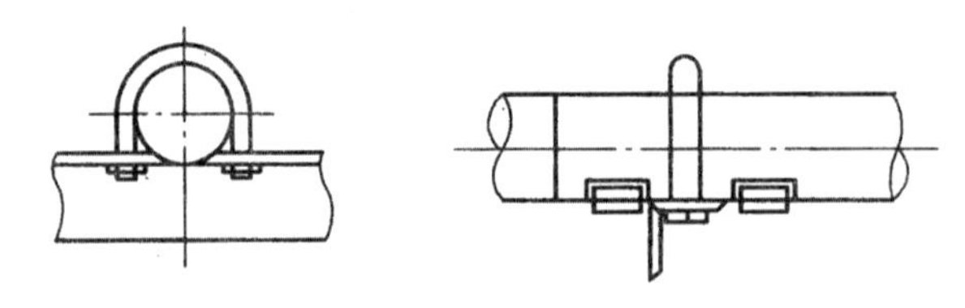

图 7-28　固定支托架一般做法

(2) 允许管道沿轴线方向自由移动时设置活动支架。有托架和吊架两种形式。托架活动支架中的简易式，其 U 形卡只固定一个螺帽，管道在卡内可自由伸缩，如图 7-29 所示。

(3) 托钩与管卡。托钩一般用于室内横支管、支管等的固定。立管卡用来固定立管，一般多采用成品，如图 7-30 所示。

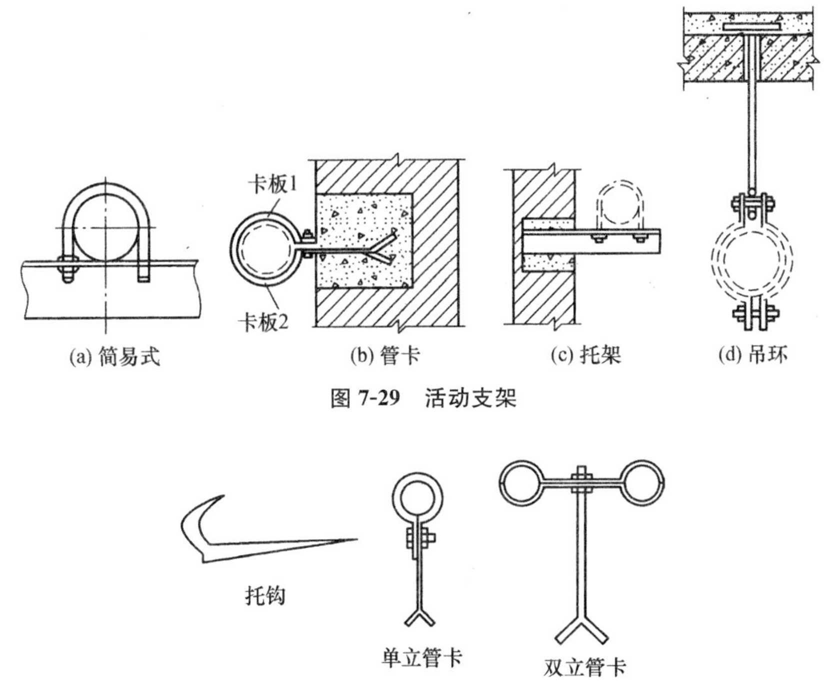

图 7-29　活动支架

图 7-30　托钩与管卡

二、管道支架安装

1. 支架安装位置的确定

支架的安装位置依据管道的安装位置确定，首先根据设计要求定出固定支架和补偿器的位置，然后再确定活动支架的位置。

(1) 固定支架位置的确定。固定支架的安装位置由设计人员在施工图纸上给定，其位置确定时主要是考虑管道热补偿的需要。利用在管路中的合适位置布置固定点的方法，把管路划分成不同的区段，使两个固定点间的弯曲管段满足自然补偿，直线管段可利用设置补偿器进行补偿，使整个管路的补偿问题得以解决。由于固定支架要承受很大的推力，故必须有坚固的结构和基础，因而它是管道中造价较大的构件。

(2) 活动支架位置的确定。活动支架的安装在图纸上不予给定，而是在施工现场根据实际情况并参照表的支架间距(有坡度的管道可根据水平管道两端点间的距离及设计坡度计算出两点间的高差)，在墙上按标高确定两点位置。根据各种管材对支架间距的要求拉线画出每个支架的具体位置。若土建施工时已预留孔洞，预埋铁件也应拉线放坡检查其标高、位置及数量是否符合要求。钢管管道支架的最大间距规定如表 7-9 所示。塑料管及复合管管道支架的最大间距如表 7-10 所示，铜管垂直水平安装的支架间距如表 7-11 所示。

表 7-9　钢管管道支架的最大间距

公称直径/mm		15	20	25	32	40	50	70	80	100	125	150	200	250	300
支架的最大间距/m	保温管	2	2.5	2.5	2.5	3	3	4	4	4.5	6	7	7	8	8.5
	不保温管	2.5	3	3.5	4	4.5	5	6	6	6.5	7	8	9.5	11	12

表 7-10　塑料管及复合管管道支架的最大间距

公称直径/mm			12	14	16	18	20	25	32	40	50	63	75	90	110
支架的最大间距/m	立管		0.5	0.6	0.7	0.8	0.9	1.0	1.1	1.3	1.6	1.8	2.0	2.2	2.4
	水平管	冷水管	0.4	0.4	0.5	0.5	0.6	0.7	0.8	0.9	1.0	1.1	1.2	1.35	1.55
		热水管	0.2	0.2	0.25	0.3	0.3	0.35	0.4	0.5	0.6	0.7	0.8		

表 7-11　铜管垂直或水平支架的最大间距

公称直径/mm		15	20	25	32	40	50	65	80	100	125	150	200
支架最大间距/m	垂直管	1.8	2.4	2.4	3.0	3.0	3.0	3.5	3.5	3.5	3.5	4.0	4.0
	水平管	1.2	1.8	1.8	2.4	2.4	2.4	3.0	3.0	3.0	3.0	3.5	3.5

2. 管道支架安装方法

支架的安装方法主要是指支架的横梁在墙体或构件上的固定方法，现场安装以托架安装工序较为复杂。结合实际情况可用栽埋法、膨胀螺栓法、射钉法、预埋焊接法、抱柱法安装。

(1) 栽埋法。适用于墙上直形横梁的安装，安装步骤和方法是：在已有的安装坡度线上画出支架定位的十字线和打洞的方块线，打洞、浇水(用水壶嘴往洞顶上沿浇水，直至水从洞下沿流出)。填实砂浆直至抹平洞口，插栽支架横梁。栽埋横梁必须拉线(即将坡度线向外引出)，使横梁端部 U 形螺栓孔中心对准安装中心线(对准挂线)，填塞碎石挤实洞口，在横梁找平、找正后，抹平洞口处灰浆，如图 7-31 所示。

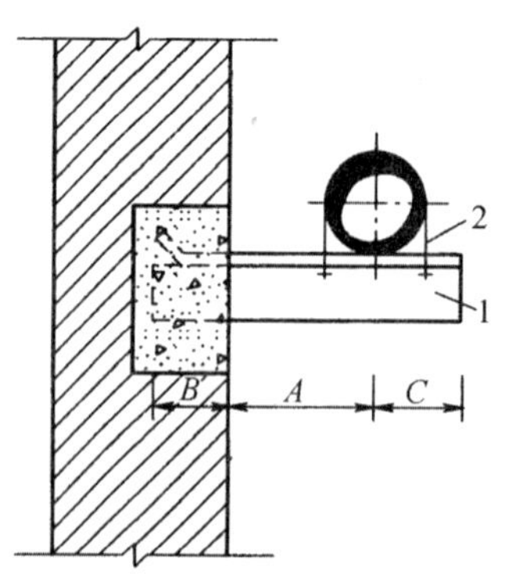

图 7-31　单管栽埋法安装支架

1—支架横梁；2—U 形管卡

(2) 膨胀螺栓法。适用于角形横梁在墙上的安装。做法是：按坡度线上支架定位十字线向下量尺，画出上下两膨胀螺栓安装位置十字线后，用电钻钻孔，孔径等于套管外径，孔深为套管长度加 15 mm，与墙面垂直。清除孔内灰渣，套上锥形螺栓，拧上螺母，打入墙孔，直至螺母与墙平齐，用扳手拧紧螺母直至胀开套管后打横梁穿入螺栓，用螺母紧固在墙上，如图 7-32(a)所示。

(3) 射钉法。多用于角形横梁在混凝土结构上的安装。做法是：按膨胀螺栓法定出射钉位置十字线，用射钉枪射入为 8～12 mm 的射钉，紧固角形横梁，如图 7-32(b)所示。

(4) 预埋焊接法。在预埋的钢板上弹上安装坡度线，作为焊接横梁的端面安装标高控制线，将横梁垂直焊在预埋钢板上，并使横梁端面与坡度线对齐，先电焊校正后焊牢，如图7-33 所示。

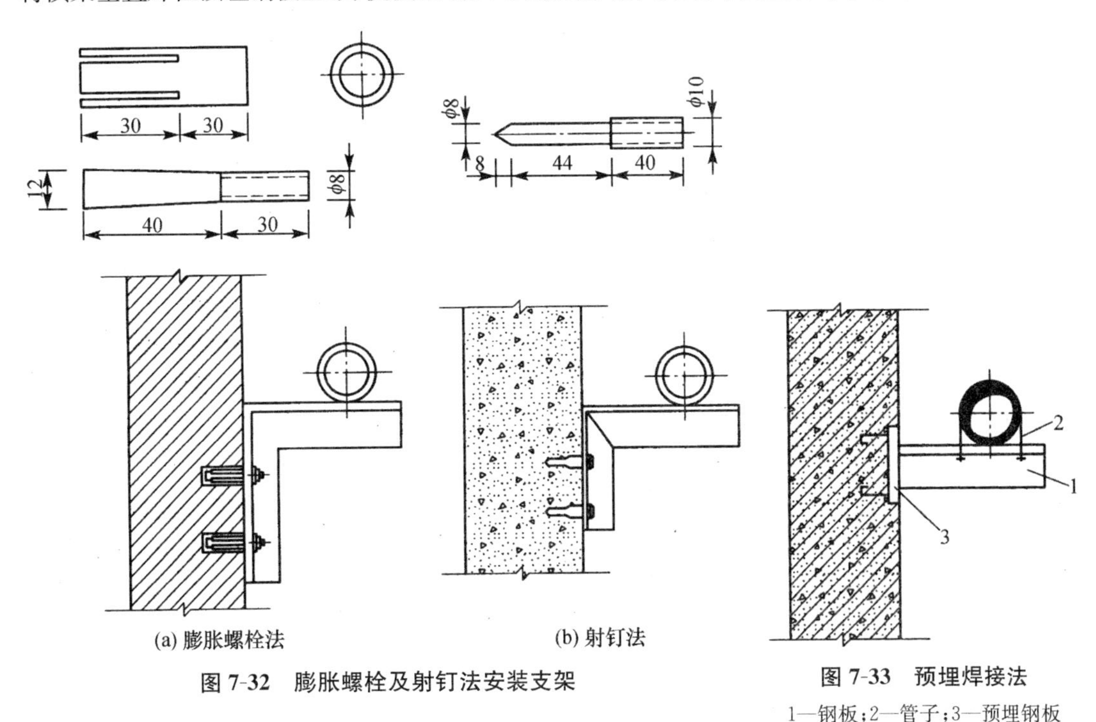

(a) 膨胀螺栓法　　(b) 射钉法

图 7-32　膨胀螺栓及射钉法安装支架

图 7-33　预埋焊接法

1—钢板；2—管子；3—预埋钢板

(5) 抱柱法。管道沿柱子安装时，可用抱柱法安装支架。做法是：把柱上的安装坡度线用水平尺引至柱子侧面，弹出水平线作为抱柱托架端面的安装标高线，用两条双头螺栓把托架紧固于柱子上。托架安装一定要保持水平，螺母应紧固，如图 7-34 所示。

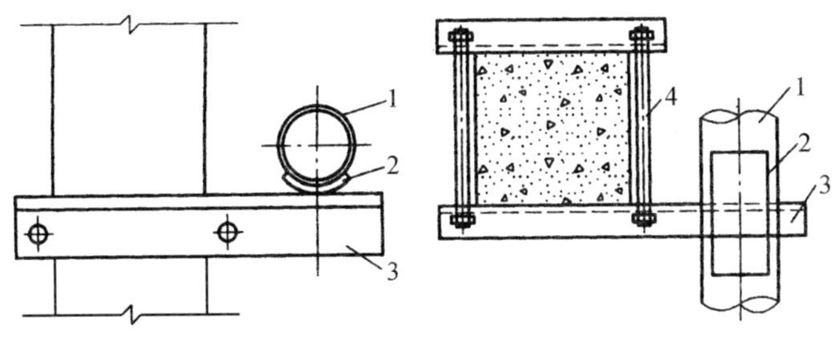

图 7-34　单管抱柱法安装支架

1—管子；2—弧形滑板；3—支架横梁；4—拉紧螺栓

第八章 实验数据分析与处理

实验数据分析处理是从大量带有一定客观信息的实验数据中，通过数学的方法找出事物的客观规律。一个实验完成后，需要经过实验数据误差分析、实验数据处理、实验数据分析三个步骤。

误差分析：确定实验直接测量值和间接测量值的误差大小以及数据可靠性，从而判断数据准确度是否符合工程实践要求。

数据处理：根据误差分析理论对原始数据进行筛选，剔除极个别不合理的数据，保证原始数据的可靠性，以供下一步数据处理之用。

数据分析：将整理所得的数据，利用数理统计知识，分析数据特点及各变量的主次，确立各变量间的关系，并用图形、表格或经验公式来表达。

本章主要介绍实验中常用的一些数理统计知识和实验数据分析处理的方法。

第一节　实验误差分析

一、测量值及误差

实验是对一些物理量进行测量，并通过对这些实测值或它们经过公式计算后所得到的另外一些测得值进行分析整理，得出结论。我们将前者称之为直接测量值，后者称之为间接测量值。水处理实验中随处可见这样两类测量值。例如曝气设备清水充氧实验中，充氧时间 t、水中溶解氧值 O_1（仪表测定）均为直接测量值，而设备氧总转移系数 $K_{La(20)}$ 则是间接测量值。

任何一个物理量都是在一定条件下的客观存在，这个客观存在的大小，即称为该物理量的真值。实验中要想获得该值，就必须借助于一定的实验理论、方法及测试仪器，在一定条件下由人工去完成。由于种种条件限制，如实验理论的近似性、仪器灵敏度、环境、测试条件、人为因素等，使得测量值与真值有所偏差，这种偏差即称为误差。为了尽可能减少误差，求出测试条件下的最近真值，并分析测量值的可靠性，就必须分析误差的来源及性质。

1. 误差来源及性质

根据对测量值影响的特点，误差通常可分为系统误差、随机误差和过失误差三类。

(1) 系统误差：是指在同一条件下多次测量同一量时，误差的数值保持不变或按某一规律变化。造成系统误差的原因很多，可能是仪器、环境、装置、测试方法等等。系统误差虽然可以采取措施使之降低,但关键是找到产生该误差的原因并尽可能予以消除。

(2) 随机误差:又称为偶然误差,其性质与前者不同,使测量值总是有稍许变化且变化不定,误差时大、时小、时正、时负,其来源可能是人的感官分辨能力不同,环境干扰等等,这种误差往往是由于一些不可控因素导致的,它服从统计规律,但其规律在大量观测数据中才能显现出来。

(3) 过失误差:是由于实验时使用仪器不合理或粗心大意、精力不集中、记错数据而引起的,主要由于实验人员主观过失导致。这种误差只要实验时严肃认真,一般是可以避免的。

2. 绝对误差与相对误差

1) 绝对误差和绝对误差限

设某一个量的真值为 x,其测量值为 x^*,则称 $\varepsilon=x^*-x$ 为测量值 x^* 的绝对误差,简称误差,x 的绝对误差 ε 通常记为 $\varepsilon(x)$。ε 的单位与测量值相同,其值可正可负,它反映测量值偏离真值的大小,是表示测量结果可靠程度的一个量,但在不同测量结果的对比中不如相对误差有效。

由于真值 x 往往未知,所以 ε(或 $\varepsilon(x)$)也就无法准确求出,但可根据测量或计算,对其做出估计。

若存在一个正数 η,使得:

$$|\varepsilon|=|x^*-x|\leqslant\eta$$

则称 η 是测量值 x^* 的绝对误差限,简称误差限。这时用 $x=x^*\pm\eta$ 表示 x^* 的精度或真值所在的范围。

2) 相对误差和相对误差限

绝对误差与真值之比,即:

$$\varepsilon_r=\frac{\varepsilon}{x}=\frac{x^*-x}{x}$$

称为测量值 x^* 的相对误差。实际计算时,由于真值 x 总是无法知道,常用 $\varepsilon_r^*=\varepsilon/x^*$ 表示相对误差,但该式不能直接用于计算。

若存在一个正数 δ,使得:

$$|\varepsilon_r|\leqslant\delta$$

则 δ 称为测量值 x^* 的相对误差限,显然 $\delta=\eta/|x^*|$,其中 η 是 x^* 的误差限。

相对误差是一个无量纲量,常用百分数表示,多用在不同测量结果的可靠性对比中。

二、直接测量值误差分析

1. 单次测量值误差分析

水处理实验不仅影响因素多而且测试量大,有时由于条件限制,测量准确度要求不高,而更多测量由于是在动态实验下进行,不容许对测量值作重复测量,所以实验中往往对某些测量值只进行一次测定。例如曝气设备清水充氧实验,取样时间、水中溶解氧值测定(仪器测定)、压力计量等,均为一次测定值。这些测定值的误差,应根据具体情况进行具体分析。

2. 重复多次测量值误差分析——平均误差及标准偏差

为了能得到比较准确可靠的测量值，在条件允许的情况下，应尽可能进行多次测量，并以测试结果的算术平均值近似代替该物理量的真值。该值误差的大小，在工程中除用算术平均误差表示外，多用标准偏差来表示。

（1）算术平均误差，是指测量值与算术平均值之差的绝对值的算术平均值。

设各测量值为 x_i，则算术平均值为：

$$\bar{x}=\frac{1}{n}\sum_{i=1}^{n}x_i$$

偏差为 $d_i=x_i-\bar{x}$，则算术平均误差 Δx 为：

$$\Delta x=\frac{\sum_{i=1}^{n}|d_i|}{n}=\frac{\sum_{i=1}^{n}|x_i-\bar{x}|}{n}$$

则真值可表示为 $a=\bar{x}\pm\Delta x$。

（2）标准偏差，是指各测量值与算术平均值差值的平方和的平均值的平方根，故又称为均方偏差。其计算式为：

$$\sigma=\sqrt{\frac{1}{n}\sum_{i=1}^{n}(x_i-\bar{x})^2}=\sqrt{\frac{\sum_{i=1}^{n}d_i^2}{n}}$$

在有限次测量中，工程上常用下式计算标准偏差：

$$\sigma_{n-1}=\sqrt{\frac{1}{n-1}\sum_{i=1}^{n}(x_i-\bar{x})^2}$$

由于上式中是用算术平均值代替了未知的真值，故用偏差代替了误差，将由此式求得的均方根误差称之为均方根偏差（标准偏差）。测量次数越多，算术平均值越接近于真值，则偏差也越接近于误差。因此工程中一般不去区分误差与偏差的细微区别，真值可用多次测量值的结果表示为：

$$a=\bar{x}\pm\sigma$$

三、间接测量值误差分析

间接测量值是通过一定的公式，由直接测量值计算而得。由于直接测量值均有误差，故间接测量值也必有一定的误差。该值大小不仅取决于各直接测量值误差大小，还取决于公式的形式。表达各直接测量值误差与间接测量值误差间的关系式称为误差传递公式。

1. 间接测量值和差的误差分析

设 x^* 和 y^* 分别是 x 和 y 的测量值，则：

（1）$\varepsilon(x+y)=(x^*+y^*)-(x+y)=(x^*-x)+(y^*-y)=\varepsilon(x)+\varepsilon(y)$

（2）$\varepsilon(x-y)=(x^*-y^*)-(x-y)=(x^*-x)-(y^*-y)=\varepsilon(x)-\varepsilon(y)$

（3）$|\varepsilon(x\pm y)|=|\varepsilon(x)\pm\varepsilon(y)|\leqslant|\varepsilon(x)|+|\varepsilon(y)|$

即测量值和差的绝对误差等于绝对误差的和差，和差的绝对误差限等于绝对误差限之和。

2. 间接测量值积商的误差分析

测量值的绝对误差 $\varepsilon=x^*-x$ 可以看做是 x 的微分：

$$\varepsilon(x)=x^*-x=\mathrm{d}x$$

x^* 的相对误差是：

$$\varepsilon_r(x)=\frac{x^*-x}{x}=\frac{\mathrm{d}x}{x}=\mathrm{d}\ln x$$

它是对数函数的微分，则：

(1) $\varepsilon_r(xy)\approx\mathrm{d}\ln(xy)=\mathrm{d}\ln x+\mathrm{d}\ln y=\varepsilon_r(x)+\varepsilon_r(y)$

(2) $\varepsilon_r\left(\frac{x}{y}\right)\approx\mathrm{d}\ln\left(\frac{x}{y}\right)=\mathrm{d}\ln x-\mathrm{d}\ln y=\varepsilon_r(x)-\varepsilon_r(y)$

(3) $|\varepsilon_r(xy)|\leqslant|\varepsilon_r(x)|+|\varepsilon_r(y)|$

(4) $\left|\varepsilon_r\left(\frac{x}{y}\right)\right|\leqslant|\varepsilon_r(x)|+|\varepsilon_r(y)|$

即积商的相对误差是分子与分母相对误差的和差，积商的相对误差限是分子和分母的相对误差限之和。

3. 测量值的乘方及开方的误差分析

$\varepsilon_r(x^p)\approx p\varepsilon_r(x)$，即乘方运算使相对误差增大为原值($x$)的 p(p 为乘方次数)倍，开方运算使相对误差缩小为原值(x)的 $1/q$(q 为开方次数)。

由上述结论可见，当间接测量值的计算式只含加减运算时，以先计算绝对误差后计算相对误差为宜，当式中只含乘、除、乘方、开方时，以先计算相对误差后计算绝对误差为宜。

4. 测量值函数的误差分析

(1) 设 $z=f(x_1,x_2,\cdots,x_n)$，$x_1^*,x_2^*,\cdots,x_n^*$ 是 $x_1,x_2,\cdots,x_n$ 的测量值，则测量值 $z^*=f(x_1^*,x_2^*,\cdots,x_n^*)$的绝对误差可由函数的泰勒展开式得到：

$$\varepsilon(z)=z^*-z=f(x_1^*,x_2^*,\cdots,x_n^*)-f(x_1,x_2,\cdots,x_n)$$

$$\approx\sum_{i=1}^{n}\left(\frac{\partial f}{\partial x_i}\right)^*(x_i^*-x_i)=\sum_{i=1}^{n}\left(\frac{\partial f}{\partial x_i}\right)^*\varepsilon(x_i)$$

其中，$(\partial f/\partial x_i)^*$ 表示$\partial f/\partial x_i$ 在点$(x_1^*,x_2^*,\cdots,x_n^*)$处的取值，相对误差 $\varepsilon_r(z)\approx\frac{\varepsilon(z)}{z^*}$。

(2) 当 $z=f(x_1,x_2,\cdots,x_n)$中的 $x_1,x_2,\cdots,x_n$ 均是多次测量，$x_1,x_2,\cdots,x_n$ 的标准误差分别为$\sigma_{x_1},\sigma_{x_2},\cdots,\sigma_{x_n}$时，$z$ 的标准误差σ 为：

$$\sigma\approx\sqrt{\left(\frac{\partial f}{\partial x_1}\right)^2\sigma_{x_1}^2+\left(\frac{\partial f}{\partial x_2}\right)^2\sigma_{x_2}^2+\cdots+\left(\frac{\partial f}{\partial x_n}\right)^2\sigma_{x_n}^2}$$

其中，$\partial f/\partial x_i(i=1,2,\cdots,n)$指$\partial f/\partial x_i$ 在点$(\bar{x}_1,\bar{x}_2,\cdots,\bar{x}_n)$处的取值。

由于上式更真实地反映了各直接测量值误差与间接测量值误差间的关系，因此在正式误差分析计算中都用此式。但实际实验中，并非所有的直接测量值都进行了多次测量，此时所算得的间接测量值误差比用各个误差均为标准误差的直接测量值算得的误差要大一些。

四、测量仪器精度的选择

掌握了误差分析理论后，就可以在实验中正确选择所使用仪器的精度，以保证实验成果有足够精度。工程中，当要求间接测量值 z 的相对误差为 $\varepsilon_z/z=\delta_z\leqslant A$ 时，其中 A 为相对误差限，即为相对误差的“上界”，通常采用等分配方案将其误差分配给各直接测量值 x_i，即：

$$\frac{\varepsilon_{x_i}}{x_i}\leqslant\frac{1}{n}A$$

式中：x_i——某待测量值 x_i 的直接测量值；

ε_{x_i}——某直接测量值 x_i 的绝对误差值；

ε_z——间接测量值 z 的绝对误差；

n——待测量值的数目。

则根据 A/n 的大小就可以选定测量 x_i 时所用仪器的精度。

在仪器精度能满足测试要求的前提下，尽量使用精度低的仪器，否则会由于仪器对周围环境、操作等要求过高，使用不当，加速仪器的损坏。

第二节　实验数据整理

实验数据处理目的为分析实验数据的一些基本特点；计算基本统计的实验数据；利用计算得到一些参数，分析实验数据中可能存在的异常点，为实验数据取舍提供一定的统计依据。

一、有效数字及其运算

每一个实验都要记录大量原始数据，并对它们进行分析运算。但是这些直接测量数据都是近似值，存在一定误差，因此就存在实验时记录应取几位数，运算后又应保留几位数的问题。

1. 有效数字

准确测定的数字加上最后一位估读数字称为有效数字。

有效数字的准确定义是：当测量值 x^* 的误差限是某一位上的半个单位时，就称其准确到这一位，从该位起直到前面的第一个非零数字为止共有 n 位，就说 x^* 有 n 位有效数字。如用 20 mL 刻度为 0.1 mL 的滴管测定水中溶解氧含量，其消耗的硫代硫酸钠为 3.63 mL 时，有效数字为 3 位，其中 3.6 为确切读数，而 0.03 为估读数字。实验中直接测量值的有效数字与仪表刻度有关，根据实际，一般都应尽可能估计到最小分度的 1/10 或是 1/5、1/2 等。

2. 有效数字的运算规则

由于间接测量值是由直接测量值计算出来的，因而也存在有效数字的问题，通常的运算规则如下：

(1) 有效数字的加、减。运算后和、差小数点后有效数字的位数与参加运算各数中小数点后位数最少的相同。

（2）有效数字的乘除。运算后积、商的有效数字的位数与参加运算各数中位数最少的相同。

（3）有效数字的乘方、开方。乘方、开方运算后的有效数字的位数与其底的有效数字位数相同。

有效数字运算时应注意到，公式中某些系数不是由实验测得，计算中不考虑其位数。对数运算中，所取得对数的位数应与真数的位数相等。

二、实验数据处理

1. 实验数据的基本特点

对实验数据进行简单分析后可以看出，实验数据一般具有以下一些特点：

（1）实验数据个数总是有限个，且具有一定波动性。

（2）实验数据总存在实验误差，是综合性的，即随机误差、系统误差、过失误差可能同时存在于实验数据中。

（3）实验数据大都具有一定的统计规律性。

2. 重要的数字特征

用几个有代表性的数来描述随机变量 X 的基本统计特征，一般把这几个数称为随机变量 X 的数字特征。

实验数据的数字特征计算，就是由实验数据计算一些有代表性的统计量，用以浓缩、简化实验数据中的信息，使问题变得更加清晰、简单、易于理解和处理，下面给出用来描述实验数据取值的大致位置、分散程度和相关特征等的数字特征参数。

1）位置特征参数及其计算

实验数据的位置特征参数是用来描述实验数据取值的平均位置和特定位置的，常用的有均值、极大值、极小值、中值、众数等。

（1）均值 $\bar{x}$

如由实验得到一批数据 x_1、x_2、…、x_n，n 为测试次数，则算术平均值为：

$$\bar{x}=\frac{1}{n}\cdot\sum_{i=1}^{n}x_i$$

$\bar{x}$ 具有计算简便，对于符合正态分布的数据与真值接近的优点，它是指示实验数据取值平均位置的特征参数。

（2）极大值与极小值

极大值 $a=\max\{x_1,x_2,\cdots,x_n\}$，极小值 $b=\min\{x_1,x_2,\cdots,x_n\}$ 是一组测试数据中的最大与最小值。

（3）中值 M_d

中值 M_d 是指一组实验数据依递增或递减次序排列，位于正中间的那个实验数值。若测得数为偶数时，则中值为正中两个值的平均值。该值可以反映全部实验数据的平均水平。

（4）众数 M_o

众数是指一组实验数据中出现次数最多的实验数值。

2）分散特征参数及其计算

分散特征参数被用来描述实验数据的波动程度，数据波动的大小也是一个重要指标。常用的有极差、标准差、方差、变异系数等。

（1）极差 R：

$$R=\max\{x_1,x_2,\cdots,x_n\}-\min\{x_1,x_2,\cdots,x_n\}$$

极差 R 是最简单的一个分散特征参数，是一组实验数据中极大值与极小值之差，可以度量数据波动的大小，它具有计算简便的优点，但由于它没有充分利用全部数据提供的信息，而是过于依赖个别的实验数据，故代表性较差，反映实验情况的精度较差。实际应用时，多用以均值 $\bar{x}$ 为中心的分散特征参数，如方差、标准差、变异系数等。

（2）方差和标准差

方差：

$$\sigma^2=\frac{1}{n-1}\sum_{i=1}^{n}(x_i-\bar{x})^2$$

标准差：

$$\sigma=\sqrt{\frac{1}{n-1}\sum_{i=1}^{n}(x_i-\bar{x})^2}$$

两者都是表明实验数据分散程度的特征数。标准差与实验数据单位一致，可以反映实验数据与均值之间的平均差距，这个差距愈大，表明实验所取数据波动越大，反之表明实验数值波动越小。方差这一特征数所取单位与实验数据的单位不一致，但是标准差大则方差大，标准差小则方差小，所以方差同样可以表明实验数据取值的分散程度。

（3）变异系数 C_r：

$$C_r=\frac{\sigma}{\bar{x}}$$

变异系数可以反映数据相对波动的大小，尤其是对标准差相等的两组数据，$\bar{x}$ 大的一组数据相对波动小，$\bar{x}$ 小的一组数据相对波动大，而极差 R、标准差 σ 只反映了数据的绝对波动的大小，因此，此时变异系数的应用就显得更为重要。

3）相关特征参数

为表示变量间可能存在的关系，常常采用相关特征参数，如线性相关系数等，它反映变量间存在的线性关系的强弱。

三、实验数据中可疑数据的取舍

1. 可疑数据

整理实验数据进行计算分析时，常会发现有个别测量值与其他值偏差很大，这些值有可能是由于偶然误差造成，也可能是由于过失误差或条件改变而造成的。所以在实验数据处理的整个过程中，控制实验数据的质量，消除不应有的实验误差，是非常重要的，但是对于这样一些特殊值的取舍一定要慎重，不能轻易舍弃，因为任何一个测量值都是测试结果的一个信息。通常我们将个别偏差大的，不是来自同一分布总体的，对实验结果有明显影响的测量数据称为离群数据；而将可能影响实验结果，但尚未证明确定是离群数据的测量数据称为可疑数据。

2. 可疑数据的取舍

舍掉可疑数据虽然会使实验结果精密度提高，但是可疑数据并非全都是离群数据，因为正常测定的实验数据也总有一定的分散性，因此不加分析，人为地全部删掉，虽然可能删去了离群数据，但也可能删去了一些误差较大的并非错误的数据，则由此得到的实验结果并不一定就符合客观实际，因此可疑数据的取舍，必须遵循一定的原则，一般这项工作由一些具有丰富经验的专业人员根据下述原则进行：实验中由于条件改变、操作不当或其他人为原因产生的离群数值，有当时记录可供参考；没有肯定的理由证明它是离群数值，而从理论上分析，此点又明显反常时，可以根据随机（偶然）误差分布的规律，决定它的取舍。一般应根据不同的检验目的选择不同的检验方法，常用的方法如下：

1）用于一组测量值的离群数据的检验

（1）3σ 法则

实验数据的总体是正态分布（一般实验数据多为此分布）时，先计算出数列标准误差，求其极限误差 $K_\sigma=3\sigma$，此时测量数据落于 $\bar{x}\pm3\sigma$ 范围内的可能性为 99.7%，即落于此区间外的数据只有 0.3% 的可能性，这在一般测量次数不多的实验中是不易出现的，若出现了这种情况则可认为是由于某种错误造成的，可以舍弃。一般把依此进行可疑数据取舍的方法称为 3σ 法则。

（2）肖维涅准则

实验工程中常根据肖维涅准则，利用表 8-1 决定可疑数据的取舍。表中 n 为测量次数，K 为系数，$K_\sigma=K\cdot\sigma$ 为极限误差，当可疑数据的误差大于 K_σ 极限误差时，即可舍弃。

表 8-1　肖维涅准则系数 K

n	K	n	K	n	K
4	1.53	10	1.96	16	2.16
5	1.65	11	2.00	17	2.18
6	1.73	12	2.04	18	2.20
7	1.79	13	2.07	19	2.22
8	1.86	14	2.10	20	2.24
9	1.92	15	2.13		

2）用于多组测值均值的离群数据的检验——Grubbs 检验法（克罗勃斯法）

（1）计算统计量 T

将 m 个组的测定均值按大小顺序排列成 $\bar{x}_1$、$\bar{x}_2$、…、$\bar{x}_{m-1}$、$\bar{x}_m$ 其中最大均值记为 $\bar{x}_{\max}$，最小均值记为 $\bar{x}_{\min}$，求此数列的均值并记为总均值 $\bar{\bar{x}}$，求此数列的标准误差 $\sigma_{\bar{x}}$。

$$\overline{\overline{x}} = \frac{1}{m}\sum_{i=1}^{m}\overline{x_i}$$

$$\sigma_{\overline{x}} = \sqrt{\frac{1}{m-1}\sum_{i=1}^{m}(\overline{x_i}-\overline{\overline{x}})^2}$$

按下式进行可疑数据为最大及最小均值时的统计量 T 的计算：

$$T_{max}=\frac{\overline{x}_{max}-\overline{\overline{x}}}{\sigma_{\overline{x}}}$$

$$T_{min}=\frac{\overline{\overline{x}}-\overline{x}_{min}}{\sigma_{\overline{x}}}$$

(2) 查临界值 T_α

根据给定的显著性水平 α 和测定的组数 m，由附表 2-1 查得克罗勃斯检验临界值 T_α。

(3) 判断

若计算统计量 T_{max}，$T_{min}>T_{0.01}$，则可疑均值为离群数值，可舍掉，即舍去了与均值相应的一组数据。

若 $T_{0.05}<T_{max}$，$T_{min}\leqslant T_{0.01}$，则可疑均值为偏离数值。

若 T_{max}，$T_{min}\leqslant T_{0.05}$，则可疑均值为正常数值。

3) 用于多组测量值方差的离群数据检验——Cochran(柯赫伦)最大方差检验法

此法既可用于剔除多组测定中精密度较差的一组数据，也可用于多组测定值方差的一致性检验(即等精度检验)。

(1) 计算统计量 C

将 m 个组的测定标准差按大小顺序排列 σ_1、σ_2、…、σ_m 最大记为 σ_{max}，按下式计算统计量 C：

$$C = \frac{\sigma_{max}^2}{\sum_{i=1}^{m}\sigma_i^2}$$

当每组仅测定两次时，统计量用极差计算：

$$C = \frac{R_{max}^2}{\sum_{i=1}^{m}R_i^2}$$

式中：R_i——每组的极差值；

R_{max}——m 组极差中的最大值。

(2) 查临界值 C_α

根据给定的显著性水平 α 及测定组数 m，每组测定次数 n，由附表 2-2 Cochran 最大方差检验临界值 C_α 表查得 C_α 值。

(3) 给出判断

若 $C>C_{0.01}$ 则可疑方差为离群方差，说明该组数据精密度过低，应予剔除。

若 $C_{0.05}<C<C_{0.01}$ 则可疑方差为偏离方差。

若 $C\leqslant C_{0.05}$ 则可疑方差为正常方差。

3. 实验数据处理计算举例

例 8-1　自吸式射流曝气清水充氧实验中，喷嘴直径 $d=20$ mm，在水深 $H=5.5$ m，工作压力 $P=0.10$ MPa，面积比 $m=4$，长径比 $L/D=120$ 的情况下，共进行了 12 组实验。每一组实验中同时可得几个氧总转移系数值，求其均值后，则可得 12 组实验的 $K_{La(20)}$ 的均值，并可求得 12 个标准差 σ_{n-1}。将第 64 组测定结果的 $K_{La(20)}$ 及 12 组 $K_{La(20)}$ 的均值和标准差值 σ_{n-1} 列于表 8-2。现对这些数据进行整理，判断有无离群数据。

表 8-2　自吸式射流曝气清水充氧 $K_{La(20)}$

内　容					
第 64 组 $K_{La(20)}$ 值		12 组 $K_{La(20)}$ 的均值		12 组 σ_{n-1} 值	
组号	$K_{La(20)}$/(l/min)	组号	$K_{La(20)}$/(l/min)	组号	σ_{n-1}/(l/min)
1	0.065	60	0.053	60	0.002 7
2	0.063	61	0.082	61	0.003 5
3	0.070	62	0.090	62	0.002 6
4	0.074	63	0.067	63	0.003 0
5	0.070	64	0.069	64	0.003 0
6	0.068	65	0.060	65	0.002 8
7	0.065	66	0.066	66	0.002 9
8	0.067	67	0.085	67	0.003 1
9	0.071	68	0.077	68	0.003 2
10	0.072	69	0.061	69	0.003 3
11	0.069	70	0.090	70	0.002 8
		71	0.072	71	0.002 9

(1) 首先判断每一组的 $K_{La(20)}$ 值有无离群数据，是否应予去除。

① 按 3σ 法则判断

计算第 64 组 $K_{La(20)}$ 的标准差得 $\sigma=0.003$，极限误差 $K_\sigma=3\sigma=3\times0.003=0.009$

计算第 64 组 $K_{La(20)}$ 的均值 $\overline{K}_{La(20)}=0.069$，则：

$$\overline{x}\pm3\sigma=0.069\pm0.009 \text{ 即：}(\overline{x}-3\sigma,\overline{x}+3\sigma)=(0.060,0.078)$$

由于第 64 组测得 $K_{La(20)}$ 值 0.063 ～ 0.074 均落于 0.060 ～ 0.078 范围内，故该组测得数据，无离群数据。

② 按肖维涅准则判断

由于测量次数 $n=11$，查表 8-1 得 $K=2$，则极限误差为 $K_\sigma=2\times0.003=0.006$

计算第 64 组 $K_{La(20)}$ 的均值 $\overline{K}_{La(20)}=0.069$，则：

$$\overline{x}\pm K_\sigma=0.069\pm0.006=0.063\sim0.075$$

即 $(\overline{x}-K_\sigma,\overline{x}+K_\sigma)=(0.063,0.075)$

由于第 64 组测得 $K_{La(20)}$ 值 0.063～0.074 均落于 0.063～0.075 范围内，故该组数据无离群数据。

（2）利用 Grubbs 检验法检验 12 组测量均值有无离群数据。

12 组 $K_{La(20)}$ 的均值按大小顺序排列为：0.053、0.060、0.061、0.066、0.067、0.069、0.072、0.077、0.082、0.085、0.090、0.090。

将数列中的最大值、最小值记为 $K_{La(20)\max}=0.090$，$K_{La(20)\min}=0.053$

计算数列均值为 $\bar{x}=0.073$，标准差 $\sigma_{\bar{x}}=0.012$

当可疑数字为最大值时，按下式计算统计量 $T_{\max}$：

$$T_{\max}=(K_{La(20)\max}-\overline{K}_{La(20)})/\sigma$$

得到结果为 1.42。

当可疑数字为最小值时，按下式计算统计量 $T_{\min}$：

$$T_{\min}=(\overline{K}_{La(20)}-K_{La(20)\min})/\sigma$$

得到结果为 1.67。

由附表 2-1 查得 $m=12$ 显著性水平为 $\alpha=0.05$ 时，$T_{0.05}=2.285$，由于 $T_{\max}=1.42<2.285$，$T_{\min}=1.67<2.285$，故所得 12 组的 $K_{La(20)}$ 均值均为正常值。

（3）利用 Cochran 最大方差检验法检验 12 组测量值的标准方差有无离群数据。

12 组标准方差按大小顺序排列为：0.002 6、0.002 7、0.002 8、0.002 8、0.002 9、0.002 9、0.003 0、0.003 0、0.003 1、0.003 2、0.003 3、0.003 5。

最大标准方差 $\sigma_{\max}=0.003\,5$，其统计量 C 为 0.112。

根据显著性水平 $\alpha=0.05$，组数 $m=12$，假定每组测定次数 $n=6$，查得 $C_{0.05}=0.262$。由于 $C=0.112<0.262$，故 12 组标准方差值无离群数据。

第三节　实验数据的表示与分析

对实验数据进行处理，剔除错误数据的目的就是要充分使用实验所得的信息，利用数理统计知识，分析各个因素对实验结果的影响及影响的主次，寻找各个变量间相互影响的规律，用图形、表格或经验式等加以表示。

水处理实验不仅影响因素多，而且大多数因素相互间变化规律也不十分清晰，因而学好这一节，对于我们进行水处理实验的分析整理，正确认识客观规律，是一个关键。

一、单因素方差分析

1. 方差分析概念

方差分析是在 20 世纪 20 年代由英国统计学家费歇尔（R. A Fisher）创建的用来分析实验数据的一种方法。它是通过数据分析，搞清与实验研究有关的各个因素（可定量或定性表示的因素）对实验结果的影响及影响的程度、性质。

2. 单因素的方差分析

单因素试验是指试验中只有一个因素可取不同状态，其他因素都固定不变。在许多因素中，调查某一影响最大的特定因素的效果，或在诸多因素的分析已有结果或进展时，调查剩下诸因素中影响最大的因素，一般运用单因素方差分析。

单因素方差分析对因素的水平数没有限制，可任意选择，但一般选 3～6 个水平。单因素方差分析要求有重复试验，重复次数则可以任意选择，各水平下的重复数可以不同，但这时的计算要复杂一些，精度也较差。单因素试验重复数一般应在 3 次以上。

1）问题的提出

为研究某因素不同水平对实验结果有无显著的影响，设有 $A_1, A_2, \cdots, A_a$ 个水平，在每一水平下进行 r_i 次重复实验（$i=1,2,\cdots,a$），当 $r_1=r_2=\cdots=r_a$ 时，称为等重复数单因素试验；当 $r_1, r_2, \cdots, r_a$ 不完全相等时，称为不等重复数单因素试验。我们把所得的 $N=\sum r_i$ 个试验结果记录如表 8-3 所示。

表 8-3　单因素试验数据记录表

	1	2	…	j	…	r_i
A_1	y_{11}	y_{12}	…	y_{1j}	…	y_{1r_1}
A_2	y_{21}	y_{22}	…	y_{2j}	…	y_{2r_2}
…	…	…	…	…	…	…
A_i	y_{i1}	y_{i2}	…	y_{ij}	…	y_{ir_i}
…	…	…	…	…	…	…
A_a	y_{a1}	y_{a2}	…	y_{aj}	…	y_{ar_a}

其中：y_{ij}——第 i 水平 A_i 下的第 j 次试验结果；

y_{ir_i}——第 i 水平 A_i 下的第 r_i 次（最后一次）试验结果；

T_i——第 i 水平下的数据和，简称 i 水平和；

y_i——第 i 水平下的数据平均，简称 i 水平平均；

$\bar{y}$——总平均；

T——数据总和。

则：

$$T_i = \sum_{j=1}^{r_i} y_{ij} (i = 1,2,\cdots,a)$$

$$y_i = \frac{1}{r_i}\sum_{j=1}^{r_i} y_{ij} = \frac{1}{r_j}T_i (i = 1,2,\cdots,a)$$

$$T = \sum_{i=1}^{a}\sum_{j=1}^{r_i} y_{ij} = \sum_{i=1}^{a} T_i = N\bar{y}$$

$$\bar{y} = \frac{1}{N}\sum_{i=1}^{a}\sum_{j=1}^{r_i} y_{ij} = \frac{1}{N}T$$

2）常用统计名词

（1）水平平均值 y_i：该因素下某个水平实验数据的算术平均值。

$$y_i = \frac{1}{r_i}\sum_{j=1}^{r_i} y_{ij} = \frac{1}{r_j}T_i (i = 1,2,\cdots,a)$$

（2）因素总平均值 $\bar{y}$：该因素下各水平实验数据的算术平均值：

$$\bar{y} = \frac{1}{N}\sum_{i=1}^{a}\sum_{j=1}^{r_i} y_{ij} = \frac{1}{N}T$$

（3）水平数据和 $T_{i.}$：该因素第 i 水平下的数据和，简称 i 水平和。

$$T_i = \sum_{j=1}^{r_i} y_{ij} (i = 1,2,\cdots,a)$$

（4）数据总和 T：

$$T = \sum_{i=1}^{a}\sum_{j=1}^{r_i} y_{ij} = \sum_{i=1}^{a} T_i = N\bar{y}$$

（5）单因素试验的总偏差平方和 S_T，因素 A 偏差平方和 S_A，误差 e 偏差平方和 S_e：

$$S_T = \sum_{i=1}^{a}\sum_{j=1}^{r_i}(y_{ij} - \bar{y})^2$$

$$S_A = \sum_{i=1}^{a} r_i (y_i - \bar{y})^2$$

$$S_e = \sum_{i=1}^{a}\sum_{j=1}^{r_i}(y_{ij} - y_i)^2$$

总偏差平方和反映了 n 个数据与总平均值 $\bar{x}$ 差异的大小，S_T 大说明这组数据分散，S_T 小说明这组数据集中。

形成总偏差平方和的原因有两个：一个是由于测试中随机误差的影响造成的，表现为同一水平内实验数据的差异，以组内偏差平方和 S_e 表示；另一个是由于实验过程中，同一因素所处的水平不同，表现为不同水平引起的实验数据均值 $\bar{x}_1,\cdots,\bar{x}_b$ 之间的差异，以组间偏差平方和 S_A 表示。因此，有：

$$S_T = S_e + S_A$$

直接利用各偏差平方和的定义来计算它们显然不是有效经济的方法。除了通过线性变换来降低计算规模外，将各偏差平方和公式做适当变形，然后利用记录表进行表格上的计算，也是简化计算的有效手段。

先将各偏差平方和计算公式作如下恒等变形：

$$S_T = \sum_{i=1}^{a}\sum_{j=1}^{r_i}(y_{ij} - \bar{y})^2 = \sum_{i=1}^{a}\sum_{j=1}^{r_i} y_{ij}^2 - 2y\sum_{i=1}^{a}\sum_{j=1}^{r_i} y_{ij} + N\bar{y}^2$$

$$= \sum_{i=1}^{a}\sum_{j=1}^{r_i} y_{ij}^2 - N\bar{y}^2 = \sum_{i=1}^{a}\sum_{j=1}^{r_i} y_{ij}^2 - \frac{T^2}{N}$$

同理：

$$S_A = \sum_{i=1}^{a}\sum_{j=1}^{r_i}(y_i - \bar{y})^2 = \sum_{i=1}^{a}\frac{T_i^2}{r_i} - N\bar{y}^2 = \sum_{i=1}^{a}\frac{T_i^2}{r_i} - \frac{T^2}{N}$$

$$S_e=\sum_{i=1}^{a}\sum_{j=1}^{r_i}(y_{ij}-y_i)^2=\sum_{i=1}^{a}\sum_{j=1}^{r_i}y_{ij}^2-\sum_{i=1}^{a}\frac{T_i^2}{r_i}$$

引入记号：

$$C_T=\frac{T^2}{N}$$

$$Q_A=\sum_{i=1}^{a}\frac{T_i^2}{r_i}$$

$$R=\sum_{i=1}^{a}\sum_{j=1}^{r_i}y_{ij}^2$$

则有平方和简化计算式：

$$S_T=R-C_T$$

$$S_A=Q_A-C_T$$

$$S_e=R-Q_A$$

这样，我们利用记录表来实现 C_T、R、Q_A 三个量的计算就十分方便，具体如表 8-4 形式。当实验重复数相等时，计算形式可进一步简化。

表 8-4　单因素试验数据计算表

水平 \ 次数	1　2　…　r_i	T_i	T_i^2	$\frac{T_i^2}{r_i}$
A_1	y_{11}　y_{12}　…　y_{1r_1}	$\sum y_{1j}$	$(\sum y_{1j})^2$	$(\sum y_{1j})^2/r_1$
A_2	y_{21}　y_{22}　…　y_{2r_2}	$\sum y_{2j}$	$(\sum y_{2j})^2$	$(\sum y_{2j})^2/r_2$
…	…　…　…　…	…	…	…
A_a	y_{a1}　y_{a2}　…　y_{ar_a}	$\sum y_{aj}$	$(\sum y_{aj})^2$	$(\sum y_{aj})^2/r_a$
	$R=\sum_{i=1}^{a}\sum_{j=1}^{r_i}y_{ij}^2$	$T=\sum_{i=1}^{a}T_i$		$Q_A=\sum_{i=1}^{a}\frac{T_i^2}{r_i}$

（6）自由度 ν_T

方差分析中，由于 S_A、S_e 计算的是若干项的平方和，其大小与参加求和项数有关，为了在分析中去掉项数的影响，故引入了自由度的概念。自由度是数理统计中的一个概念，主要反映一组数据中真正独立的数据的个数。记总平方和 S_T 的自由度为 ν_T，因素 A 偏差平方和的自由度为 ν_A，误差 e 偏差平方和 S_e 的自由度为 ν_e，由前面的讨论可知：

$$\nu_T=\sum r_i-1=N-1$$

$$\nu_A=a-1$$

$$\nu_e=\sum r_i-a=N-a$$

有：

$$\nu_T=\nu_A+\nu_e$$

称之为单因素重复试验的自由度分解公式。

3）单因素方差分析步骤

（1）当所要分析研究的问题满足了应用方差分析的前提条件时，我们可以建立原假设。

$$H_o:\mu_1=\mu_2=\cdots=\mu_a$$

（2）根据提供的数据，利用 $\nu_T=\nu_A+\nu_e$ 计算各偏差平方和以及它们的自由度，然后，算得相对因素 A 偏差平方和 V_A 与相对误差平方和 ν_e：

$$V_A=\frac{S_A}{\nu_A}$$

$$V_e=\frac{S_e}{\nu_e}$$

（3）计算检验统计量 $F=V_A/V_e$，由附表3的 F 分布表查出临界值 $F_\alpha(n_1,n_2)$，经与临界值 $F_\alpha(\nu_A,\nu_e)$ 比较，对是否接受 H_0 作出判断。

（4）将分析计算结果列于方差分析表中，如表8-5所示。

表 8-5　单因素方差分析表

方差来源	平方和 S	自由度 ν	均方 V	F 值	显著性
因素 A	S_A	$a-1$	V_A	F_A	
误差 c	S_e	$N-a$	V_e		
总和	S_T	$N-1$			

若原假设 $H_0:\mu_1=\mu_2=\cdots=\mu_a$ 被否定，则因素各水平的效应之间有显著性差异，从而可以挑选出最优水平，并对最优水平下试验指标的观察值进行预测，同时作出区间估计。根据给定的显著性水平 α，查 F 表可得第一自由度为1，第二自由度为 ν_e 的临界值 $F_\alpha(1,\nu_e)$ 的 $1-\alpha$ 置信区间为：

$$\left[y_i-\sqrt{\frac{V_e}{r_i}F_\alpha(1,\nu_e)},y_i+\sqrt{\frac{V_e}{r_i}F_\alpha(1,\nu_e)}\right]$$

3. 单因素方差分析计算举例

例 8-2　某厂进行合成反应试验，欲考察某种触媒用量对合成物产出量的影响。现选取三种触媒用量 A_1,A_2,A_3，各做4次试验，试验数据如表8-6所示。

表 8-6　合成物产出量数据表

水平 \ 次数	1	2	3	4
A_1	74	69	73	67
A_2	79	81	75	78
A_3	82	85	80	79

试判断：在显著性水平 $\alpha=0.05$ 下触媒用量对合成物产出量有无显著影响？

解：这是一个等重复数单因素方差分析问题。其中：

$$a = 3, r_1 = r_2 = r_3 = r = 4, N = ar = 12$$

(1) 方差齐性检验。由极差均值法得：

$$R_1 = 7, R_2 = 6, R_3 = 6$$

$$\bar{R} = (R_1 + R_2 + R_3)/3 = 6.33$$

查附表 8 有：

$$D_3 = 0; D_4 = 2.282$$

$$D_3\bar{R} = 0; D_4\bar{R} = 2.282 \times 6.33 = 14.45$$

经检查，任意的 $R_i(1 \leqslant i \leqslant 3)$ 都满足：

$$0 < R_i < 14.45$$

所以，可认为三个总体的方差是均一的。

(2) 建立原假设：

$$H_0 : \mu_1 = \mu_2 = \mu_3;$$

$H_1 : \mu_1, \mu_2, \mu_3$ 不全相等。

(3) 计算统计量 F_A，如表 8-7 所示。

表 8-7　产出量数据计算表

水平＼次数	1	2	3	4	$T_{i.}$	$T_{i.}^2$
A_1	74	79	73	67	283	80 089
A_2	79	81	75	78	313	97 969
A_3	82	85	80	79	326	106 276
	$R=\sum\sum y_{ij}^2=71\ 156$				$T=\sum\sum y_{ij}=922$	$\sum T_i^2=284\ 334$

$$C_T = \frac{T^2}{N} = 70\ 840.33 \quad Q_A = \sum \frac{T_i^2}{r_i} = \frac{1}{r}\sum T_i^2 = 71\ 083.5$$

于是得：

$$S_T = R - C_T = 71\ 156 - 70\ 840.33 = 315.67$$

$$S_A = Q_A - C_T = 71\ 083.5 - 70\ 840.33 = 243.17$$

$$S_e = R - Q_A = 71\ 156 - 71\ 083.5 = 72.5$$

$$\nu_T = N - 1 = 11 \quad \nu_A = a - 1 = 2 \quad \nu_e = N - a = 9$$

$$V_A = S_A/\nu_A = 243.17/2 = 121.58$$

$$V_e = S_e/\nu_e = 72.5/9 = 8.06$$

所以：

$$F_A = V_A/V_e = 121.58/8.06 = 15.08$$

(4) 判断。对 $\alpha = 0.05$，查 F 分布分位数表得：

$$F_{0.05}(\nu_A, \nu_e) = F_{0.05}(2, 9) = 4.26$$

由 $F_A > F_{0.05}(2,9)$ 推断因素 A 是显著的，即三种触媒用量水平对合成物产出量的影响是有差异的。列方差分析表如表 8-8 所示。

表 8-8　例 8-1 的方差分析表

方差来源	偏差平方和 S	自由度 ν	均方差 V	统计量 F	F_α	显著性
因素 A	243.17	2	121.58	1 508	4.26	*
误差 e	72.5	9	8.06			
总和	315.67	11				

(5) 多重比较。用 T 法检验，$k = a = 3, m = r = 4, \nu_e = 8.06$

$$T_\alpha = q_\alpha(k,\nu_e)\sqrt{\frac{V_e}{m}} = q_{0.05}(3,9)\sqrt{\frac{8.06}{4}} = 3.95 \times 1.42 = 5.61$$

计算表 8-8 中数据，有：

$$T_{1,2} = |y_1 - y_2| = \frac{1}{r}|T_1 - T_2| = \frac{1}{4}|283 - 313| = 7.5 > T_\alpha^*$$

$$T_{1,3} = |y_1 - y_3| = \frac{1}{r}|T_1 - T_3| = \frac{1}{4}|283 - 326| = 10.8 > T_\alpha^*$$

$$T_{2,3} = |y_2 - y_3| = \frac{1}{r}|T_2 - T_3| = \frac{1}{4}|313 - 326| = 3.2 > T_\alpha^*$$

水平 A_1 与水平 A_2、水平 A_3 之间存在显著差异，而水平 A_2 与水平 A_3 之间并无显著差异。

二、正交实验方差分析

1. 正交实验方差分析的任务

(1) 分析实验误差对指标的影响；

(2) 分析各因素位级的变化对指标的影响；

(3) 对上述两者进行比较，判断因素对指标的影响是否显著。

2. 正交实验方差分析的基本方法与步骤

1) 基本方法

正交实验的方差分析属于多因素方差分析，其基本思路与单因素方差分析一致，基本方法是将实验结果总的偏差平方和 $S_{总}(S_T)$ 分解为由因素位级变化引起的偏差平方和 $S_{因}$ 及由实验误差引起的偏差平方和 $S_e(S_0)$，构成统计量 F，计算 F 的值，在给定的显著性水平 α 下从 F 分布表查出临界值 F_α，将 F 与 F_α 进行比较，作出显著性判断。

$$S_{总} = \sum S_{因} + S_{误} = \sum_{i=1}^{n}(Y_i - \bar{Y})^2 = \sum_{i=1}^{n}Y_i^2 - \frac{1}{n}\left(\sum_{i=1}^{n}Y_i\right)^2$$

式中：n—— 总实验次数；

Y_i 及 $\bar{Y}$—— 第 i 次实验的结果及 n 次实验结果的平均值。

用 T 表示 $\sum_{i=1}^{n}Y_i$，则总偏差平方和为：

$$S_T = \sum_{i=1}^{n}Y_i^2 - \frac{T^2}{n}$$

总自由度 $\nu_{总}$ = 各因素的自由度之和 + 误差自由度，即：

$$\nu_{总} = \sum \nu_{因} + \nu_e$$

$$\nu_T = 实验次数 - 1 = n - 1$$

2）正交实验设计方差分析的基本步骤

（1）计算各因素的偏差平方和及误差平方和。因素的偏差平方和 $S_{因}$ 等于安排该因素的列的平方和 $S_{列}$。

$$S_{因} = S_{列} = \sum_{t=1}^{t}\sum_{j=1}^{m}(\overline{K}_i - \overline{Y})^2 = m\sum_{i=1}^{t}(\overline{K_i} - \overline{Y})^2$$

t、m 分别表示位级数和位级重复数，将 $\sum_{i=1}^{t} K_i = T, t \cdot m = n, \overline{K_i} = \frac{K_i}{m}$ 代入上式展开，则有：

$$S_{因} = \frac{\sum_{i=1}^{t} K_i^2}{m} - \frac{T^2}{n}$$

$$S_e = S_T - \sum S_{因}$$

（2）计算各因素的自由度及误差自由度。各因素的自由度等于安排该因素的列的自由度 $\nu_{列}$。

$$\nu_{因} = \nu_{列} = 位级数 - 1$$

即：

$$\nu_{列} = t - 1$$

则误差自由度 $\nu_{误}$：$\nu_e = \nu_T - \sum \nu_{因}$

在没有重复实验和重复取样的情况下，总平方和与列平方和、总自由度与列自由度之间有下列关系：

$$S_T = 各 S_{列} 之和 = \sum S_{列}$$

$$\nu_T = 各 \nu_{列} 之和 = \sum \nu_{列}$$

$$S_e = 各空列平方和之和 = \sum S_{空}$$

$$\nu_e = 各空列自由度之和 = \sum \nu_{空}$$

（3）计算各因素的平均偏差平方和、平均误差平方和及 F 值：

$$V_{因} = S_{因} / \nu_{因}$$

$$V_e = S_e / \nu_e$$

则：

$$F = V_{因} / V_e = \frac{S_{因} / \nu_{因}}{S_e / \nu_e}$$

（4）列出方差分析表，对各种因素的不同位级对指标的影响作出显著性判断。

对于给定的显著性水平 α，从 F 分布表中查临界值 $F_\alpha(\nu_{因}, \nu_e)$，将 F 与 $F_\alpha(\nu_{因}, \nu_e)$ 对比，进行显著性判断。

若对 $\alpha = 0.10$ 判定因素显著，即 $F > F_{0.1}(\nu_{因}, \nu_e)$，则在方差分析表中"显著性"列上标志"*"；

若对 $\alpha = 0.05$ 判定因素显著，即 $F > F_{0.05}(\nu_{因}, \nu_e)$，则在方差分析表中"显著性"列上标志"* *"；

若对 $\alpha = 0.01$ 判定因素显著，即 $F > F_{0.01}(\nu_{因}, \nu_e)$，则在方差分析表中"显著性"列上标志"* * *"。

对于常用的大多数正交表来说，总平方和可以分解为各列平方和之和，对一切正交表来说，由于表的正交性，各列平方和经过适当的换算将构成相互独立的 X^2 变量，因此，一般来说，若实验因素 A、B、… 均取 T 个位级，用 S_i 和 ν_i 表示因素或误差平方和及其自由度，则可列出方差分析表如表 8-9 所示。

表 8-9　方差分析表

方差来源	偏差平方和	自由度	均方差	F 值	显著性
因素 A	S_A	$\nu_A = t-1$	$V_A = S_A/\nu_A$	$F_A = V_A/V_e$	
因素 B	S_B	$\nu_B = t-1$	$V_B = S_B/\nu_B$	$F_B = V_B/V_e$	
⋮	⋮	⋮	⋮	⋮	
误差 e	S_e	$\nu_e = \nu_T - \sum \nu_{因}$	$V_e = S_e/\nu_e$		
总和	S_T	$\nu_T = n-1$			
$F_\alpha(\nu_i, \nu_e)$					

3）正交实验方差分析类型

利用正交实验法进行多因素实验，由于实验因素、正交表的选择、实验条件、精度要求等不同，正交实验结果的方差分析也有所不同，一般有以下几类：

（1）无交互作用的正交实验设计方差分析；

（2）有交互作用的正交实验设计方差分析；

（3）重复实验的方差分析。

3. 无交互作用的正交实验设计方差分析

1）位级数相等的正交实验方差分析

位级数相等的正交实验方差分析是正交实验方差分析中最基本、最简单的一种。

例 8-3　取各有两个水平的因子 A、B、C、D 进行实验，因子之间没有交互作用。使用 $L_8(2^7)$ 正交表进行实验设计，因子分配情况如表 8-10 所示。

表 8-10　因子分配情况表

列号 / 实验序号	A 1	B 2	C 3	D 4	5	6	7	水平组合	实验数据
1	1	1	1	1	1	1	1	$A_1B_1C_1D_1$	11.9
2	1	1	1	2	2	2	2	$A_1B_1C_2D_2$	10.4
3	1	2	2	1	1	2	2	$A_1B_2C_1D_2$	8.9
4	1	2	2	2	2	1	1	$A_1B_2C_2D_1$	10.8

续表

实验序号＼列号	A 1	B 2	C 3	D 4	5	6	7	水平组合	实验数据
5	2	1	2	1	2	1	2	$A_2B_1C_1D_2$	9.5
6	2	1	2	2	1	2	1	$A_2B_1C_2D_1$	9.6
7	2	2	1	1	2	2	1	$A_2B_2C_1D_1$	8.8
8	2	2	1	2	1	1	2	$A_2B_2C_2D_2$	8.4

实验后获得的数据如表 8-10 右栏所示，根据技术要求，数据越大越好。对这些数据进行方差分析。

解：为简化计算，按下列格式对各数据进行变换：

$$U=(X-10)\times 10$$

$$T=\sum_{i=1}^{8}Y_i=19+4-11+8-5-4-12-16=-17$$

$$T^2=(-17)^2=289$$

$$S_T=\sum_{i=1}^{8}Y_i^2-\frac{T^2}{8}=1\ 003-36.125=966.875$$

$$S_A=\frac{\sum_{i=1}^{4}K_i^2}{4}-\frac{T^2}{8}=\frac{20^2+37^2}{4}-36.125=406.125$$

$$S_B=253.125$$

$$S_C=0.125$$

$$S_D=190.125$$

$$S_e=S_T-S_A-S_B-S_C-S_D$$
$$=966.875-406.125-253.125-0.125-190.125=117.375$$

用 10^2 除以上各数值即可得还原成原单位的对应平方和的值，方差分析表如表 8-11 所示。

表 8-11　方差分析表

因 子	平方和	自由度	方差	F
A	4.061 25	1	4.061 25	1 038
B	2.531 25	1	2.531 25	6.47
C	0.001 25	1	0.001 25	—
D	1.901 25	1	1.901 25	4.86
e	1.173 75	3	0.391 25	
T	9.668 75	7		

2）位级数不等的正交实验方差分析

位级数不等的正交实验方差分析方法、步骤与(1) 中的基本相同，区别在于各因素的自由度和位级重复数取值不一样。

例 8-4 某化工厂在矿石焙烧过程中，运用正交实验找出不同矿区矿石有较高收率的焙烧条件，实验方案及结果如表 8-12 所示。

表 8-12 实验方案及结果

实验序号＼因素	1 A	2 B	3 C	4 D	5 E	产量 /kg
1	1(甲)	1(80)	1(80)	1(5)	1(100)	694
2	1	1	2(60)	2(3)	2(150)	664
3	1	2(100)	1	2	2	714
4	1	2	2	1	1	650
5	2(乙)	1	1	1	2	650
6	2	1	2	2	1	646
7	2	2	1	2	1	670
8	2	2	2	1	2	652
9	3(丙)	1	1	2	1	646
10	3	1	2	1	2	600
11	3	2	1	1	2	630
12	3	2	2	2	1	670
13	4(丁)	1	1	2	2	660
14	4	1	2	1	1	670
15	4	2	1	1	1	670
16	4	2	2	2	2	650
K_1	2 722	5 230	5 334	5 216	5 316	$T=10\ 536$
K_2	2 618	5 306	5 202	5 320	5 220	
K_3	2 546					
K_4	2 650					
$\bar{k}_1$	680.5	653.75	666.75	652	664.5	
$\bar{k}_2$	654.5	663.25	650.25	665	652.5	
$\bar{k}_3$	636.5					
$\bar{k}_4$	662.5					
R	44	9.5	16.5	13	12	
最优水平	A_1	B_2	C_1	D_2	E_1	

该例选用$L_{16}(4\times 2^{12})$混合型正交表安排实验，A因素位级为4，重复数为4；其他位级均为2，重复数均为8。则：

$$T=\sum_{i=1}^{16}Y_i=10\ 536$$

$$S_T=\sum_{i=1}^{16}Y_i^2-\frac{T^2}{16}=694^2+664^2+\cdots+650^2-\frac{10\ 536^2}{16}=9\ 708$$

$$S_A=\frac{K_1^2+K_2^2+K_3^2+K_4^2}{4}-\frac{T^2}{16}=\frac{2\ 722^2+2\ 618^2+2\ 546^2+2\ 650^2}{4}-\frac{10\ 536^2}{16}=4\ 000$$

$$S_B=\frac{K_1^2+K_2^2}{8}-\frac{T^2}{16}=\frac{5\ 230^2+5\ 306^2}{8}-\frac{10\ 536^2}{16}=361$$

$$S_C=\frac{5\ 374^2+5\ 202^2}{8}-\frac{10\ 536^2}{16}=1\ 089$$

$$S_D=\frac{5\ 216^2+5\ 320^2}{8}-\frac{10\ 536^2}{16}=721$$

$$S_E=\frac{5\ 316^2+5\ 220^2}{8}-\frac{10\ 536^2}{16}=576$$

$$S_e=S_T-(S_A+S_B+S_C+S_D+S_E)=2\ 961$$

$$\nu_T=n-1=16-1=15$$

$$\nu_A=t-1=4-1=3$$

$$\nu_B=\nu_C=\nu_D=\nu_E=t-1=2-1=1$$

$$\nu_e=\nu_T-(\nu_A+\nu_B+\nu_C+\nu_D+\nu_E)=15-7=8$$

计算各均方及F值，列方差分析表如表8-13所示。

表8-13　方差分析结果

方差来源	偏差平方和	自由度	均方差	F值	显著性
A	4 000	3	1 333.3	4.50	* *
B	361	1	361	1.22	*
C	1 089	1	1 089	3.68	
D	721	1	721	2.43	
A	4 000	3	1 333.3	4.50	* *
E	576	1	576	1.95	
误	2 961	8	296.1		
总和	9 708	15			

$F_{0.01}(3,8)=7.59$　$F_{0.05}(3,8)=4.07$　$F_{0.1}(3,8)=2.92$

$F_{0.01}(1,8)=11.26$　$F_{0.05}(1,8)=5.32$　$F_{0.1}(1,8)=3.46$

经方差分析可知，因素A对指标的影响最显著，因素C次之，各因素的显著性顺序为：$\xrightarrow[\text{主}\to\text{次}]{A\to C\to D\to E\to B}$。

4. 有交互作用的正交实验设计方差分析

有交互作用的正交实验设计方差分析，基本方法与上述大致相同。其区别在于：

(1) 有交互作用的偏差平方和用它所在列的偏差平方和来计算；

(2) 有交互作用的自由度等于两个因素自由度的乘积。

例 8-5 为了提高某产品的产量，需要研究反应温度、反应压力和溶液浓度三个因素对工艺的影响情况，它们各取三个水平，具体如表 8-14 所示。

表 8-14 因素位级表

位级＼因素	温度 /℃	压力 /(5 kg/cm²)	浓度 /%
1	60	2.0	0.5
2	65	2.5	1.0
3	70	3.0	2.0

试在这项研究中查清各因素的主效应和因素之间的主效应。

查三位级正交表，选择 $L_{27}(3^{13})$ 正交表安排进行试验。该表有 13 列，3 列用于主因素，6 列用于交互作用(注意每两个因素之间的交互作用列要占据 2 列)。参照 $L_{27}(3^{13})$ 二列间交互作用表作表头设计，并确定实验方案进行实验。实验方案及结果如表 8-15 所示。

表 8-15 实验方案及结果

序号＼列号因素	1	2	3	4	5	6	7	8	11	收率
	A	B	$A\times B$	$A\times B$	C	$A\times C$	$A\times C$	$B\times C$	$B\times C$	/%
1	1	1	1	1	1	1	1	1	1	13.0
2	1	1	1	1	2	2	2	2	2	46.3
3	1	1	1	1	3	3	3	3	3	72.3
4	1	2	2	2	1	1	1	2	3	5.0
5	1	2	2	2	2	2	2	3	1	36.7
6	1	2	2	2	3	3	3	1	2	62.3
7	1	3	3	3	1	1	1	3	2	13.7
8	1	3	3	3	2	2	2	1	3	47.3
9	1	3	3	3	3	3	3	2	1	70.7
10	2	1	2	3	1	2	3	1	1	4.7
11	2	1	2	3	2	3	1	2	2	34.7
12	2	1	2	3	3	1	2	3	3	61.3
13	2	2	3	1	1	2	3	2	3	3.3
14	2	2	3	1	2	3	1	3	1	34.0
15	2	2	3	1	3	1	2	1	2	58.0
16	2	3	1	2	1	2	3	3	2	6.3

续表

序号＼列号因素	1	2	3	4	5	6	7	8	11	收率
	A	B	$A\times B$	$A\times B$	C	$A\times C$	$A\times C$	$B\times C$	$B\times C$	/%
17	2	3	1	2	2	3	1	1	3	39.7
18	2	3	1	2	3	1	2	2	1	65.0
19	3	1	3	2	1	3	2	1	1	0.3
20	3	1	3	2	2	1	3	2	2	34.0
21	3	1	3	2	3	2	1	3	3	68.0
22	3	2	1	3	1	3	2	2	3	5.7
23	3	2	1	3	2	1	3	3	1	39.7
24	3	2	1	3	3	2	1	1	2	68.3
25	3	3	2	1	1	3	2	3	2	10.7
26	3	3	2	1	2	1	3	1	3	39.7
27	3	3	2	1	3	2	1	3	1	65.7
K_1	367.3	334.6	356.3	343.0	62.7	329.43	342.1	333.3	329.8	
K_2	307.0	313.0	320.8	317.3	352.1	46.6	331.3	330.4	334.3	$T=100\ 6.4$
K_3	332.1	358.8	329.3	346.1	591.6	330.4	333.0	342.7	342.3	

根据表 8-15 中实验结果算得：

$$\sum_{i=1}^{27} Y_i^2 = 13.0^2 + 46.3^2 + \cdots + 39.7^2 + 65.7^2 = 53\ 632.8$$

$$C_T = \frac{T^2}{n} = \frac{1\ 006.4^2}{27} = 37\ 512.63$$

$$S_T = \sum^{n} y^2 - C_T = 16\ 120.17$$

$$S_A = S_t = \sum \frac{K_A^2}{A\ \text{水平试验数}\ m} - C_T = \frac{3\ 673^2 + 307^2 + 3\ 321^2}{9} - \frac{10\ 064^2}{27} = 20\ 392$$

$$S_B = S_2 = \sum \frac{K_B^2}{m} - C_T = \frac{334.6^2 + 313^2 + 358.8^2}{9} - 37\ 512.63 = 116.66$$

$$S_C = S_5 = \sum \frac{K_C^2}{m} - C_T = \frac{62.7^2 + 352.1^2 + 591.6^2}{9} - 37\ 512.63 = 15\ 586.95$$

$$S_{A/B} = S_3 + S_4 = \left(\sum_{3\text{列}} \frac{K_{A\times B}^2}{m} - C_T\right) + \left(\sum_{4\text{列}} \frac{K_{A\times B}^2}{m} - C_T\right)$$

$$= \frac{356.3^2 + 320.8^2 + 329.1^2}{9} + \frac{343^2 + 317.3^2 + 346.1^2}{9} - 2 \times 37\ 512.63 = 131.89$$

$$S_{A\times C} = S_6 + S_7 = 2\ 820$$

$$S_{B\times C} = S_8 + S_{11} = 181$$

$$S_e = S_T - S_A - S_B - S_C - S_{A\times B} - S_{A\times C} - S_{B\times C} = 34.48$$

各平方和的自由度为：

$$\nu_T = n - 1 = 26$$

$$\nu_A = \nu_B = \nu_C = t - 1 = 2$$

$$\nu_{A\times B} = \nu_A \cdot \nu_B = 4$$

$$\nu_{B\times C} = \nu_B \cdot \nu_C = 4$$

$$\nu_{A\times C} = \nu_A \cdot \nu_C = 4$$

$$\nu_e = \nu_T - \nu_A - \nu_B - \nu_C - \nu_{A\times B} - \nu_{A\times C} - \nu_{B\times C} = 8$$

将计算结果列于方差分析表(表 8-16)，进行显著性检验。

表 8-16　方差分析表

方差来源	平方和	自由度	均方	F	$F_{0.5}$	显著性
A	203.92	2	101.96	20.19	3.63	* *
B	116.66	2	58.33	11.55		* *
C	15 586.95	2	7 793.48	1 543.26		* * *
AB	131.89	4	32.97	6.53	3.01	*
AC	28.20	4	5.05			
BC	18.1	4				
误差 e	34.48	8				
总和	16 120.17					
$F_{0.05}(2,16) = 3.63$　$F_{0.05}(4,16) = 3.01$						

从方差分析表得知：因素 A、B、C 和交互作用 $A\times B$ 是显著的，$A\times B$ 交互作用的最佳搭配由表 8-17 查知为 A_1B_3，因其产品收率最高。故总的最优工艺条件为 $A_1B_3C_3$。

表 8-17　因素的交互作用

B \ A	A_1	A_2	A_3
B_1	131.6	100.7	102.3
B_2	104.0	95.3	113.7
B_3	131.7	111.0	116.1

5. 重复实验的方差分析

重复实验就是对正交表中同一号实验重复进行多次。其目的是为了提高实验精度和统计分析的可靠性，减少实验误差的干扰。重复实验的方差分析与无重复实验的情况基本相同，但它有如下特殊性：

(1) 重复实验计算 K_1、K_2、K_3、… 时，是以各号实验下的数据之和进行计算；

(2) 重复实验时，偏差平方和的计算公式中的位级重复数是无重复实验时的位级重复数 m 乘以重复实验次数 b，即 $m' = m \times b$。

(3) 重复实验时,总的实验误差 S_e 包括空列误差 S_{e1} 和重复实验误差 S_{e2}。

即:

$$S_e = S_{e1} + S_{e2}$$
$$\nu_e = \nu_{e1} + \nu_{e2}$$

且有:

$$S_{e2} = \sum_{i=1}^{n}\sum_{j=1}^{b} Y_{ij}^2 - \frac{1}{b}\sum_{i=1}^{n}\left(\sum_{j=1}^{b} Y_{ij}\right)^2$$

重复实验误差自由度:

$$\nu_{e2} = n(b-1)$$

三、回归分析

1. 基本概念

在生产过程和科学实验中,总会遇到多个变量,同一过程中的这些变量往往是相互依赖、相互制约的,也就是说它们之间存在相互关系,这种相互关系可以分为两种类型:确定性关系和相关关系。

当一个或几个变量取一定值时,另一个变量有确定值与之相对应,也就是说变量之间存在着严格的函数关系,就称为确定性关系。当一个或几个相互关系的变量取一定数值时,与之对应的另一变量的值虽然不确定,但按某种规律在一定的范围内变化,变量之间的这种关系称为相关关系。

变量之间的确定性关系和相关关系在一定的条件下是可以相互转换的,本来具有函数关系的变量,当存在试验误差时,其函数关系往往以相关的形式表现出来。相关关系虽然是不确定的,却是一种统计关系,在大量的观察下,往往会呈现出一定的规律性,这种规律性可以通过大量试验值的散点图反映出来,也可以借助相应的函数式表达出来,这种函数称为回归函数或回归方程。

回归分析(Regression Analysis)是一种处理变量之间相关关系最常用的统计方法,用它可以寻找隐藏在随机性后面的统计规律。确定回归方程、检验回归方程的可信性等是回归分析的主要内容。回归分析的类型很多。研究一个因素与试验指标间相关关系的回归分析称为一元回归分析;研究几个因素与试验指标间相关关系的称为多元回归分析。无论是一元回归分析还是多元回归分析,都可以分为线性回归和非线性回归两种形式。

2. 一元线性回归分析

当只有一个自变量且 $f(x)$ 与 x 呈线性关系,$f(x)=a+bx$,其回归 $\hat{y}=a+bx$ 或 $Ey=a+bx$ 称为一元线性回归,这是最简单的一类回归问题。若将 y 与 Ey 之间的随机误差用 ε 表示,即:

$$y - Ey = y - \hat{y} = \varepsilon$$

一元线性回归模型可写成另一形式:$y=a+bx+\varepsilon$,常假设 $\varepsilon \sim N(0,\sigma^2)$,其中 a,b,σ^2 是参数,b 称回归系数。

1）求一元线性回归方程

一元线性回归就是工程中经常遇到的配直线问题，也就是说如果变量 x 和 y 之间存在线性相关关系，那么就可以通过一组观测数据 $(x_i, y_i)(i = 1, 2, \cdots, n)$，用最小二乘法求出参数 a、b 的估计值 $\hat{a}$、$\hat{b}$，并建立起回归直线方程 $\hat{y} = a + bx$。

最小二乘法就是要求 n 个数据的绝对误差的平方和达到最小，即选择适当的 a、b 值，使：

$$Q = \sum_{i=1}^{n}(y_i - \hat{y}_i)^2 = \sum_{i=1}^{n}[y_i - (a + bx_i)]^2 = \text{最小值}$$

这种求参数 a、b 的估计值 $\hat{a}$、$\hat{b}$ 的方法称为最小二乘法，其中 b 称为回归系数，a 称为截距，从而得到经验回归直线：

$$\hat{y} = \hat{a} + \hat{b}x$$

一元线性回归的计算步骤如下：

（1）将变量 x、y 的实验数据一一对应列表，并计算填写在表 8-18 中。

表 8-18　一元线性回归计算表

误差	x_i	y_i	x_1^2	y_1^2	$x_i y_i$
1	x_1	y_1	x_2^2	y_2^2	$x_1 y_1$
⋮	⋮	⋮	⋮	⋮	⋮
n	x_n	y_n	x_n^2	y_n^2	$x_n y_n$
$\sum$	$\sum_{i=1}^{n} x_i$	$\sum_{i=1}^{n} y_i$	$\sum_{i=1}^{n} x_i^2$	$\sum_{i=1}^{n} y_i^2$	$\sum_{i=1}^{n} x_i y_i$
平均值 $\sum/n$	$\bar{x}$	$\bar{y}$			

（2）计算 L_{xy}、L_{xx}、L_{yy} 值：

$$L_{xy} = \sum_{i=1}^{n} x_i y_i - \frac{1}{n}\left(\sum_{i=1}^{n} x_i\right)\left(\sum_{i=1}^{n} y_i\right)$$

$$L_{xx} = \sum_{i=1}^{n} x_i^2 - \frac{1}{n}\left(\sum_{i=1}^{n} x_i\right)^2$$

$$L_{yy} = \sum_{i=1}^{n} y_i^2 - \frac{1}{n}\left(\sum_{i=1}^{n} y_i\right)^2$$

（3）根据公式计算 $\hat{a}$、$\hat{b}$ 值并建立经验式：

$$\hat{b} = \frac{L_{xy}}{L_{xx}}$$

$$\hat{a} = \bar{y} - b\bar{x}$$

$$\hat{y} = \hat{a} + \hat{b}x$$

2）相关系数计算

用上述方法可以配出回归直线，即建立了线性关系式，但它是否能真正反映出两个变量间的客观规律，尤其是对变量间的变化关系根本不了解时。相关分析就是用来解决这类问题的一种数学方法。引进相关系数 r，用该值大小判断建立的经验式合理与否。

(1) 计算相关系数 r：

$$r = \frac{L_{xy}}{\sqrt{L_{xx} \cdot L_{yy}}}$$

相关系数 r 是描绘变量 x 与 y 线性相关的密切程度，绝对值越接近于1，两变量 x、y 间线性关系越密切；r 接近于零，则认为 x 与 y 间没有线性关系，或两者间具有非线性关系。

(2) 给定显著性水平 α，常取 $\alpha = 0.05$ 或 $\alpha = 0.01$，按 $(n-2)$ 的值，在附表5相关系数检验表中查出相应的临界值 r_α。

(3) 判断

若 $|r| \geqslant r_\alpha$，则认为两变量间存在线性关系，回归方程显著成立，并称两变量在水平 α 下线性关系显著。即有 $(1-\alpha)$ 的概率认为 y 与 x 之间有线性关系。

若 $|r| < r_\alpha$，则认为两变量不存在线性关系，并称两变量在水平 α 下线性关系不显著。

3) 回归线的精度

由于回归方程给出的是 x、y 两个变量间的相关关系，而不是确定性关系，因此，对于一个固定的 $x = x_0$ 值，并不能精确地得到相应的 y_0 值，而是由方程得到估计值：

$$\hat{y}_0 = \hat{a} + \hat{b}x_0$$

或者说在 x 固定为 x_0 值时，y 取值 y_0，$\hat{y}_0$ 是 y_0 取所有可能值的平均值，那么用 $\hat{y}_0$ 作为 y_0 的估计值偏差有多大，也就是用回归算得的结果精度如何呢?这就是回归线的精度问题。

虽然对于一固定的 x_0 值，相应的 y_0 值无法确切知道，但相应 x_0 值的实测 y_0 值是按一定的规律分布在 $\hat{y}_0$ 上下，波动规律一般认为是正态分布，也就是说 y_0 是具有某正态分布的随机变量。因此能算出波动的标准差，也就可以估计出回归线的精度了。

回归线精度的判断：

(1) 标准差 σ 的估计值 $\hat{\sigma}$ 的计算公式：

$$\hat{\sigma} = \sqrt{\frac{Q}{n-2}} = \sqrt{\frac{(1-r^2)L_{yy}}{n-2}}$$

这里的标准差 σ 是指随机变量 y 的标准差，$\hat{\sigma}$ 称为剩余标准差。

(2) 由正态分布性质可知，随机变量 y_0 取值落在 $\hat{y}_0 \pm \sigma$ 范围内的概率为68.3%；y_0 落在 $\hat{y}_0 \pm 2\sigma$ 范围内的概率为95.4%；y_0 落在 $\hat{y}_0 \pm 3\sigma$ 范围内的概率为99.7%。也就是说，对于任何一个固定的 $x = x_0$ 值，我们都有95.4%的把握断言其 y_0 值落在 $(\hat{y}_0 - 2\hat{\sigma}, \hat{y}_0 + 2\hat{\sigma})$ 范围之中。显然 $\hat{\sigma}$ 越小，则回归方程精度越高，故可用 $\hat{\sigma}$ 测量回归方程精密度。

3. 多元线性回归分析

1) 求多元线性回归方程

在实际问题中，往往多个因素都对试验结果有影响，这时可以通过多元回归分析(Multiple Regression Analysis)求出因变量 y 与自变量 $x_j (j = 1,2,\cdots,m)$ 之间的近似函数关系 $y = f(x_1, x_2, \cdots, x_m)$。多元线性回归分析(Multiple Linear Regression Analysis)是多元回归分析中最简单、最常用的一种，其基本原理和方法与一元线性回归分析是相同的，但计算量比较大。

若因变量 y 与自变量 $x_j (j = 1,2,\cdots,m)$ 之间的近似函数关系式为：

$$\hat{y} = a + b_1x_1 + b_2x_2 + \cdots + bx_m$$

则称该式为因变量 y 关于自变量 $x_1, x_2, \cdots, x_m$ 的多元线性回归方程，其中 $b_1, b_2, \cdots, b_m$，称为偏回归系数(Partial Regression Coefficient)。

设变量 $x_1, x_2, \cdots, x_m, y$ 有 n 组试验数据 $x_{1i}, x_{2i}, \cdots, x_{mi}, y_i (i = 1, 2, \cdots, n)$，如果将自变量 $x_{1i}, x_{2i}, \cdots, x_{mi}$ 代入下式中：就可以得到对应的函数计算值 $\hat{y}_i$，于是残差平方和为：

$$Q = \sum_{i=1}^{n}(y_i - \hat{y}_i)^2 = \sum_{i=1}^{n}(y_i - a - b_1x_1 - b_2x_2 - \cdots - b_mx_m)^2$$

根据最小二乘法原理，要使 Q 达到最小，则应该满足以下条件：

$$\frac{\partial Q}{\partial a} = 0, \frac{\partial Q}{\partial b_j} = 0, j = 1, 2, \cdots, m$$

即：

$$\frac{\partial Q}{\partial a} = 2\sum_{i=1}^{n}[(y_i - a - b_1x_{1i} - b_2x_{2i} - \cdots - b_mx_{mi})(-1)] = 0$$

$$\frac{\partial Q}{\partial b_1} = 2\sum_{i=1}^{n}[(y_i - a - b_1x_{1i} - b_2x_{2i} - \cdots - b_mx_{mi})(-x_{1i})] = 0$$

$$\frac{\partial Q}{\partial b_2} = 2\sum_{i=1}^{n}[(y_i - a - b_1x_{1i} - b_2x_{2i} - \cdots - b_mx_{mi})(-x_{2i})] = 0$$

……

$$\frac{\partial Q}{\partial b_m} = 2\sum_{i=1}^{n}[(y_i - a - b_1x_{1i} - b_2x_{2i} - \cdots - b_mx_{mi})(-x_{mi})] = 0$$

由此可以得到如下的正规方程组：

$$\begin{cases} na + b_1\sum_{i=1}^{n}x_{1i} + b_2\sum_{i=1}^{n}x_{2i} + \cdots + b_m\sum_{i=1}^{n}x_{mi} = \sum_{i=1}^{n}y_i \\ a\sum_{i=1}^{n}x_{1i} + b_1\sum_{i=1}^{n}x_{1i}^2 + b_2\sum_{i=1}^{n}x_{1i}x_{2i} + \cdots + b_m\sum_{i=1}^{n}x_{1i}x_{mi} = \sum_{i=1}^{n}x_{1i}y_i \\ a\sum_{i=1}^{n}x_{2i} + b_1\sum_{i=1}^{n}x_{1i}x_{2i} + b_2\sum_{i=1}^{n}x_{2i}^2 + \cdots + b_m\sum_{i=1}^{n}x_{2i}x_{mi} = \sum_{i=1}^{n}x_{2i}y_i \\ \cdots\cdots \\ a\sum_{i=1}^{n}x_{mi} + b_1\sum_{i=1}^{n}x_{1i}x_{mi} + b_2\sum_{i=1}^{n}x_{2i}x_{mi} + \cdots + b_m\sum_{i=1}^{n}x_{mi}^2 = \sum_{i=1}^{n}x_{mi}y_i \end{cases}$$

显然，方程组的解就是该式中的系数 $a, b_1, b_2, \cdots, b_m$。注意，为了使正规方程组有解，要求 $m \leqslant n$，即自变量的个数应不大于试验次数。

如果令：

$$\bar{x}_j = \frac{1}{n}\sum_{i=1}^{n}x_{ji}, j = 1, 2, \cdots, m$$

$$\bar{y} = \frac{1}{n}\sum_{i=1}^{n}y_i, i = 1, 2, \cdots, n$$

$$L_{jj} = \sum_{i=1}^{n}(x_{ji} - \bar{x}_j)^2 = (\sum_{k=1}^{n}x_{ji}^2) - n(\bar{x}_j)^2, j = 1, 2, \cdots, m$$

$$L_{jk}=L_{kj}=\sum_{i=1}^{n}(x_{ji}-\bar{x}_j)(x_{ki}-\bar{x}_k)=(\sum_{i=1}^{n}x_{ji}x_{ki})-n\bar{x}_j\bar{x}_k,j,k=1,2,\cdots,m(j\neq k)$$

$$L_{jy}=\sum_{i=1}^{n}(x_{ji}-\bar{x}_j)(y_i-\bar{y})=(\sum_{i=1}^{n}x_{ji}y_i)-n\bar{x}_j\bar{y},j=1,2,\cdots,m$$

则上述正规方程组可以变为：

$$\begin{cases}a=\bar{y}-b_1\bar{x}_1-b_2\bar{x}_2-\cdots-b_m\bar{x}_m\\L_{11}b_1+L_{12}b_2+\cdots+L_{1m}b_m=L_{1y}\\L_{21}b_1+L_{22}b_2+\cdots+L_{2m}b_m=L_{2y}\\\cdots\cdots\\L_{m1}b_1+L_{m2}b_2+\cdots+L_{mm}b_m=L_{my}\end{cases}$$

例 8-6　在某化合物的合成试验中，为了提高产量，选取了原料配比(x_1)、溶剂量(x_2)和反应时间(x_3)三个因素试验，试验结果如表 8-19 所示。试用线性回归模型来拟合试验数据。

表 8-19　例 8-6 数据

试验号	配比(x_1)	溶剂量(x_2)	反应时间(x_3)	收率(y)
1	1.0	13	1.5	0.330
2	1.4	19	3.0	0.336
3	1.8	25	1.0	0.294
4	2.2	10	2.5	0.476
5	2.6	16	0.5	0.209
6	3.0	22	2.0	0.451
7	3.4	28	3.5	0. 482

解：依题意，试验次数 $n=7$，因素数 $m=3$。本例要求用最小二乘法求出三元线性回归方程 $y=a+b_1x_1+b_2x_2+b_3x_3$ 中的系数 a,b_1,b_2,b_3。根据正规方程组式，先进行有关计算，如表 8-19 所示。

可得正规方程组为：

$$\begin{cases}na+b_1\sum_{i=1}^{7}x_{1i}+b_2\sum_{i=1}^{7}x_{2i}+b_3\sum_{i=1}^{7}x_{3i}=\sum_{i=1}^{7}y_i\\a\sum_{i=1}^{7}x_{1i}+b_1\sum_{i=1}^{7}x_{1i}^2+b_2\sum_{i=1}^{7}x_{1i}x_{2i}+b_3\sum_{i=1}^{7}x_{1i}x_{3i}=\sum_{i=1}^{7}x_{1i}y_i\\a\sum_{i=1}^{7}x_{2i}+b_1\sum_{i=1}^{7}x_{1i}x_{2i}+b_2\sum_{i=1}^{7}x_{2i}^2+b_3\sum_{i=1}^{7}x_{2i}x_{3i}=\sum_{i=1}^{7}x_{2i}y_i\\a\sum_{i=1}^{7}x_{3i}+b_1\sum_{i=1}^{7}x_{1i}x_{3i}+b_2\sum_{i=1}^{7}x_{2i}x_{3i}+b_3\sum_{i=1}^{7}x_{3i}^2=\sum_{i=1}^{7}x_{3i}y_i\end{cases}$$

将表 8-19 中的有关数据代入方程组，可得如下方程组：

$$7a+15.4b_1+133b_2+14b_3=2.578$$

$$15.4a + 38.36b_1 + 309.4b_2 + 32.2b_3 = 5.912$$
$$133a + 309.4b_1 + 2\,779b_2 + 276.5b_3 = 49.546$$
$$14a + 32.2b_1 + 276.5b_2 + 35.00b_3 = 5.681$$

解得：

$$a = 0.197, b_1 = 0.045\,5, b_2 = -0.003\,77, b_3 = 0.071\,5$$

表 8-20　例 8-6 数据计算表

No.	x_1	x_2	x_3	y	y^2	x_1^2	x_2^2	x_3^2	x_1x_2	x_2x_3	x_1x_3	x_1y	x_2y	x_3y
1	1.0	13	1.5	0.33	0.109	1.00	169	2.25	13.0	19.5	1.5	0.330	4.290	0.495
2	1.4	19	3.0	0.336	0.113	1.96	361	9.00	26.6	57.0	4.2	0.470	6.384	1.008
3	1.8	25	1.0	0.294	0.086	3.24	625	1.00	45.0	25.0	1.8	0.529	7.350	0.294
4	2.2	10	2.5	0.476	0.227	4.84	100	6.25	22.0	25.	5.5	1.047	4.760	1.190
5	2.6	16	0.5	0.209	0.044	6.76	256	0.25	41.6	8.0	1.3	0.543	3.344	0.105
6	3.0	22	2.0	0.451	0.203	9.00	484	4.00	66.0	44.0	6.0	1.353	9.922	0.902
7	3.4	28	3.5	0.482	0.232	11.56	784	12.25	95.2	98.0	11.9	1.639	13.496	1.687
$\sum_{i=1}^{7}$	15.4	133	14	2.578	1.014	38.36	2 779	35.0	309.4	276.5	32.2	5.912	49.546	5.631
$\frac{1}{7}\sum_{i=1}^{7}$	2.2	19	2.0	0.368 3										

或者，由表 8-20 可得：$\bar{x}_1 = 2.2, \bar{x}_2 = 19, \bar{x}_3 = 2.0, \bar{y} = 0.368\,3$。又有：

$$L_{11} = \sum_{i=1}^{n}(x_{1i} - \bar{x}_1)^2 = \sum_{i=1}^{n}x_{1i}^2 - n(\bar{x}_1)^2 = 38.36 - 7 \times 2.2^2 = 4.48$$

$$L_{22} = \sum_{i=1}^{n}(x_{2i} - \bar{x}_2)^2 = \sum_{i=1}^{n}x_{2i}^2 - n(\bar{x}_2)^2 = 2\,779 - 7 \times 19^2 = 252$$

$$L_{33} = \sum_{i=1}^{n}(x_{3i} - \bar{x}_3)^2 = \sum_{i=1}^{n}x_{3i}^2 - n(\bar{x}_3)^2 = 35.00 - 7 \times 2.0^2 = 7.0$$

$$L_{12} = L_{21} = \sum_{i=1}^{n}(x_{1i} - \bar{x}_1)(x_{2i} - \bar{x}_2) = \sum_{i=1}^{n}x_{1i}x_{2i} - n\bar{x}_1\bar{x}_2 = 309.4 - 7 \times 2.2 \times 19 = 16.8$$

$$L_{23} = L_{32} = \sum_{i=1}^{n}(x_{2i} - \bar{x}_2)(x_{3i} - \bar{x}_3) = \sum_{i=1}^{n}x_{2i}x_{3i} - n\bar{x}_2\bar{x}_3 = 276.5 - 7 \times 19 \times 2.0 = 10.5$$

$$L_{31} = L_{13} = \sum_{i=1}^{n}(x_{1i} - \bar{x}_1)(x_{3i} - \bar{x}_3) = \sum_{i=1}^{n}x_{1i}x_{3i} - n\bar{x}_1\bar{x}_3 = 32.2 - 7 \times 2.2 \times 2.0 = 1.4$$

$$L_{1y} = \sum_{i=1}^{n}(x_{1i} - \bar{x}_1)(y_i - \bar{y}) = \sum_{i=1}^{n}x_{1i}y_i - n\bar{x}_1\bar{y} = 5.912 - 7 \times 2.2 \times 0.368\,3 = 0.240$$

$$L_{2y} = \sum_{i=1}^{n}(x_{2i} - \bar{x}_2)(y_i - \bar{y}) = \sum_{i=1}^{n}x_{2i}y_i - n\bar{x}_2\bar{y} = 49.546 - 7 \times 19 \times 0.368\,3 = 0.562$$

$$L_{3y} = \sum_{i=1}^{n}(x_{3i} - \bar{x}_3)(y_i - \bar{y}) = \sum_{i=1}^{n}x_{3i}y_i - n\bar{x}_3\bar{y} = 5.681 - 7 \times 2.0 \times 0.368\,3 = 0.525$$

所以正规方程组为：

$$\begin{cases} a = \bar{y} - b_1\bar{x}_1 - b_2\bar{x}_2 - b_3\bar{x}_3 \\ L_{11}b_1 + L_{12}b_2 + L_{13}b_3 = L_{1y} \\ L_{21}b_1 + L_{22}b_2 + L_{23}b_3 = L_{2y} \\ L_{31}b_1 + L_{32}b_2 + L_{33}b_3 = L_{3y} \end{cases}$$

即：

$$\begin{cases} a = 0.3683 - 2.2b_1 - 19b_2 - 2.0b_3 \\ 4.48b_1 + 16.8b_2 + 1.4b_3 = 0.240 \\ 16.8b_1 + 252b_2 + 10.5b_3 = 0.562 \\ 1.4b_1 + 10.5b_2 + 7.0b_3 = 0.525 \end{cases}$$

同样解得：

$$a = 0.197,\quad b_1 = 0.0455,\quad b_2 = -0.00377,\quad b_3 = 0.0715$$

于是三元线性回归方程为：

$$y = 0.197 + 0.0455x_1 - 0.00377x_2 + 0.0715x_3$$

上述回归方程是否有意义，还需进行显著性检验。

2）多元线性回归方程显著性检验

（1）F 检验法

总平方和：

$$SS_T = L_{yy} = \sum_{i=1}^{n}(y_i - \bar{y})^2 = \sum_{i=1}^{n} y_i^2 - n\bar{y}^2$$

回归平方和：

$$SS_R = \sum_{i=1}^{n}(\hat{y}_i - \bar{y})^2 = b_1L_{1y} + b_2L_{2y} + \cdots + b_mL_{my}$$

残差平方和：

$$SS_e = \sum_{i=1}^{n}(y_i - \hat{y}_i)^2 = SS_T - SS_R$$

这些平方和的定义式与一元线性回归的是一样的。方差分析表的形式如表 8-21 所示。

表 8-21　多元线性回归方差分析表

差异源	SS	df	MS	F	显著性
回归	SS_R	m	$MS_R = SS_R/m$	$F = MS_R/MS_e$	
残差	SS_e	$n-m-1$	$MS_e = SS_e/(n-m-1)$		
总和	SS_T	$n-1$			

表 8-21 中的 F 服从自由度为$(m, n-m-1)$的分布，在给定的显著性水平 α 下，从 F 分布表（附表 3）中查得 $F_\alpha(m, n-m-1)$。一般情况下，若 $F < F_{0.05}(m, n-m-1)$，则称 y 与 $x_1, x_2, \cdots, x_m$ 间没有明显的线性关系，回归方程不可信；若 $F_{0.05}(m, n-m-1) < F < F_{0.01}(m, n-m-1)$，则称 y 与 $x_1, x_2, \cdots, x_m$ 间有显著的线性关系，用“*”表示；若 $F > F_{0.01}(m, n-m-1)$，则称 y 与 $x_1, x_2, \cdots, x_m$ 间有十分显著的线性关系，用“* *”表示。

(2) 相关系数检验法

类似于一元线性回归的相关系数 r，在多元线性回归分析中，复相关系数(Multiple Correlation Coefficient)R 反映了一个变量 y 与多个变量 $x_j(j=1,2,\cdots,m)$ 之间的线性相关程度，复相关系数的定义式如下：

$$R=\frac{\sum_{i=1}^{n}(y_i-\bar{y})(\hat{y}_i-\bar{y})}{\sqrt{\sum_{i=1}^{n}(y_i-\bar{y})^2\sum_{i=1}^{n}(\hat{y}_i-\bar{y})^2}}$$

复相关系数的平方称为多元线性回归方程的决定系数，用 R^2 表示。决定系数的大小反映了回归平方和 SS_R 在总离差平方和 SS_T 中所占的比重，即：

$$R^2=\frac{SS_R}{SS_T}=1-\frac{SS_e}{SS_T}$$

在实际计算复相关系数时，一般不直接根据其定义式，而是先计算出决定系数 R^2，然后再求决定系数的平方根。复相关系数一般取正值，所以有：

$$R=\sqrt{SS_R/SS_T}$$

$0\leqslant R\leqslant 1$，当 $R=1$ 时，表明 y 与变量 $x_1,x_2,\cdots,x_m$ 之间存在严格的线性关系；当 $R=0$ 时，则表明 y 与变量 $x_1,x_2,\cdots,x_m$ 之间不存在任何线性相关关系，但可能存在其他非线性关系；当 $0<R<1$ 时，表明变量之间存在一定程度的线性相关关系。可以证明，当 $m=1$，即为一元线性回归时，复相关系数 R 与一元线性相关系数 r 是相等的。

对于给定的显著性水平 α，显著性检验要求 $R>R_{\min}$ 时才说明 y 与变量 $x_1,x_2,\cdots,x_m$ 之间存在密切的线性关系，或者说用线性回归方程来描述变量 y 与变量 $x_1,x_2,\cdots,x_m$ 之间的关系才有意义，否则线性相关不显著，应改用其他形式的回归方程。其中 $R_{\min}$ 称为复相关系数临界值，它与给定的显著性水平 α 和试验数据组数 $n(n>2)$ 有关，可从附表 5 查得。

由于回归平方和 SS_R 受到试验次数 n 影响，所以在多元线性回归分析中还有一个常用的评价指标，称为修正自由度的决定系数，其计算式如下：

$$\bar{R}^2=1-\frac{n-1}{n-m-1}(1-R^2)$$

可以看出，$\bar{R}^2\leqslant R^2$。对于给定的 R^2 和 n 值，自变量个数 m 越多，$\bar{R}^2$ 越小。

(3) 复相关系数检验

由于 $SS_T=0.064\ 5$，$SS_R=0.046\ 3$，所以：

$$R=\sqrt{SS_R/SS_T}=\sqrt{0.046\ 3/0.064\ 5}=0.847$$

对于给定的显著性水平 $\alpha=0.05$，当自变量个数 $m=3$，试验次数 $n=7$ 时，查附表 5 得对应的临界值 $R_{\min}=0.950$，所以例 8.6 所建立的线性回归方程与试验数据拟合得不好，这与 F 检验的结论是一致的。

3) 因素主次的判断方法

求出 y 对 $x_1,x_2,\cdots,x_m$ 的线性回归方程之后，我们关心哪些因素(自变量 x_j) 对试验结果影响较大，应重点考虑；哪些又是次要因素，其影响可以忽略。下面介绍两种判断因素主次的方法。

(1) 偏回归系数的标准化

在多元线性回归方程中，偏回归系数 $b_1, b_2, \cdots, b_m$ 表示了 x_j 对 y 的具体效应，但在一般情况下，$b_j(j=1,2,\cdots,m)$ 本身的大小并不能直接反映自变量的相对重要性，这是因为 b_j 的取值会受到对应因素单位和取值的影响。如果对偏回归系数 b_j 进行标准化，则可解决这一问题。

设偏回归系数 b_j 的标准化回归系数为 $P_j(j=1,2,\cdots,m)$。P_j 的计算式为：

$$P_j = |b_j| \sqrt{\frac{L_{jj}}{L_{yy}}}$$

根据标准化回归系数 P_j 的大小就可以直接判断各因素(自变量)x_j 对试验结果 y 的重要程度，P_j 越大，则对应的因素越重要。

(2) 偏回归系数的显著性检验

在多元回归方程的 F 检验中，回归平方和 SS_R 反映了所有自变量 $x_1, x_2, \cdots, x_m$ 对试验指标 y 的总影响，如果对每个偏回归系数 $b_j(j=1,2,\cdots,m)$ 进行方差分析，就可以知道每个偏回归系数的显著性，从而就能判断它们对应因素的重要程度。

首先计算每个偏回归系数的偏回归平方和 $SS_j(j=1,2,\cdots,m)$：

$$SS_j = b_j L_{jy}$$

SS_j 的大小表示了 x_j 对 y 影响程度的大小，其对应的自由度 $df_j = 1$，所以 $MS_j = SS_j$，于是有：

$$F_j = \frac{MS_j}{MS_e} = \frac{SS_j}{MS_e}$$

F_j 服从自由度为$(1, n-m-1)$的 F 分布，对于给定的显著性水平 α，如果 $F < F_\alpha(1, n-m-1)$，则说明 x_j 对 y 的影响是不显著的，可将它从回归方程中去掉，变成$(m-1)$元回归方程。

例 8-7　某种产品的得率 y 与反应温度 x_1，反应时间 x_2 及某反应物的浓度 x_3 有关，现得如表 8-22 所示的试验结果，设 y 与 x_1、x_2 和 x_3 之间成线性关系，试求 y 与 x_1、x_2 和 x_3 之间的三元线性回归方程，并判断三因素的主次。

表 8-22　例 8-7 试验数据表

试验号	反应温度 x_1/℃	反应时间 x_2/h	反应物浓度 x_3/%	得率 y
1	70	10	1	7.6
2	70	10	3	10.3
3	70	30	1	8.9
4	70	30	3	11.2
5	90	10	1	8.4
6	90	10	3	11.1
7	90	30	1	9.8
8	90	30	3	12.6

解:(1) 建立回归方程

根据表 8-22 和有关的计算公式可以得到以下数值:$\bar{y}=9.99$,$\bar{x}_1=80$,$\bar{x}_2=20$,$\bar{x}_3=2$,$L_{11}=800$,$L_{22}=800$,$L_{33}=8$,$L_{12}=L_{21}=0$,$L_{13}=L_{31}=0$,$L_{23}=L_{32}=0$,$L_{1y}=39$,$L_{2y}=51$,$L_{3y}=10.5$,$L_{yy}=19.07$(表 8-23),所以正规方程组为:

$$\begin{cases} a=9.99-80b_1-20b_2-2b_3 \\ 800b_1=39 \\ 800b_2=51 \\ 8b_3=10.5 \end{cases}$$

解方程组得:

$$a=2.187\,5,\quad b_1=0.048\,75,\quad b_2=0.063\,75,\quad b_3=1.312\,5$$

所以线性回归方程表达式为:

$$y=2.187\,5+0.048\,75x_1+0.063\,75x_2+1.312\,5x_3$$

表 8-23　例 8-7 数据计算表

试验号	x_1	x_2	x_3	y	y^2	x_1^2	x_2^2	x_3^2	x_1x_2	x_1x_3	x_2x_3	x_1y	x_2y	x_3y
1	70	10	1	7.6	57.76	4 900	100	1	700	70	10	532	76	7.6
2	70	10	3	10.3	106.09	4 900	100	9	700	210	30	721	103	30.9
3	70	30	1	8.9	79.21	4 900	900	1	2100	70	30	623	267	8.9
4	70	30	3	11.2	125.44	4 900	900	9	2100	210	90	784	336	33.6
5	90	10	1	8.4	70.56	8 100	100	1	900	90	10	756	84	8.4
6	90	10	3	11.1	123.21	8 100	100	9	900	270	30	999	111	33.3
7	90	30	1	9.8	96.04	8 100	900	1	2 700	90	30	882	294	9.8
8	90	30	3	12.6	158.76	8 100	900	9	2 700	270	90	1 134	378	37.8
$\sum_{i=1}^{8}$	640	160	16	79.9	817.07	52 000	4 000	40	12 800	1 280	320	6 431	1 649	170.3
$\frac{1}{8}\sum_{i=1}^{8}$	80	20	2	9.987 5										

(2) 方差分析及因素主次的确定

总平方和:

$$SS_T=L_{yy}=19.07$$

回归平方和:

$$SS_R=b_1L_{1y}+b_2L_{2y}+b_3L_{3y}=0.048\,75\times39+0.063\,75\times51+1.312\,5\times10.5=18.93$$

偏回归平方和:

$$SS_1=b_1L_{1y}=0.048\,75\times39=1.90$$

$$SS_2=b_2L_{2y}=0.063\,75\times51=3.25$$

$$SS_3=b_3L_{3y}=1.312\,5\times10.5=13.78$$

残差平方和:

$$SS_e=SS_T-SS_R=19.07-18.93=0.14$$

得到如表 8-24 所示的方差分析表。

由于 $F_{0.01}(3,4)=16.69$，$F_{0.01}(1,4)=21.20$，由表 8-24 可以看出，所建立的回归方程具有非常显著的线性关系，三个因素对试验结果都有显著影响。根据偏回归系数 $F_j(j=1,2,3)$ 的大小可以知道三个因素的主次顺序为 $x_3>x_2>x_1$，即反应物浓度＞反应时间＞反应温度。

表 8-24　例 8-7 方差分析表

差异源	SS	df	MS	F	显著性
x_1	1.90	1	1.90	54.3	* *
x_2	3.25	1	3.25	92.9	* *
x_3	13.78	1	13.78	393.7	* *
回归	18.93	$m=3$	6.31	180.3	* *
残差	0.14	$n-m-1=4$	0.035		
总和	19.07	$n-1=7$			

如果对偏回归系数进行标准化：

$$P_1=b_1\sqrt{\frac{L_{11}}{L_{yy}}}=0.048\,75\sqrt{\frac{800}{19.07}}=0.316$$

$$P_2=b_2\sqrt{\frac{L_{22}}{L_{yy}}}=0.063\,75\sqrt{\frac{800}{19.07}}=0.413$$

$$P_3=b_3\sqrt{\frac{L_{33}}{L_{yy}}}=1.312\,5\sqrt{\frac{8}{19.07}}=0.850$$

因标准回归系数越大，对应的因素越重要，所以因素的主次顺序为：$x_3>x_2>x_1$，这与上述分析结果是一致的。

4. 非线性回归

在许多实际问题中，变量之间的关系并不是线性的，这时就应该考虑采用非线性回归(No-linear Regression) 模型。在进行非线性回归分析时，必须着重解决两方面的问题：一是如何确定非线性函数的具体形式，与线性回归不同，非线性回归函数有多种多样的具体形式，需要根据所研究的实际问题的性质和试验数据的特点作出恰当的选择；二是如何估计函数中的参数，非线性回归分析最常用的方法仍然是最小二乘法，但需要根据函数的不同类型，作适当的处理。

1) 一元非线性回归分析

对于一元非线性问题，可用回归曲线 $y=f(x)$ 来描述。在许多情形下，通过适当的线性变换，可将其转化为一元线性回归问题。具体做法如下：

(1) 根据试验数据，在直角坐标中画出散点图；

(2) 根据散点图，推测 y 与 x 之间的函数关系；

(3) 选择适当的变换，使之变成线性关系；

(4) 用线性回归方法求出线性回归方程；

(5) 返回到原来的函数关系，得到要求的回归方程。

如果凭借以往的经验和专业知识预先知道变量之间存在一定形式的非线性关系，(1)、(2) 两步可以省略；如果预先不清楚变量之间的函数类型，则可以依据试验数据的特点或散点图来选择对应的函数表达式。在选择函数形式时，应注意不同的非线性函数所具有的特点，这样才能建立比较准确的数学模型。下面简单介绍实际问题中常用的几种非线性函数的特点。

双曲线函数的特点是：y 随着 x 的增加而增加(或减小)，最初增加(或减小)很快，以后逐渐放慢并趋于稳定；

对数函数的特点是：随着 x 的增大，x 的单位变动对因变量 y 的影响效果不断递减；

指数函数的特点是：随着 x 的增大(或减小)，因变量 y 逐渐趋向某一值；

S 形曲线函数的特点是：y 是 x 的非减函数，开始时随着 x 的增加，y 的增长速度也逐渐加快，但当 y 达到一定水平时，其增长速度又逐渐放慢，最后无论 x 如何增加，y 只会趋近于 c，并且永远不会超过 c。

需要指出的是，在一定的试验范围内，可能用不同的函数拟合试验数据都可以得到显著性较好的回归方程，这时应该选择其中数学形式较简单的一种。一般说来，数学形式越简单，其可操作性就越强，过于复杂的函数形式在实际的定量分析中并没有太大的价值。

常用的非线性函数的线性化变换如表 8-25 所示。

表 8-25　线性化变换表

函数类型	函数关系式	线性化变换($Y=A+BX$)				备注
		Y	X	A	B	
双曲线函数	$\frac{1}{y}=a+\frac{b}{x}$	$\frac{1}{y}$	$\frac{1}{x}$	a	b	
双曲线函数	$y=a+\frac{b}{x}$	y	$\frac{1}{x}$	a	b	
对数函数	$y=a+b\lg x$	y	$\lg x$	a	b	
对数函数	$y=a+b\ln x$	y	$\ln x$	a	b	
指数函数	$y=ab^x$	$\lg y$	x	$\lg a$	$\lg b$	$\lg y=\lg a+x\lg b$
指数函数	$y=ae^{bx}$	$\ln y$	x	$\ln a$	b	$\ln y=\ln a+bx$
指数函数	$y=ae^{\frac{b}{x}}$	$\ln y$	$\frac{1}{x}$	$\ln a$	b	$\ln y=\ln a+\frac{b}{x}$
幂函数	$y=ax^b$	$\lg y$	$\lg x$	$\lg a$	b	$\lg y=\lg a+b\lg x$
幂函数	$y=a+bx^n$	y	x^n	a	b	
S 形曲线函数	$y=\frac{c}{a+be^{-x}}$	$\frac{1}{y}$	e^{-x}	a/c	b/c	$\frac{1}{y}=\frac{a}{c}+\frac{be^{-x}}{c}$

2) 多元非线性回归

如果试验指标 y 与多个试验因素 x_j $(j=1,2,\cdots,n)$ 之间存在非线性关系，例如 y 与 m 个因素 $x_1,x_2,\cdots,x_m$ 的二次回归模型为：

$$\hat{y} = a + \sum_{j=1}^{m} b_j x_j + \sum_{j=1}^{m} b_{jj} x_j^2 + \sum_{j<k} b_{jk} x_j x_k, (j > k, k = 1, 2, \cdots, m-1)$$

也可利用类似的方法将其转换成线性回归模型，然后再按线性回归的方法进行处理。

例 8-8　如果产品的收率(y)与原料配比(x_1)、溶剂量(x_2)和反应时间(x_3)三个因素之间的函数关系近似满足二次回归模型：

$$y = a + b_3 x_3 + b_{33} x_3^2 + b_{13} x_1 x_3$$

因为溶剂用量这个因素对试验指标影响很小，所以在建立回归方程时可以不考虑。试通过回归分析确定系数 $a, b_{23}, b_{33}, b_{13}$ ($\alpha = 0.05$)。

解：(1) 回归方程的建立

设 $X_1 = x_3, X_2 = x_3^2, X_3 = x_1 x_3, B_1 = b_3, B_2 = b_{33}, B_3 = b_{13}$，则上述方程可转换成如下的线性形式：

$$y = a + B_1 X_1 + B_2 X_2 + B_3 X_3$$

对原始试验数据的整理和计算如表 8-26 和表 8-27 所示。

表 8-26　例 8-8 数据转换计算表

i	y	x_1	x_3	X_1	X_2	X_3
1	0.33	1.0	1.5	1.5	2.3	1.5
2	0.336	1.4	3.0	3.0	9.0	4.2
3	0.294	1.8	1.0	1.0	1.0	1.8
4	0.476	2.2	2.5	2.5	6.3	5.5
5	0.209	2.6	0.5	0.5	0.3	1.3
6	0.451	3.0	2.0	2.0	4.0	6.0
7	0.482	3.4	3.5	3.5	12.3	11.9
$\sum_{i=1}^{7}$	2.578	15.4	14	14.0	35.0	32.2
$\frac{1}{7}\sum_{i=1}^{7}$	0.3683	2.2	2.0	2.0	5.0	4.6

表 8-27　例 8-8 数据计算表

i	y^2	X_1^2	X_2^2	X_3^2	X_1X_2	X_1X_3	X_2X_3	X_1y	X_2y	X_3y
1	0.109	2.25	5.063	2.25	3.375	2.25	3.38	0.495 0	0.742 5	0.495 0
2	0.113	9.00	81.000	17.64	27.000	12.60	37.80	1.008 0	3.024 0	1.411 2
3	0.086	1.00	1.000	3.24	1.000	1.80	1.80	0.294 0	0.294 0	0.529 2
4	0.227	6.25	39.063	30.25	15.625	13.75	34.38	1.190 0	2.975 0	2.618 0
5	0.044	0.25	0.063	1.69	0.125	0.65	0.33	0.104 5	0.052 3	0.271 7
6	0.203	4.00	16.000	36.00	8.000	12.00	24.00	0.902 0	1.8040	2.706 0
7	0.232	12.25	150.063	141.61	42.875	41.65	145.78	1.687 0	5.904 5	5.735 8
$\sum_{i=1}^{7}$	1.014	35.00	292. 250	232.68	98.000	84.70	247.45	5.680 5	14.796 3	13.766 9

由表 8-26 和表 8-27 可得：$\overline{X}_1=2.0$，$\overline{X}_2=5.0$，$\overline{X}_3=4.6$，$\overline{y}=0.3683$，又有：

$$L_{11}=\sum_{i=1}^{7}X_{1i}^2-n(\overline{X_1})^2=35.00-7\times2.0^2=7.00$$

$$L_{22}=\sum_{i=1}^{7}X_{2i}^2-n(\overline{X_2})^2=292.250-7\times5.0^2=117.25$$

$$L_{33}=\sum_{i=1}^{7}X_{3i}^2-n(\overline{X_3})^2=232.68-7\times4.6^2=84.56$$

$$L_{12}=L_{21}=\sum_{i=1}^{7}X_{1i}X_{2i}-n\overline{X_1}\,\overline{X_2}=98.00-7\times2.0\times5.0=28.0$$

$$L_{23}=L_{32}=\sum_{i=1}^{7}X_{2i}X_{3i}-n\overline{X_2}\,\overline{X_3}=247.45-7\times5.0\times4.6=86.45$$

$$L_{31}=L_{13}=\sum_{i=1}^{7}X_{1i}X_{3i}-n\overline{X_1}\,\overline{X_3}=84.70-7\times2.0\times4.6=20.3$$

$$L_{1y}=\sum_{i=1}^{7}X_{1i}y_i-n\overline{X_1}\overline{y}=5.6805-7\times2.0\times0.3683=0.5423$$

$$L_{2y}=\sum_{i=1}^{7}X_{2i}y_i-n\overline{X_2}\overline{y}=14.7963-7\times5.0\times0.3683=1.9058$$

$$L_{3y}=\sum_{i=1}^{7}X_{3i}y_i-n\overline{X_3}\overline{y}=13.7669-7\times4.6\times0.3683=1.9076$$

所以正规方程组为：

$$\begin{cases}a=\overline{y}-B_1\overline{X_1}-B_2\overline{X_2}-B_3\overline{X_3}\\L_{11}B_1+L_{12}B_2+L_{13}B_3=L_{1y}\\L_{21}B_1+L_{22}B_2+L_{23}B_3=L_{2y}\\L_{31}B_1+L_{32}B_2+L_{33}B_3=L_{3y}\end{cases}$$

即：

$$\begin{cases}a=0.3683-2.0B_1-5.0B_2-4.6B_3\\7.00B_1+28.0B_2+20.3B_3=0.5423\\28.0B_1+117.25B_2+86.45B_3=1.9058\\20.3B_1+86.45B_2+84.56B_3=1.9076\end{cases}$$

解得：

$$a=0.0579,\quad B_1=0.252,\quad B_2=-0.0648,\quad B_3=0.0283$$

于是三元线性回归方程为：$y=0.0579+0.252X_1-0.0648X_2+0.0283X_3$

(2) 线性回归方程显著性检验

① F 检验

$$\sum_{i=1}^{n}y_i^2=1.104,\quad \overline{y}=0.3683,\quad L_{1y}=0.5423,\quad L_{2y}=1.9058,\quad L_{3y}=1.9076$$

$$SS_T=\sum_{i=1}^{n}y_i^2-n\overline{y}^2=1.014-7\times0.3683^2=0.0645$$

$$SS_R=B_1L_{1y}+B_2L_{2y}+B_3L_{3y}$$

$$= 0.252 \times 0.5423 + 0.0648 \times 1.9058 + 0.0283 \times 1.9076 = 0.0626$$

$$SS_e = SS_T - SS_R = 0.0645 - 0.0626 = 0.0019$$

方差分析表如表 8-28 所示。

表 8-28　例 8-8 方差分析表

差异性	SS	df	MS	F	$F_{0.05}(3,3)$	显著性
回归	0.062 6	$m=3$	0.021	35.0	9.28	* *
残差	0.001 9	$n-m-1=3$	0.000 6			
总和	0.064 5	$n-1=6$				

从表 8-28 可以看出，所建立的线性回归方程非常显著。

② 复相关系数检验

由于 $SS_T = 0.0645$，$SS_R = 0.0626$，所以有：

$$R = \sqrt{SS_R / SS_T} = \sqrt{0.0626/0.0645} = 0.971$$

对于给定的显著性水平 $\alpha = 0.05$，当 $n = 7$，自变量个数 $m = 3$ 时，查附表 5 得 $R_{\min} = 0.950$，所建立的线性回归方程与试验数据拟合得较好。

因此，试验指标 y 与因素之间的近似函数关系式为：

$$y = 0.0579 + 0.252x_3 - 0.0648x_3^2 + 0.0283x_1x_3$$

通过本例题可以看出，回归分析的计算量比较大，可以借助相关的软件进行分析。

四、实验成果的表格、图形表示

水处理实验的目的，不仅是要通过实验及对实验数据的分析，找出影响实验成果的因素、主次关系及最佳工况，而且还要找出这些变量间的关系。

给水排水工程同其他学科一样，反映客观规律的变量间的关系也分为两类，一类是确定性关系，一类是相关关系，但不论是哪一类关系，均可用表格、图形及公式表示。

1. 表格表示法

表格表示法，就是将实验中的自变量与因变量的各个数据通过分析处理后，依一定的形式和顺序相应地列出来，借以反映各变量间的关系。

列表法虽然简单易做，使用方便，但是对客观规律反映不如其他表示法明确，在理论分析中不方便。

2. 图示法

(1) 图示法是在坐标纸上绘制图线反映所研究变量之间相互关系的一种表示法。它具有形式简明直观，便于比较，易于显示变化的规律，可直接提供某些数据等特点。

(2) 图线类型一般可分为两类，一类是已知变量间的依赖关系，通过实验，利用有限次的实验数据作图，反映变量间的关系，并求出相应的一些参数；另一类是两个变量间的关系不清，在坐标纸上将实验点绘出，一来反映变量间数量的关系，二来分析变量间的内在关系、规律。图示法要求图线必须清楚，能正确反映变量间的关系，便于读数。

3. 图线的绘制

(1) 选择合适的坐标纸。坐标纸有直角坐标纸、对数坐标纸、极坐标纸等，作图时要根据研究变量间的关系及欲表达的图线形式，选择适宜的坐标纸。

(2) 选横轴为自变量，纵轴为因变量，一般是以被测定量为自变量。轴的末端注明所代表的变量及单位。

(3) 坐标分度。即在每个坐标轴上划分刻度并注明其大小。

① 精度的选择。应使图线显示其特点，划分得当，并和测量的有效数字位数对应。

② 坐标原点不一定和变量零点一致。

③ 两个变量的变化范围表现在坐标纸上的长度应相差不大，以尽可能使图线在图纸正中，不偏于一角或一边。

(4) 描点。将自变量与因变量一一对应的点在坐标纸内，当有几条图线时，应用不同符号加以区别，并在空白处注明符号意义。

(5) 连线。将实验点连成一条直线或一条光滑曲线，但不论是哪一类图线，连线时，必须使图线紧靠近所有实验点，并使实验点均匀分布于图线的两侧。

(6) 注图名。在图线上方或下方注上图名等。

附表 1　常用正交实验表

表 1-1　$L_4(2^3)$

实验号	列号		
	1	2	3
1	1	1	1
2	1	2	2
3	2	1	2
4	2	2	1

表 1-2　$L_8(2^7)$

实验号	列号						
	1	2	3	4	5	6	7
1	1	1	1	1	2	1	1
2	1	1	1	2	1	2	2
3	1	2	2	1	2	2	2
4	1	2	2	2	1	1	1
5	2	1	2	1	2	1	2
6	2	1	2	2	1	2	1
7	2	2	1	1	2	2	1
8	2	2	1	2	1	1	2

表 1-3　$L_{12}(2^{11})$

实验号	列号										
	1	2	3	4	5	6	7	8	9	10	11
1	1	1	1	2	2	1	2	1	2	2	1
2	2	1	2	1	2	1	1	2	2	2	2
3	1	2	2	2	2	2	1	2	2	1	1
4	2	2	1	1	2	2	2	2	1	2	1

续表

实验号	列号										
	1	2	3	4	5	6	7	8	9	10	11
5	1	1	2	2	1	2	2	2	1	2	2
6	2	1	2	1	1	2	2	1	2	1	1
7	1	2	1	1	1	1	2	2	2	1	2
8	2	2	1	2	1	2	1	1	2	2	2
9	1	1	1	1	2	2	1	1	1	1	2
10	2	1	1	2	1	1	1	2	1	1	1
11	1	2	2	1	1	1	1	1	1	2	1
12	2	2	2	2	2	1	2	1	1	1	2

表 1-4 $L_{16}(2^{15})$

实验号	列号														
	1	2	3	4	5	6	7	8	9	10	11	12	13	14	15
1	1	1	1	1	1	1	1	1	1	1	1	1	1	1	1
2	1	1	1	1	1	1	1	2	2	2	2	2	2	2	2
3	1	1	1	2	2	2	2	1	1	1	1	2	2	2	2
4	1	1	1	2	2	2	2	2	2	2	2	1	1	1	1
5	1	2	2	1	1	2	2	1	1	2	2	1	1	2	2
6	1	2	2	1	1	2	2	2	2	1	1	2	2	1	1
7	1	2	2	2	2	1	1	1	2	2	2	2	2	1	1
8	2	2	2	2	2	1	1	2	1	1	1	1	1	2	2
9	2	1	2	1	2	1	2	1	2	1	2	1	2	1	2
10	2	1	2	1	2	1	2	2	1	2	1	2	1	2	1
11	2	1	2	2	1	2	1	1	2	1	2	2	1	2	1
12	2	1	2	2	1	2	1	2	1	2	1	1	2	1	2
13	2	2	1	1	2	2	1	1	2	2	1	1	2	2	1
14	2	2	1	1	2	2	1	2	1	1	2	2	1	1	2
15	2	2	1	2	1	1	2	1	2	2	1	2	1	1	2
16	2	2	1	2	1	1	2	2	1	1	2	1	2	2	1

表 1-5　$L_9(3^4)$

实验号	列号			
	1	2	3	4
1	1	1	1	1
2	1	2	2	2
3	1	3	3	3
4	2	1	2	3
5	2	2	3	1
6	2	3	1	2
7	3	1	3	2
8	3	2	1	3
9	3	3	2	1

表 1-6　$L_{27}(3^{13})$

实验号	列号												
	1	2	3	4	5	6	7	8	9	10	11	12	13
1	1	1	1	1	1	1	1	1	1	1	1	1	1
2	1	1	1	1	2	2	2	2	2	2	2	2	2
3	1	1	1	1	3	3	3	3	3	3	3	3	3
4	1	2	2	2	1	1	1	2	2	2	3	3	3
5	1	2	2	2	2	2	2	3	3	3	1	1	1
6	1	2	2	2	3	3	3	1	1	1	2	2	2
7	1	3	3	3	1	1	1	3	3	3	2	2	2
8	1	3	3	3	2	2	2	1	1	1	3	3	3
9	1	3	3	3	3	3	3	2	2	2	1	1	1
10	2	1	2	3	1	2	3	1	2	3	1	2	3
11	2	1	2	3	2	3	1	2	3	1	2	3	1
12	2	1	2	3	3	1	2	3	1	2	3	1	2
13	2	2	3	1	1	2	3	2	3	1	3	1	2
14	2	2	3	1	2	3	1	3	1	2	1	2	3
15	2	2	3	1	3	1	2	1	2	3	2	3	1

续表

实验号	列号												
	1	2	3	4	5	6	7	8	9	10	11	12	13
16	2	3	1	2	1	2	3	3	1	2	2	3	1
17	2	3	1	2	2	3	1	1	2	3	3	1	2
18	2	3	1	2	3	1	2	2	3	1	1	2	3
19	3	1	3	2	1	2	2	1	3	2	1	3	2
20	3	1	3	2	2	3	3	2	1	3	2	1	3
21	3	1	3	2	3	1	1	3	2	1	3	2	1
22	3	2	1	3	1	2	2	2	1	3	3	2	1
23	3	2	1	3	2	3	3	3	2	1	1	3	2
24	3	2	1	3	3	1	1	1	3	2	2	1	3
25	3	3	2	1	1	2	2	2	2	1	2	1	3
26	3	3	2	1	2	3	3	3	3	2	3	2	1
27	3	3	2	1	3	1	1	1	1	3	1	3	2

表 1-7　$L_{18}(6\times3^6)$

实验号	列号						
	1	2	3	4	5	6	7
1	1	1	1	1	1	1	1
2	1	2	2	2	2	2	2
3	1	3	3	3	3	3	3
4	2	1	1	2	2	3	3
5	2	2	2	3	3	1	1
6	2	3	3	1	1	2	2
7	3	1	2	1	3	2	3
8	3	2	3	2	1	3	1
9	3	3	1	3	2	1	2
10	4	1	3	3	2	2	1
11	4	2	1	1	3	3	2
12	4	3	2	2	1	1	3
13	5	1	3	3	1	3	2
14	5	2	1	1	2	1	3

续表

实验号	列号						
	1	2	3	4	5	6	7
15	5	3	2	2	3	2	1
16	6	1	2	2	3	1	2
17	6	2	3	3	1	2	3
18	6	3	1	1	2	3	1

表 1-8　$L_{18}(2\times3^7)$

实验号	列号							
	1	2	3	4	5	6	7	8
1	1	1	1	1	1	1	1	1
2	1	1	2	2	2	2	2	2
3	1	1	3	3	3	3	3	3
4	1	2	1	1	2	2	3	3
5	1	2	2	2	3	3	1	1
6	1	2	3	3	1	1	2	2
7	1	3	1	2	1	3	2	3
8	1	3	2	3	2	1	3	1
9	1	3	3	1	3	2	1	2
10	2	1	1	3	3	2	2	1
11	2	1	2	1	1	3	3	2
12	2	1	3	2	2	1	1	3
13	2	2	1	2	3	1	3	2
14	2	2	2	3	1	2	1	3
15	2	2	3	1	2	3	2	1
16	2	3	1	3	2	3	1	2
17	2	3	2	1	3	1	2	3
18	2	3	3	2	1	2	3	1

表 1-9 $L_8(4\times2^4)$

实验号	列号				
	1	2	3	4	5
1	1	1	1	1	1
2	1	2	2	2	2
3	2	1	1	2	2
4	2	2	2	1	1
5	3	1	2	1	2
6	3	2	1	2	1
7	4	1	2	2	1
8	4	2	1	1	2

表 1-10 $L_{16}(4^5)$

实验号	列号				
	1	2	3	4	5
1	1	1	1	1	1
2	1	2	2	2	2
3	1	3	3	3	3
4	1	4	4	4	4
5	2	1	2	3	4
6	2	2	1	4	3
7	2	3	4	1	2
8	2	4	3	2	1
9	3	1	3	4	2
10	3	2	4	3	1
11	3	3	1	2	4
12	3	4	2	1	3
13	4	1	4	2	3
14	4	2	3	1	4
15	4	3	2	4	1
16	4	4	1	3	2

表 1-11　$L_{16}(4^3\times2^6)$

实验号	列号								
	1	2	3	4	5	6	7	8	9
1	1	1	1	1	1	1	1	1	1
2	1	2	2	1	1	2	2	2	2
3	1	3	3	2	2	1	1	2	2
4	1	4	4	2	2	2	2	1	1
5	2	1	2	2	2	1	2	1	2
6	2	2	1	2	2	2	1	2	1
7	2	3	4	1	1	1	2	2	1
8	2	4	3	1	1	2	1	1	2
9	3	1	3	1	2	2	2	2	1
10	3	2	4	1	2	1	1	1	2
11	3	3	1	2	1	2	2	1	2
12	3	4	2	2	1	1	1	2	1
13	4	1	4	2	1	2	1	2	2
14	4	2	3	2	1	1	2	1	1
15	4	3	2	1	2	2	1	1	1
16	4	4	1	1	2	1	2	2	2

表 1-12　$L_{16}(4^4\times2^3)$

实验号	列号						
	1	2	3	4	5	6	7
1	1	1	1	1	1	1	1
2	1	2	2	2	1	2	2
3	1	3	3	3	2	1	2
4	1	4	4	4	2	2	1
5	2	1	2	3	2	2	1
6	2	2	1	4	2	1	2
7	2	3	4	1	1	2	2
8	2	4	3	2	1	1	1

续表

实验号	列号						
	1	2	3	4	5	6	7
9	3	1	3	4	1	2	2
10	3	2	4	3	1	1	1
11	3	3	1	2	2	2	1
12	3	4	2	1	2	1	2
13	4	1	4	2	2	1	2
14	4	2	3	1	2	2	1
15	4	3	2	4	1	1	1
16	4	4	1	3	1	2	2

表 1-13　$L_{16}(4^2\times2^9)$

实验号	列号										
	1	2	3	4	5	6	7	8	9	10	11
1	1	1	1	1	1	1	1	1	1	1	1
2	1	2	1	1	1	2	2	2	2	2	2
3	1	3	2	2	2	1	1	1	2	2	2
4	1	4	2	2	2	2	2	2	1	1	1
5	2	1	1	2	2	1	2	2	1	2	2
6	2	2	1	2	2	2	1	1	2	1	1
7	2	3	2	1	1	1	2	2	2	1	1
8	2	4	2	1	1	2	1	1	1	2	2
9	3	1	2	1	2	1	1	2	2	1	2
10	3	2	2	1	2	2	2	1	1	2	1
11	3	3	1	2	1	2	1	2	1	2	1
12	3	4	1	2	1	1	2	1	2	1	2
13	4	1	2	2	1	2	2	1	2	2	1
14	4	2	2	2	1	1	1	2	1	1	2
15	4	3	1	1	2	2	2	1	1	1	2
16	4	4	1	1	2	1	1	2	2	2	1

表 1-14　$L_{16}(4\times2^{12})$

实验号	列号												
	1	2	3	4	5	6	7	8	9	10	11	12	13
1	1	1	1	1	1	1	1	1	1	1	1	1	1

续表

实验号	列号												
	1	2	3	4	5	6	7	8	9	10	11	12	13
2	1	1	1	1	1	2	2	2	2	2	2	2	2
3	1	2	2	2	2	1	1	1	1	2	2	2	2
4	1	2	2	2	2	2	2	2	2	1	1	1	1
5	2	1	1	2	2	1	1	2	2	1	1	2	2
6	2	1	1	2	2	2	2	1	1	2	2	1	1
7	2	2	2	1	1	1	1	2	2	2	2	1	1
8	2	2	2	1	1	2	2	1	1	1	1	2	2
9	3	1	2	1	2	1	2	1	2	1	2	1	2
10	3	1	2	1	2	2	1	2	1	2	1	2	1
11	3	2	1	2	1	1	2	1	2	2	1	2	1
12	3	2	1	2	1	2	1	2	1	1	2	1	2
13	4	1	2	2	1	1	2	2	1	1	2	2	1
14	4	1	2	2	1	2	1	1	2	2	1	1	2
15	4	2	1	1	2	1	2	2	1	2	1	1	2
16	4	2	1	1	2	2	1	1	2	1	2	2	1

表 1-15　$L_{25}(5^6)$

实验号	列号					
	1	2	3	4	5	6
1	1	1	1	1	1	1
2	1	2	2	2	2	2
3	1	3	3	3	3	3
4	1	4	4	4	4	4
5	1	5	5	5	5	5
6	2	1	2	3	4	5
7	2	2	3	4	5	1
8	2	3	4	5	1	2
9	2	4	5	1	2	3
10	2	5	1	2	3	4
11	3	1	3	5	2	4

续表

实验号	列号					
	1	2	3	4	5	6
12	3	2	4	1	3	5
13	3	3	5	2	4	1
14	3	4	1	3	5	2
15	3	5	2	4	1	3
16	4	1	4	2	5	3
17	4	2	5	3	1	4
18	4	3	1	4	2	5
19	4	4	2	5	3	1
20	4	5	3	1	4	2
21	5	1	5	4	3	2
22	5	2	1	5	4	3
23	5	3	2	1	5	4
24	5	4	3	2	1	5
25	5	5	4	3	2	1

表 1-16 $L_{12}(3\times2^4)$

实验号	列号				
	1	2	3	4	5
1	1	1	1	1	2
2	2	2	1	2	1
3	2	1	2	2	2
4	2	2	2	1	1
5	1	1	1	2	2
6	1	2	1	2	1
7	1	1	2	1	1
8	1	2	2	1	2
9	3	1	1	1	1
10	3	2	1	1	2
11	3	1	2	2	1
12	3	2	2	2	2

表 1-17　$L_{12}(6\times2^2)$

实验号	列号		
	1	2	3
1	1	1	1
2	2	1	2
3	1	2	2
4	2	2	1
5	3	1	2
6	4	1	1
7	3	2	1
8	4	2	2
9	5	1	1
10	6	1	2
11	5	2	2
12	6	2	1

附表 2　离群数据分析判断表

表 2-1　克罗勃斯(Grubbs)检验临界值 T_{α} 表

m	显著性水平 α			
	0.05	0.025	0.01	0.005
3	1.153	1.155	1.155	1.155
4	1.463	1.481	1.492	1.496
5	1.672	1.715	1.749	1.764
6	1.822	1.887	1.944	1.973
7	1.938	2.020	2.097	2.139
8	2.032	2.126	2.221	2.274
9	2.110	2.315	2.323	2.387
10	2.176	2.29	2.410	2.482
11	2.234	2.355	2.485	2.564
12	2.285	2.412	2.550	2.636
13	2.331	2.462	2.607	2.699
14	2.371	2.507	2.659	2.755
15	2.409	2.549	2.705	2.806
16	2.443	2.585	2.747	2.852
17	2.475	2.620	2.785	2.894
18	2.504	2.650	2.821	2.932
19	2.532	2.681	2.854	2.968
20	2.557	2.709	2.881	3.001
21	2.580	2.733	2.912	3.031
22	2.603	2.758	2.939	3.060
23	2.624	2.781	2.963	3.087
24	2.644	2.802	2.987	3.112
25	2.663	2.822	3.009	3.135

续表

m	显著性水平 α			
	0.05	0.025	0.01	0.005
26	2.681	2.841	3.029	3.157
27	2.698	2.859	3.049	3.178
28	2.714	2.876	3.068	3.199
29	2.730	2.893	3.085	3.218
30	2.745	2.908	3.103	3.236
31	2.759	2.924	3.119	3.253
32	2.773	2.938	3.135	3.270
33	2.786	2.952	3.150	3.286
34	2.799	2.965	3.164	3.301
35	2.811	2.979	3.178	3.316
36	2.823	2.991	3.191	3.330
37	2.835	3.003	3.204	3.343
38	2.846	3.014	3.216	3.356
39	2.857	3.025	3.288	3.369
40	2.866	3.036	3.240	3.381
41	2.877	3.046	3.251	3.393
42	2.887	3.057	3.261	3.404
43	2.896	3.067	3.271	3.415
44	2.905	3.075	3.282	3.425
45	2.914	3.085	3.292	3.435
46	2.923	3.094	3.302	3.445
47	2.931	3.103	3.310	3.455
48	2.940	3.111	3.319	3.464
49	2.948	3.120	3.329	3.474
50	2.956	3.128	3.336	3.483
60	3.025	3.199	3.411	3.560
70	3.082	3.257	3.471	3.622
80	3.130	3.305	3.521	3.673
90	3.171	3.347	3.563	3.716
100	3.207	3.383	3.600	3.754

表 2-2 Cochran 最大方差检验临界 C_α 表

m	$n=2$		$n=3$		$n=4$		$n=5$		$n=6$	
	$\alpha=0.01$	$\alpha=0.05$	$\alpha=0.01$	$\alpha=0.05$	$\alpha=0.01$	$\alpha=0.05$	$\alpha=0.01$	$\alpha=0.05$	$\alpha=0.01$	$\alpha=0.05$
2			0.995	0.975	0.979	0.939	0.959	0.906	0.937	0.877
3	0.993	0.967	0.942	0.871	0.883	0.798	0.834	0.745	0.793	0.707
4	0.968	0.906	0.864	0.768	0.781	0.684	0.721	0.629	0.676	0.590
5	0.928	0.841	0.788	0.684	0.696	0.598	0.633	0.544	0.588	0.506
6	0.883	0.781	0.722	0.616	0.626	0.532	0.564	0.480	0.520	0.445
7	0.838	0.727	0.664	0.561	0.568	0.480	0.508	0.431	0.366	0.397
8	0.794	0.680	0.615	0.516	0.521	0.438	0.463	0.391	0.423	0.360
9	0.754	0.638	0.573	0.478	0.481	0.403	0.425	0.358	0.387	0.329
10	0.718	0.602	0.536	0.445	0.447	0.373	0.393	0.331	0.357	0.303
11	0.684	0.570	0.504	0.417	0.418	0.348	0.366	0.308	0.332	0.281
12	0.653	0.541	0.475	0.392	0.392	0.326	0.343	0.288	0.310	0.262
13	0.624	0.515	0.450	0.371	0.369	0.307	0.322	0.271	0.291	0.246
14	0.599	0.492	0.427	0.352	0.349	0.291	0.304	0.255	0.274	0.232
15	0.575	0.471	0.407	0.335	0.332	0.276	0.288	0.242	0.259	0.220
16	0.553	0.452	0.388	0.319	0.316	0.262	0.274	0.230	0.246	0.208
17	0.532	0.434	0.372	0.305	0.301	0.250	0.261	0.219	0.234	0.198
18	0.514	0.418	0.356	0.293	0.288	0.240	0.249	0.209	0.223	0.189
19	0.496	0.403	0.343	0.281	0.276	0.230	0.238	0.200	0.214	0.181
20	0.480	0.389	0.330	0.270	0.265	0.220	0.229	0.192	0.205	0.174
21	0.465	0.377	0.318	0.261	0.255	0.212	0.220	0.185	0.197	0.167
22	0.450	0.365	0.307	0.252	0.246	0.204	0.212	0.178	0.1889	0.160
23	0.437	0.354	0.297	0.243	0.238	0.197	0.204	0.172	0.182	0.155
24	0.425	0.343	0.287	0.235	0.230	0.191	0.197	0.166	0.176	0.149
25	0.413	0.334	0.278	0.228	0.222	0.185	0.190	0.160	0.170	0.144
26	0.402	0.325	0.270	0.221	0.215	0.179	0.184	0.155	0.164	0.140
27	0.391	0.316	0.262	0.215	0.209	0.173	0.179	0.150	0.159	0.135
28	0.382	0.308	0.255	0.209	0.202	0.168	0.173	0.146	0.154	0.131
29	0.372	0.300	0.248	0.203	0.196	0.164	0.168	0.142	0.150	0.127

续表

m	$n=2$		$n=3$		$n=4$		$n=5$		$n=6$	
	$\alpha=0.01$	$\alpha=0.05$	$\alpha=0.01$	$\alpha=0.05$	$\alpha=0.01$	$\alpha=0.05$	$\alpha=0.01$	$\alpha=0.05$	$\alpha=0.01$	$\alpha=0.05$
30	0.363	0.293	0.241	0.198	0.191	0.159	0.164	0.138	0.145	0.124
31	0.355	0.286	0.235	0.193	0.186	0.155	0.159	0.134	0.141	0.120
32	0.347	0.280	0.229	0.188	0.181	0.151	0.155	0.131	0.138	0.117
33	0.339	0.273	0.224	0.184	0.177	0.147	0.151	0.127	0.134	0.114
34	0.332	0.267	0.218	0.179	0.172	0.144	0.147	0.124	0.131	0.111
35	0.325	0.262	0.213	0.175	0.168	0.140	0.144	0.121	0.127	0.108
36	0.318	0.256	0.208	0.172	0.165	0.137	0.140	0.118	0.124	0.106
37	0.312	0.251	0.204	0.168	0.161	0.134	0.137	0.116	0.121	0.103
38	0.306	0.246	0.200	0.164	0.157	0.131	0.134	0.113	0.119	0.101
39	0.300	0.242	0.196	0.161	0.154	0.129	0.131	0.111	0.116	0.099
40	0.294	0.237	0.192	0.158	0.151	0.126	0.128	0.108	0.114	0.097

附表 3　F 分布表

表 3-1　F 分布表($\alpha=0.05$)

n_2	n_1														
	1	2	3	4	5	6	7	8	9	10	12	15	20	60	∞
1	161.4	199.5	215.7	224.6	230.2	234.0	236.8	238.9	240.5	241.9	243.9	245.9	248.0	252.2	254.3
2	18.51	19.00	19.16	19.25	19.30	19.33	19.35	19.37	19.38	19.40	19.41	19.43	19.45	19.48	19.50
3	10.13	9.55	9.28	9.12	9.01	8.94	8.89	8.85	8.81	8.79	8.74	8.70	8.66	8.57	8.53
4	7.71	6.94	6.59	6.39	6.26	6.16	6.09	6.04	6.00	5.96	5.91	5.86	5.80	5.69	5.63
5	6.61	5.79	5.41	5.19	5.05	4.95	4.88	4.82	4.77	4.74	4.68	4.62	4.56	4.43	4.36
6	5.99	5.14	4.76	4.53	4.39	4.28	4.21	4.15	4.10	4.06	4.00	3.94	3.87	3.74	3.67
7	5.59	4.74	4.35	4.12	3.97	3.87	3.79	3.37	3.68	3.64	3.57	3.51	3.44	3.30	3.23
8	5.32	4.46	4.07	3.84	3.69	3.58	3.50	3.44	3.39	3.35	3.28	3.22	3.15	3.01	2.93
9	5.12	4.26	3.86	3.63	3.48	3.37	3.29	3.23	3.18	3.14	3.07	3.01	2.94	2.79	2.71
10	4.96	4.10	3.71	3.48	3.33	3.22	3.14	3.07	3.02	2.98	2.91	2.85	2.77	2.62	2.54
11	4.84	3.98	3.59	3.36	3.20	3.09	3.01	2.95	2.90	2.85	2.79	2.72	2.65	2.49	2.40
12	4.75	3.89	3.49	3.26	3.11	3.00	2.91	2.85	2.80	2.75	2.69	2.62	2.54	2.38	2.30
13	4.67	3.81	3.41	3.18	3.03	2.92	2.83	2.77	2.71	2.67	2.60	2.53	2.46	2.30	2.21
14	4.60	3.74	3.34	3.11	2.96	2.85	2.76	2.70	2.65	2.60	2.53	2.46	2.39	2.22	2.13
15	4.54	3.68	3.29	3.06	2.90	2.79	2.71	2.64	2.59	2.54	2.43	2.40	2.33	2.16	2.07
16	4.49	3.63	3.24	3.01	2.85	2.74	2.66	2.59	2.54	2.49	2.42	2.35	2.28	2.11	2.01
17	4.45	3.59	3.20	2.96	2.81	2.71	2.61	2.55	2.49	2.45	2.38	2.31	2.23	2.06	1.96
18	4.41	3.55	3.16	2.93	2.77	2.66	2.58	2.51	2.46	2.41	2.34	2.27	2.19	2.02	1.92
19	4.38	3.52	3.13	2.90	2.74	2.63	2.54	2.48	2.42	2.38	2.31	2.23	2.16	1.98	1.88
20	4.35	3.49	3.10	2.87	2.71	2.60	2.51	2.45	2.39	2.35	2.28	2.20	2.12	1.95	1.84
21	4.32	3.47	3.07	2.84	2.68	2.57	2.49	2.42	2.37	2.32	2.25	2.18	2.10	1.92	1.81
22	4.30	3.44	3.05	2.82	2.66	2.55	2.46	2.40	2.34	2.30	2.23	2.15	2.07	1.89	1.78
23	4.28	3.42	3.03	2.80	2.64	2.53	2.44	2.37	2.32	2.27	2.10	2.13	2.05	1.86	1.76

续表

n_2	n_1														
	1	2	3	4	5	6	7	8	9	10	12	15	20	60	∞
24	4.26	3.40	3.01	2.78	2.62	2.51	2.42	2.36	2.30	2.25	2.18	2.11	2.03	1.84	1.73
25	4.24	3.39	2.99	2.76	2.60	2.49	2.40	2.34	2.28	2.24	2.16	2.09	2.01	1.82	1.71
30	4.17	3.32	2.92	2.69	2.53	2.42	2.33	2.27	2.21	2.16	2.09	2.01	1.93	1.74	1.62
40	4.08	3.23	2.84	2.61	2.45	2.34	2.25	2.18	2.12	2.08	2.00	1.92	1.84	1.64	1.51
60	4.00	3.15	2.76	2.53	2.37	2.25	2.17	2.10	2.04	1.99	1.92	1.83	1.75	1.53	1.39
120	3.92	3.07	2.68	2.45	2.29	2.17	2.09	2.02	1.96	1.91	1.83	1.75	1.66	1.43	1.25
∞	3.84	3.00	2.60	2.37	2.21	2.10	2.01	1.94	1.88	1.83	1.75	1.67	1.57	1.32	1.00

表 3-2　F 分布表(α=0.01)

n_2	n_1														
	1	2	3	4	5	6	7	8	9	10	12	15	20	60	∞
1	4 052	4 999.5	5 403	5 625	5 764	5 859	5 928	5 982	6 022	6 056	6 106	6 157	6 209	6 313	6 366
2	98.50	99.00	99.17	99.25	99.30	99.33	99.36	99.37	99.39	99.40	99.42	99.43	99.45	99.48	99.50
3	34.12	30.82	29.46	23.71	28.24	27.91	27.67	27.49	27.35	27.23	27.05	26.37	26.69	26.32	26.13
4	21.20	18.00	16.69	15.98	15.52	15.21	14.98	14.80	14.66	14.55	14.37	14.20	14.02	13.65	13.46
5	16.26	13.27	12.06	11.39	10.97	10.67	10.46	10.29	10.16	10.05	9.89	9.72	9.55	9.20	9.02
6	13.73	10.92	9.78	9.15	8.75	8.47	8.26	8.10	7.98	7.87	7.72	7.56	7.40	7.06	6.88
7	12.25	9.55	8.45	7.85	7.46	7.19	6.99	6.84	6.72	6.62	6.47	6.31	6.16	5.82	5.65
8	11.26	8.65	7.59	7.01	6.65	6.37	6.18	6.03	5.91	5.81	5.67	5.52	5.36	5.03	4.86
9	10.56	8.02	6.99	6.42	6.06	5.80	5.61	5.47	5.35	5.26	5.11	4.96	4.81	4.48	4.31
10	10.04	7.56	6.55	5.99	5.64	5.39	5.20	5.06	4.94	4.85	4.71	4.56	4.41	4.08	3.91
11	9.65	7.21	6.22	5.67	5.32	5.07	4.89	4.74	4.63	4.54	4.40	4.25	4.10	3.78	3.60
12	9.33	6.93	5.95	5.41	5.06	4.82	4.64	4.50	4.39	4.30	4.16	4.01	3.86	3.54	3.36
13	9.07	6.70	5.74	5.21	4.86	4.62	4.44	4.30	4.19	4.10	3.96	3.82	3.66	3.34	3.17
14	8.86	6.51	5.56	5.04	4.69	4.46	4.28	4.14	4.03	3.94	3.80	3.66	3.51	3.18	3.00
15	8.68	6.36	5.42	4.89	4.56	4.32	4.14	4.00	3.89	3.80	3.67	3.52	3.37	3.05	2.87
16	8.53	6.23	5.29	4.77	4.44	4.20	4.03	3.89	3.78	3.69	3.55	3.41	3.26	2.93	2.75
17	8.40	6.11	5.18	4.67	4.34	4.10	3.93	3.79	3.68	3.59	3.46	3.31	3.16	2.83	2.65
18	8.29	6.01	5.09	4.58	4.25	4.01	3.84	3.71	3.60	3.51	3.37	3.23	3.08	2.75	2.57
19	8.18	5.93	5.01	4.50	4.17	3.94	3.77	3.63	3.52	3.43	3.30	3.15	3.00	2.67	2.49

续表

n_2	n_1														
	1	2	3	4	5	6	7	8	9	10	12	15	20	60	∞
20	8.10	5.85	4.94	4.43	4.10	3.87	3.70	3.56	3.46	3.37	3.23	3.09	2.94	2.61	2.45
21	8.02	5.78	4.87	4.37	4.04	3.81	3.64	3.51	3.40	3.31	3.17	3.03	2.88	2.55	2.36
22	7.95	5.72	4.82	4.31	3.99	3.76	3.59	3.45	3.35	3.26	3.12	2.98	2.83	2.50	2.31
23	7.88	5.66	4.76	4.26	3.94	3.71	3.54	3.41	3.30	3.21	3.07	2.93	2.78	2.45	2.26
24	7.82	5.61	4.72	4.22	3.90	3.67	3.50	3.36	3.26	3.17	3.03	2.89	2.74	2.40	2.21
25	7.77	5.57	4.68	4.18	3.85	3.63	3.46	3.32	3.22	3.13	2.99	2.85	2.70	2.36	2.17
30	7.56	5.39	4.51	4.02	3.70	3.47	3.30	3.17	3.07	2.98	2.84	2.70	2.55	2.21	2.01
40	7.31	5.18	4.31	3.83	3.51	3.29	3.12	2.99	2.89	2.80	2.66	2.52	2.37	2.02	1.80
60	7.08	4.98	4.13	3.65	3.34	3.12	2.95	2.82	2.72	2.63	2.50	2.35	2.20	1.84	1.60
120	6.85	4.79	3.95	3.48	3.17	2.96	2.79	2.66	2.56	2.47	2.34	2.19	2.03	1.66	1.38
∞	6.63	4.61	3.78	3.32	3.02	2.80	2.64	2.51	2.41	2.32	2.18	2.04	1.88	1.47	1.00

附表 4　t 分布表

n	0.25	0.2	0.15	0.1	0.05	0.025	0.01	0.005	0.002 5	0.001	0.000 5
1	1.000	1.376	1.963	3.078	6.314	12.71	31.82	63.66	127.3	318.3	636.6
2	0.816	1.061	1.386	1.886	2.920	4.303	6.965	9.925	14.09	22.33	31.60
3	0.765	0.978	1.250	1.638	2.353	3.182	4.541	5.841	7.453	10.21	12.92
4	0.741	0.941	1.190	1.533	2.132	2.776	3.747	4.604	5.598	7.173	8.610
5	0.727	0.920	1.156	1.476	2.015	2.571	3.365	4.032	4.773	5.893	6.869
6	0.718	0.906	1.134	1.440	1.943	2.447	3.143	3.707	4.317	5.208	5.959
7	0.711	0.896	1.119	1.415	1.895	2.365	2.998	3.499	4.029	4.785	5.408
8	0.706	0.889	1.108	1.397	1.860	2.306	2.896	3.355	3.833	4.501	5.041
9	0.703	0.883	1.100	1.383	1.833	2.262	2.821	3.250	3.690	4.297	4.781
10	0.700	0.879	1.093	1.372	1.812	2.228	2.764	3.169	3.581	4.144	4.587
11	0.697	0.876	1.088	1.363	1.796	2.201	2.718	3.106	3.497	4.025	4.437
12	0.695	0.873	1.083	1.356	1.782	2.179	2.681	3.055	3.428	3.930	4.318
13	0.694	0.870	1.079	1.350	1.771	2.160	2.650	3.012	3.372	3.852	4.221
14	0.692	0.868	1.076	1.345	1.761	2.145	2.624	2.977	3.326	3.787	4.140
15	0.691	0.866	1.074	1.341	1.753	2.131	2.602	2.947	3.286	3.733	4.073
16	0.690	0.865	1.071	1.377	1.746	2.120	2.583	2.921	3.252	3.686	4.015
17	0.689	0.863	1.069	1.333	1.740	2.110	2.567	2.898	3.222	3.646	3.965
18	0.688	0.862	1.067	1.330	1.734	2.101	2.552	2.878	3.197	3.610	3.922
19	0.688	0.861	1.066	1.328	1.729	2.093	2.539	2.861	3.174	3.579	3.883
20	0.687	0.860	1.064	1.325	1.725	2.086	2.528	2.845	3.153	3.552	3.850
21	0.686	0.859	1.063	1.323	1.721	2.080	2.518	2.831	3.135	3.527	3.819
22	0.686	0.858	1.061	1.321	1.717	2.074	2.508	2.819	3.119	3.505	3.792
23	0.685	0.858	1.060	1.319	1.714	2.069	2.500	2.807	3.104	3.485	3.767
24	0.685	0.857	1.059	1.318	1.711	2.064	2.492	2.797	3.091	3.467	3.745

续表

n	0.25	0.2	0.15	0.1	0.05	0.025	0.01	0.005	0.002 5	0.001	0.000 5
25	0.684	0.856	1.058	1.316	1.708	2.060	2.485	2.787	3.078	3.450	3.725
26	0.684	0.856	1.058	1.315	1.706	2.056	2.479	2.779	3.067	3.435	3.707
27	0.684	0.855	1.057	1.314	1.703	2.052	2.473	2.771	3.057	3.421	3.690
28	0.683	0.855	1.056	1.313	1.701	2.048	2.467	2.763	3.047	3.408	3.674
29	0.683	0.854	1.055	1.311	1.699	2.045	2.462	2.756	3.038	3.396	3.659
30	0.683	0.854	1.055	1.310	1.697	2.042	2.457	2.750	3.030	3.385	3.646
40	0.681	0.851	1.050	1.303	1.684	2.021	2.423	2.704	2.971	3.307	3.551
50	0.679	0.849	1.047	1.299	1.676	2.009	2.403	2.678	2.937	3.261	3.496
60	0.679	0.848	1.045	1.296	1.671	2.000	2.390	2.660	2.915	3.232	3.460
80	0.678	0.846	1.043	1.292	1.664	1.990	2.374	2.639	2.887	3.195	3.416
100	0.677	0.845	1.042	1.290	1.660	1.984	2.364	2.626	2.871	3.174	3.390
120	0.677	0.845	1.041	1.289	1.658	1.980	2.358	2.617	2.860	3.160	3.373
∞	0.674	0.842	1.036	1.282	1.645	1.960	2.326	2.576	2.807		

附表 5 相关系数检验表

$n-2$	5%	1%
1	0.997	1.000
2	0.950	0.990
3	0.878	0.959
4	0.811	0.917
5	0.754	0.874
6	0.707	0.834
7	0.666	0.798
8	0.632	0.765
9	0.602	0.735
10	0.576	0.708
11	0.553	0.684
12	0.532	0.661
13	0.514	0.641
14	0.497	0.623
15	0.482	0.606
16	0.468	0.590
17	0.456	0.575
18	0.444	0.561
19	0.433	0.549
20	0.423	0.537
21	0.413	0.526
22	0.404	0.515
23	0.396	0.505
24	0.388	0.496

续表

$n-2$	5%	1%
25	0.381	0.487
26	0.374	0.478
27	0.367	0.470
28	0.361	0.463
29	0.355	0.456
30	0.349	0.449
35	0.325	0.418
40	0.304	0.393
45	0.288	0.372
50	0.273	0.354
60	0.250	0.325
70	0.232	0.302
80	0.217	0.283
90	0.205	0.267
100	0.195	0.254
125	0.174	0.228
150	0.159	0.208
200	0.138	0.181
300	0.113	0.148
400	0.098	0.128
1 000	0.062	0.081

附表 6　氧在蒸馏水中的溶解度(饱和度)

温度(℃)	溶解氧(mg/L)
0	14.62
1	14.23
2	13.84
3	13.48
4	13.13
5	12.80
6	12.48
7	12.17
8	11.87
9	11.59
10	11.33
11	11.08
12	10.83
13	10.60
14	10.37
15	10.15
16	9.95
17	9.74
18	9.54
19	9.35
20	9,17
21	8.99
22	8.83
23	8.63
24	8.53

续表

温度(℃)	溶解氧(mg/L)
25	8.38
26	8.22
27	8.07
28	7.92
29	7.77
30	7.63

附表 7　空气的物理性质

温度	密度	热导率	比热容	热扩散率	黏度	运动黏度	普朗特数
T	ρ	λ	c	a	μ	υ	Pr
℃	kg/m³	W/(m·K)	J/(kg·K)	m²/s	Pa·s	m²/s	
−50	1.584	204	1.013	12.7	14.6	9.23	0.728
−40	1.515	212	1.013	13.8	15.2	10.04	0.728
−30	1.453	220	1.013	14.9	15.7	10.80	0.723
−20	1.395	228	1.009	16.2	16.2	11.61	0.716
−10	1.342	236	1.009	17.4	16.7	12.43	0.712
0	1.293	244	1.005	18.8	17.2	13.28	0.707
10	1.247	251	1.005	20.0	17.6	14.16	0.705
20	1.205	259	1.005	21.4	18.1	15.06	0.703
30	1.165	267	1.005	22.9	18.6	16.00	0.701
40	1.128	276	1.005	24.3	19.1	16.96	0.699
50	1.093	283	1.005	25.7	19.6	17.95	0.698
60	1.060	290	1.005	27.2	20.1	18.97	0.696
70	1.029	296	1.009	28.6	20.6	20.02	0.694
80	1.000	305	1.009	30.2	21.1	21.09	0.692
90	0.972	313	1.009	31.9	21.5	22.10	0.690
100	0.946	321	1.009	33.6	21.9	23.13	0.688
120	0.898	334	1.009	38.8	22.8	25.45	0.686
140	0.854	349	1.013	40.3	23.7	27.80	0.684
160	0.815	364	1.017	43.9	24.5	30.09	0.682
180	0.779	378	1.022	47.5	25.3	32.49	0.681
200	0.746	393	1.026	51.4	26.0	34.85	0.680

附表 8　D3、D4 系数表

r	D_3	D_4	r	D_3	D_4
2	—	3.267	7	0.076	1.924
3	—	2.575	8	0.136	1.864
4	—	2.282	9	0.184	1.816
5	—	2.115	10	0.223	1.777
6	—	2.004			

参考文献

[1] 王增长. 建筑给水排水工程 [M]. 第 6 版. 北京：中国建筑工业出版社，2010.
[2] 艾翠玲，邵享文. 水质工程实验技术[M]. 北京：化学工业出版社，2011.
[3] 裴元生，全向春，林常婧. 水处理工程实验与技术[M]. 北京：北京师范大学出版社，2012.
[4] 严子春. 水处理实验与技术[M]. 北京：中国环境科学出版社，2008.
[5] 张学洪，张力，梁延鹏. 水处理工程实验技术[M]. 北京：冶金工业出版社，2008.
[6] 丁文川，叶姜瑜，何冰. 水处理微生物实验技术[M]. 北京：化学工业出版社，2011.
[7] 黄君礼. 水分析化学 [M]. 第 3 版. 北京：中国建筑工业出版社，2008.
[8] 马伟文，宋小飞. 给排水科学与工程实验技术[M]. 广州：华南理工大学出版社，2015.
[9] 章北平，谢陆娟，任拥政. 水处理综合实验技术[M]. 武汉：华中科技大学出版社，2011.
[10] 李燕城，吴俊奇. 水处理实验技术 [M]. 第 2 版. 北京：中国建筑工业出版社，2006.
[11] 胡锋平. 给水排水工程专业实验教程[M]. 北京：化学工业出版社，2010.
[12] 本书编写组. 管道工操作技能快学快用[M]. 北京：中国建材工业出版社，2015.
[13] 陈斐明，刘富觉. 建筑管道工基本技能训练[M]. 西安：西安电子科技大学出版社，2006.
[14] 李鑫. 实用管工手册[M]. 第 2 版. 北京：化学工业出版社，2008.
[15] 姜湘山，李刚. 简明管道工手册[M]. 北京：机械工业出版社，2012.
[16] 成岳，夏光华. 科学研究与工程试验设计方法[M]. 武汉：武汉理工大学出版社，2005.
[17] 辛益军. 方差分析与实验设计[M]. 北京：中国财政经济出版社，2001.
[18] 李云雁，胡传荣. 试验设计与数据处理[M]. 第 2 版. 北京：化学工业出版社，2008.
[19] 曹李靖，潘欢迎. 水分析实验教程[M]. 武汉：中国地质大学出版社，2013.